青少年信息学奥林匹克竞赛实战辅导丛书

高级数据结构

（第3版,C++版）

林厚从　著

东南大学出版社
SOUTHEAST UNIVERSITY PRESS
·南京·

内容提要

本书在基本数据结构的基础上，围绕一些常用的高级数据结构，结合大量实战例题，深入分析"数据结构是如何服务于算法的"。本书主要内容包括：哈希表、树与二叉树、优先队列与二叉堆、并查集、线段树、树状数组、伸展树、Treap、平衡树、块状链表与块状树、后缀树与后缀数组、树链剖分与动态树等。

本书的适用对象包括：中学信息学竞赛选手及辅导老师、大学 ACM 比赛选手及教练、高等院校计算机专业的师生、程序设计爱好者等。

图书在版编目(CIP)数据

高级数据结构：C++版 / 林厚从著 . —3 版 . —南京 ：东南大学出版社，2019.2

ISBN 978-7-5641-8223-6

Ⅰ.①高… Ⅱ.①林… Ⅲ.①数据结构②C 语言－程序设计 Ⅳ.①TP311.12②TP312.8

中国版本图书馆 CIP 数据核字(2018)第 298244 号

高级数据结构(第 3 版,C++版)　　GAO JI SHU JU JIE GOU

著　　者	林厚从
责任编辑	张　煦
出 版 人	江建中
出版发行	东南大学出版社
社　　址	南京市玄武区四牌楼 2 号(邮编 210096)
经　　销	江苏省新华书店
印　　刷	江苏徐州新华印刷厂
版 印 次	2019 年 2 月第 3 版　2019 年 2 月第 8 次印刷
印　　数	10001—13000 册
开　　本	787 mm×1092 mm　1/16
印　　张	27.5
字　　数	686 千字
书　　号	ISBN 978-7-5641-8223-6
定　　价	79.00 元

(凡因印装质量问题,请直接向东大出版社营销部调换。电话:025-83791830)

丛 书 序

  得益于计算机工具的特殊结构,以计算机技术为核心的信息技术现在已在整个社会发展中起到了极其重要的作用。同时,由于信息技术的本质在于不断创新,因而人们将21世纪称为信息世纪。根据人类生理特征,青少年时期正处于思维活跃、充满各种幻想的黄金年代,孕育着创新的种子和潜能。长期的实践活动告诉我们,青少年信息学奥林匹克竞赛可以让广大的青少年淋漓尽致地展现其思维的火花,享受创新带来的美感。因此,该项活动得到了全国各地广大青少年朋友的喜爱,越来越多的青少年朋友怀着浓厚的兴趣加入到这项活动中来。

  从本质上看,计算机学科是一种思维学科,正确的思维训练可以播种持续创新的优良种子。相对于其他学科的竞赛,信息学竞赛覆盖知识面更为宽广,涉及了数学、数据结构、算法、计算几何、人工智能等相关的专业知识,如何在短时间内有效地掌握这些知识的主体,并灵活地应用其解决实际问题,显然是一个值得认真思考的问题。

  知识学习与知识应用基于两种不同的思维策略,且这两种策略的统一本质上依赖于选手自身的领悟,但是如何建立两种策略之间的桥梁、快速地促进选手自身的领悟,显然是教材以及由其延伸的教学设计与实施过程所应考虑的因素。竞赛训练有别于常规的教学,要在一定的时间内得到良好的效果,需要有一定的技术方法,而不应拘泥于规范。从学习的本质看,各种显性知识的学习是相对容易的,或者说,只要时间允许,总是可以消化和理解的;然而,隐性知识的学习和掌握却是较难的。由于隐性知识的学习对竞赛和能力的提高起到决定性的作用,因此,仅仅依靠选手自身的感悟,而不从隐性知识的层面重新组织知识体系,有目的地辅助选手自身主动建构,显然是不能提高竞赛能力的。基于上述认识,结合多年来开展青少年信息学竞赛活动的经验,我们组织了一批有长期一线教学经验的教练员和专家、教授编写出版了这套《青少年信息学奥林匹克竞赛实战辅导丛书》。

  《丛书》的主要特点如下:

  1. 兼顾广大青少年课外学习时间的短暂与知识内容较多的矛盾,考虑我国青少年信息学竞赛的特点和安排,《丛书》分成四个层次,分别面向日常常规训练、数据结构与数学知识强化(包括基本数据结构与数学知识及应用、高级数据结构及应用)、重点专题解析和典型试题解析,既考虑知识体系的系统性及连续训练的特点,又考虑各个层次选手独立训练的需要。

2. 区别于常规的教学模式,每册丛书的体系设计以实战需要为核心主线,突出重点,整个体系从逻辑上构成符合某种知识体系学习规律的系统化结构。

3. 围绕实战辅导需求,在解析知识和知识应用关系所蕴涵的递归思维策略的基础上,重构知识点关系,采用抛锚式和支架式并重教学思路,突出并强化知识和知识应用两者之间的联系。

4. 在显性知识及其关系基础上,强调知识应用模式及其建构的学习方法的教学,注重学习思维和能力的训练,实现知识应用能力和竞赛能力的提高,强化从程序设计及应用的角度来进行训练的特点。

5. 整套丛书的设计,不仅注重竞赛实战的需要,还考虑选手未来的发展,强调计算机程序设计正确思维的训练和培养,以不断建立持续创新的源泉。

恰逢邓小平同志"计算机的普及要从娃娃抓起"重要讲话发表 25 周年之际,我们期望以此奉献给广大读者朋友一套立意新、选材精、内容丰富的青少年信息学奥赛读本。

本套丛书的编写与出版,得到了东南大学出版社的大力支持,在此表示诚挚的感谢!

沈军　李立新　王晓敏
2008 年 12 月

前　　言

我们知道,计算机科学是一门研究用计算机系统进行信息表示和处理的科学。这里面涉及两个问题:信息的表示和信息的处理,而信息的表示(包括信息的组织)又直接关系到计算机程序处理信息的效率。同时,随着计算机的普及、信息量的剧增和信息范围的拓宽,许多计算机系统程序和应用程序的规模变得非常庞大,结构变得非常复杂。因此,为了编写出一个"好"的程序(或更广泛意义上所说的软件),必须深入分析待处理对象的特征及各对象之间存在的内在关系,这就是"数据结构(Data Structures)"这门学科所研究的主要问题。在大多数情况下,这些对象(包括信息及其抽象成的数据)并不是没有组织的,对象之间往往具有重要的结构关系,这就是数据结构所研究的核心内容。

一般而言,我们把堆栈、队列等使用简单、应用广泛的抽象数据结构统称为"基本数据结构"。同时,为满足一些特定需要,人们可以对一些基本数据结构和具体数据类型进行扩展,实现一些功能更为强大、具有更多操作的"高级数据结构",如哈希表、并查集、线段树、平衡树等。严格意义上说来,数据结构并没有高级与低级之分。就具体问题而言,高级的不一定是最优的,合适的才是最好的。

本书在基本数据结构的基础上,围绕一些常用的高级数据结构,结合大量实战例题,深入分析"数据结构是如何服务于算法的",这也是本书编写的一个核心理念:学习数据结构是为了"用好"数据结构。

本书的主要内容包括:哈希表、树与二叉树、优先队列与二叉堆、并查集、线段树、树状数组、伸展树、Treap、平衡树、块状链表与块状树、后缀树与后缀数组、树链剖分与动态树等。

本书由林厚从主编(第 1 章至第 4 章、第 7 章至第 9 章),参加编写的人员还有戴涵俊(第 5 章至第 6 章、第 10 章至第 12 章)。本书在编写的过程中,参阅和引用了 CCF NOI 的相关比赛试题以及很多 OIer 和 ACM 选手的论文、题解及相关资料,均列在本书最后的致谢中,如有遗漏请与作者联系。同时,本书的编写还得到了很多学生的帮助,他们是北京大学的吴争锴,复旦大学的陈晨、钱雨露、于竟成等。在此一并表示感谢!

应广大读者要求,2017 年 1 月,对第一版教材进行了修订,用 C++语言重新编写了所有例题的代码。在此,特别感谢北京大学的吴睿海同学。

编者注:此次修订,将书中程序逐个校对,除订正错误外,也更换部分代码,同时提供在线资源,希望对读者朋友更有助益。

本书的适用对象包括：中学信息学竞赛选手及辅导老师、大学 ACM 比赛选手及教练、高等院校计算机专业的师生、程序设计爱好者等。

由于计算机技术发展迅猛、技术创新不断，信息学竞赛知识范围不断扩展、难度也不断加大，而作者的知识和水平有限，书稿难免存在着一些错误或缺陷，热忱欢迎同行专家和读者朋友批评指正(联系邮箱:hc. lin@163. com)，使本书在使用的过程中不断改进，日臻完善。

作　者

2017 年 5 月

知识链接

在计算机科学中,所谓"数据(Data)"就是计算机加工处理的对象。数据是信息的载体,它能够被计算机识别、存储和加工处理。数据也是计算机程序加工的原料,应用程序处理的就是各种各样的数据。数据可以是数值型数据,也可以是非数值型数据。数值型数据是一些整数、实数或复数,主要用于工程计算、科学计算和商务处理等。非数值型数据包括字符、文字、图形、图像、语音等。

"数据元素(Data Element)"是数据的基本单位。在不同的条件下,数据元素又称为元素、结点(节点)、顶点、记录等。例如,在学校的学籍管理系统中,学生信息表中的一条记录就被称为一个数据元素。有时,一个数据元素又可以由若干个数据项(Data Item)组成,例如,一条学生记录包括学生的学号、姓名、性别、籍贯、出生年月、成绩等数据项。这些数据项又可以分为两种类型:一种叫做初等项,如学生的性别、籍贯等,这些数据项是在数据处理时不能再分割的最小单位;另一种叫做组合项,如学生的成绩,它可以再划分为语文、数学、英语、物理等更小的项。通常,在解决实际问题时是把每个学生记录当做一个基本单位进行访问和处理的。

"数据对象(Data Object)"或"数据元素类(Data Element Class)"是具有相同性质的数据元素的集合。在一个具体问题中,数据元素都具有相同的性质(元素值不一定相等),属于同一数据元素类(数据对象),数据元素是数据元素类的一个实例。例如,在交通咨询系统的交通网中,所有的顶点是一个数据元素类,顶点 A 和顶点 B 各自代表一个城市,是该数据元素类中的两个实例,其数据元素的值分别为 A 和 B。

"数据结构"是在整个计算机科学与技术领域中广泛使用的术语。它往往用来反映一个数据的内部构成,即一个数据由哪些成分数据构成、以什么方式构成、呈什么结构。

数据结构在计算机科学界至今没有一个统一标准的定义。各人根据各自的理解的不同而有不同的表述方法。Sartaj Sahni 在他的《数据结构、算法与应用》一书中称:"数据结构是数据对象以及存在于该对象中的实例和组成实例的数据元素之间的各种联系,这些联系可以通过定义相关的函数来给出。"他将数据对象定义为"一个数据对象是实例或值的集合"。Clifford A. Shaffer 在《数据结构与算法分析》一书中有如下定义:"数据结构是抽象数据类型(Abstract Data Type,简称 ADT)的物理实现。"Lobert L. Kruse 在《数据结构与程序设计》一书中,将一个数据结构的设计分成抽象层、数据结构层和实现层。其中,抽象层是指抽象数据类型层,它讨论数据的逻辑结构及其运算,数据结构层和实现层讨论一个数据结构的表示和在计算机内的存储细节以及运算的实现。

"数据结构"作为一门独立课程是从 1968 年开始设立的,美国的唐·欧·克努特教授开创了数据结构的最初体系,他所编著的《计算机程序设计技巧》第一卷《基本算法》是第一本较系统地阐述数据的逻辑结构和存储结构及其操作的著作。"数据结构"在计算机科学中是一门综合性的专业基础课,是介于数学、计算机硬件和计算机软件三者之间的一门核心课程。"数据结构"这门课的内容不仅是一般程序设计(特别是非数值型程序设计)的基础,而且是设计和实现编译程序、操作系统、数据库系统及其他系统程序的重要基础。

下面,我们梳理一下数据结构中的一些基本概念和知识逻辑。

数据结构有逻辑上的数据结构和物理上的数据结构之分。逻辑上的数据结构反映成分数据之间的逻辑关系,而物理上的数据结构反映成分数据在计算机内部的存储安排,是数据结构的实现形式,是逻辑关系在计算机内的表示。此外,讨论一个数据结构必须同时讨论在该类数据上执行的运算才有意义,所以数据结构还包括数据的运算结构。

具体来说,数据是指由有限的符号组成的元素集合,结构是元素之间的关系集合。通常来说,一个数据结构 DS 可以表示为一个二元组:DS=(D,S),D 是数据元素的集合(或者是"结点",可能含有"数据项"或"数据域"),S 是定义在 D(或其他集合)上的关系的集合,S = { R | R : D×D×⋯},称为元素的逻辑结构。

逻辑结构有 4 种常见的基本类型:集合结构、线性结构、树状结构和网状结构。

集合结构:该结构的数据元素之间的关系是"属于同一个集合",别无其他关系。

线性结构:该结构的数据元素之间存在着一对一的关系。

树状结构:该结构的数据元素之间存在着一对多的关系。

网状结构:该结构的数据元素之间存在着多对多的关系,也称图状结构。树状结构和网状统称为"非线性结构"。

数据结构的物理结构是指逻辑结构的存储映射,它包括数据元素的表示和关系的表示。数据元素之间的关系有两种不同的表示(映射)方法:顺序映射和非顺序映射,并由此得到两种不同的存储结构:顺序存储结构和链式存储结构。

顺序存储结构:它是把逻辑上相邻的结点存储在物理位置相邻的存储单元里,结点间的逻辑关系由存储单元的邻接关系来体现,由此得到的存储表示方法称为顺序存储方法。顺序存储结构是一种最基本的存储表示方法,通常借助于程序设计语言中的"数组"类型来实现。

链式存储结构:它不要求逻辑上相邻的结点在物理位置上亦相邻,结点间的逻辑关系是由附加的指针字段表示的,由此得到的存储表示方法称为链式存储方法。链式存储结构通常借助于程序设计语言中的"指针"类型来实现。

一般而言,逻辑上可以把数据结构分成线性结构和非线性结构。线性结构的顺序存储结构是一种随机存取的存储结构。线性表的链式存储结构是一种顺序存取的存储结构,线性表采用链式存储表示时,所有结点之间的存储单元地址可连续也可不连续。所以,逻辑结构与数据元素本身的形式、内容、相对位置、所含结点个数都无关。

具体来说,数据结构 DS 的物理结构 P 对应于从 DS 的数据元素到存储区 M(维护着逻辑结构 S)的一个映射:P:(D,S)—>M。一个存储器 M 是一系列固定大小的存储单元,每个单元 U 有一个唯一的地址 A(U),该地址被连续地编码;每个单元 U 有一个唯一的后继单元 U′= SUCC(U)。P 有 4 种基本映射模型:顺序、链接、索引和散列。因此,根据 4 种逻辑结构,我们至少可以得到 4×4=16 种可能的物理结构。

算法的设计取决于数据的逻辑结构,而算法的实现又依赖于数据所采用的存储结构。

数据的存储结构实质上是它的逻辑结构在计算机存储器中的实现。为了全面地反映一个数据的逻辑结构，它在存储器中的映象包括两方面内容，即数据元素的信息和数据元素之间的关系。数据的运算是数据结构的一个重要方面，讨论任一种数据结构时都离不开对该结构上的数据运算及其实现算法的讨论。数据的运算是在数据的逻辑结构上定义的操作算法，如检索、插入、删除、更新和排序等。数据结构不同于数据类型，也不同于数据对象，它不仅要描述数据类型的数据对象，而且要描述数据对象各元素之间的相互关系。

"数据类型(Data Type)"是一个值的集合和定义在这个值的集合上的一组操作的总称。数据类型可分为两类：原子类型、结构类型。一方面，在程序设计语言中，每一个数据都属于某种数据类型。类型明显或隐含地规定了数据的取值范围、存储方式以及允许进行的运算。可以认为，数据类型是在程序设计中已经实现了的数据结构。另一方面，在程序设计过程中，当需要引入某种新的数据结构时，总是借助编程语言所提供的数据类型来描述数据的存储结构。计算机中表示数据的最小单位是二进制数的一位，叫做"位"。我们用一个由若干位组合起来形成的位串表示一个数据元素，通常称这个位串为"元素"或"结点"。当数据元素由若干数据项组成时，位串中对应于各个数据项的子位串称为"数据域"。元素或结点可看成数据元素在计算机中的映象。

一个软件系统框架应建立在数据之上，而不是建立在操作之上。一个含抽象数据类型的软件模块应包含定义、表示、实现三个部分。也就是说，每种数据结构类型必须要给出其特有的一些运算及其算法实现。若操作的种类和数目不同，即使逻辑结构相同，数据结构能起的作用也不同。

不同的数据结构其操作集也不同，但以下几个操作必不可缺：结构的生成、结构的销毁、在结构中查找满足给定条件的数据元素、在结构中插入新的数据元素、删除结构中已经存在的数据元素、遍历等。

"抽象数据类型(Abstract Data Type)"是指一个数学模型以及定义在该模型上的一组操作。抽象数据类型需要通过固有数据类型(高级编程语言中已实现的数据类型)来实现，是与表示无关的数据类型。对一个抽象数据类型进行定义时，必须给出它的名字及各运算的运算符名，即函数名，并且规定这些函数的参数性质。一旦定义了一个抽象数据类型及具体实现，程序设计中就可以像使用基本数据类型那样，十分方便地使用抽象数据类型。

抽象数据类型可用以下三元组表示：(D,S,P)，D 是数据对象，S 是 D 上的关系集，P 是对 D 的基本操作集。

ADT 的定义如下：

ADT 抽象数据类型名{

  数据对象：(数据元素集合)

  数据关系：(数据关系二元组集合)

  基本操作：(操作函数的罗列)

} ADT 抽象数据类型名;

抽象数据类型有两个重要特性：数据抽象(用 ADT 描述程序处理的实体时，强调的是其本质的特征、其所能完成的功能以及它和外部用户的接口，即外界使用它的方法)和数据封装(将实体的外部特性和其内部实现细节分离，并且对外部用户隐藏其内部实现细节)。

对于相同的算法,采用不同的数据结构表示其中的抽象数据类型也会造成不同的执行效率。所以,有必要研究各种抽象数据类型用不同的数据结构表示时的效率差异及其适用场合。在许多类型的程序设计中,数据结构的选择是一个基本的设计考虑因素。许多大型系统的构造经验表明,系统实现的困难程度和系统构造的质量都严重依赖于是否选择了最优的数据结构。许多时候,确定了数据结构后,算法就容易得到了。有些时候事情也会反过来,我们根据特定算法来选择数据结构与之适应。不论哪种情况,选择合适的数据结构都是非常重要的。"是'数据'而不是'算法'才是系统构造的关键因素",这种洞见导致了许多种软件设计方法和程序设计语言的出现,面向对象的程序设计语言就是其中之一。

对于抽象数据类型,我们常用的有三种基本结构:线性结构、树状结构、网状结构。线性结构是由有限个数据元素组成的有序集合,这种数据结构具有均匀性和有序性(除了首尾元素外,每个元素具有唯一的前趋和后继),包括两种不同存储结构的线性表:数组(顺序存储结构)和链表(链式存储结构,包括单链表、双链表和循环链表)。当然,也包括加了某些限制条件的、不同存取方式的特殊线性表:栈(先进后出)和队列(先进先出)。另外,还包括稍微复杂一些的数据结构:哈希表、优先队列和后缀数组等。线性结构是一种最简单、最基础的数据结构。但是,世界万物之间的联系并非都是"一对一"的线性关系,更多的是"一对多"的树状结构和"多对多"的网状结构。树状结构是一个具有层次结构的集合,除了根结点外,每个元素具有唯一的前趋;除了叶结点外,每个元素具有多个后继。树状结构可以通过先根遍历或后根遍历等方式转化为线性结构。树状结构中应用最广泛的是二叉树,任何有序树都可以转化为对应的二叉树。二叉树不仅结构简单,节省存储空间,而且基于其有序的特点,特别容易进行二分处理。在二叉树的基础上还发展出了很多更重要的数据结构,如二叉排序树、哈夫曼二叉树、字典树、堆、线段树、树状数组、伸展树、Treap 以及 AVL 树、红-黑树、SBT 等平衡树。树状结构在数据处理中发挥着重要作用,它的效率一般要好于线性结构,但有时也会退化成线性结构。网状结构又称为图结构,是表示不同事物间千变万化、错综复杂关系的数学模型。严格来说,线性结构和树状结构都是特殊的网状结构。通过图的遍历(深度优先遍历或广度优先遍历)可以将这种结构转化为线性结构。图结构可以用多种存储方式实现,如邻接矩阵、邻接表、边集数组等,不同存储结构在不同算法实现时的编程复杂度和效率上具有很大的差异,实际应用时要根据具体问题和操作频率来选择。应用图结构最困难、最具挑战性的一点就是如何建立一个抽象、高效、恰当的图论模型,常见的图论模型有最小生成树、二分图等。

目　　录

第 *1* 章 哈 希 表

如果要存储和使用线性表(1,75,324,43,1353,90,46),那么,只要定义一个一维数组 A[1..7],将表中元素按先后顺序存储在数组 A 中。但是,这样的存储结构会给"查找算法"带来 O(n)的时间开销,尤其是 n 很大时,效率比较差。当然,也可以采用"二分查找"提高效率。反之,为了用 O(1)的时间开销实现查找,可以分析这个线性表的元素类型和范围,定义一个一维数组 A[1..1353],使得 A[key]=key,即线性表的 key 这个元素存储在 A[key]中。然而这样一来,查找的时间效率高了,空间上的开销却大了,尤其是数据范围分布很广时。为了使空间开销减少,可以对这种方法进行优化,设计一个函数 h(key)=key % 13,然后把 key 存储在 A[h(hey)]中,这样一来,只要定义一个一维数组 A[0..12]就足够了,这种线性表的存储结构称为"哈希表(Hash Table)"。

哈希表是一种高效的数据结构。它的最大优点就是把数据存储和查找所消耗的时间大大减少,几乎可以看成是 O(1),而代价是消耗比较多的内存。在当前竞赛可利用内存空间越来越多、程序运行时间控制得越来越紧的情况下,"以空间换时间"的做法还是值得的。另外,哈希表的编程复杂度比较低也是它的优点之一。

1.1 哈希表的基本原理

哈希表的基本原理是使用一个下标范围比较大的数组 A 来存储元素,设计一个函数 h,对于要存储的线性表的每个元素 node,取一个关键字 key,算出一个函数值 h(key),把 h(key)作为数组下标,用 A[h(key)]这个数组单元来存储 node。也可以简单地理解为,按照关键字为每一个元素"分类",然后将这个元素存储在相应"类"所对应的地方(这一过程称为"直接定址")。

但是,不能够保证每个元素的关键字与函数值是一一对应的,因此极有可能出现对于不同的元素却计算出了相同的函数值,这样就产生了"冲突",换句话说,就是把不同的元素分在了相同的"类"之中了。假设一个结点的关键字值为 key,把它存入哈希表的过程是根据确定的函数 h 计算出 h(key)的值,如果以该值为地址的存储空间还没有被占用,那么就把结点存入该单元;如果此值所指单元里已存储了别的结点(即发生了冲突),那么就再用另一个函数 I 进行映射,计算出 I(h(key)),再看用这个值作为地址的单元是否已被占用了,若已占用,则再用 I 映射……直至找到一个空位置将结点存入为止。当然,这只是解决"冲突"问题的一种简单方法,如何避免、减少和处理"冲突"是使用哈希表的一个难题。

在哈希表中查找元素的过程与建立哈希表的过程相似,首先计算 h(key)的值,以该值为地址到基本存储区域中去查找。如果该地址对应的空间未被占用,则说明查找失败;否则用该结点的关键字值与要找的 key 比较,如果相等则查找成功,否则要继续用函数 I 计算 I(h(key))的值······如此重复,直到求出的某地址空间未被占用(查找失败)或者比较相等(查找成功)为止。

1.2　哈希表的基本概念

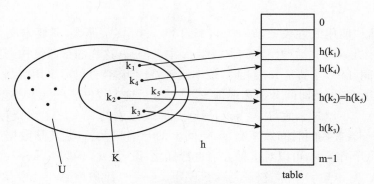

图 1-1　哈希表的基本要素示意图

图 1-1 形象地表示了哈希表的基本结构和各个要素,具体概念如下:

(1) 集合 U 是所有可能出现的关键字集合,集合 K 是实际存储的关键字集合。线性表 table 称为哈希表。

(2) 函数 h 将集合 U 映射到线性表 table[0..m−1]的下标上,可以表示成 $h:U \rightarrow \{0, 1, 2, \cdots, m-1\}$,通常称 h 为"哈希函数(Hash Function)",其作用是压缩待处理的下标范围,使待处理的|U|个值减少到 m 个值,从而降低空间开销(注:|U|表示 U 中关键字的个数)。

(3) 存储地址 $h(k_i)$($k_i \in U$)称为关键字 k_i 对应结点的"哈希地址"。将结点按其关键字的哈希地址存储到哈希表中的过程称为"哈希",这种方法称为"哈希法"。

(4) 对于关键字为 key 的结点,按照哈希函数 h 计算出地址 h(key),若发现此地址已被别的结点占用,也就是说有两个不同的关键字值 key1 和 key2 对应到同一个地址($h(key1) = h(key2)$),这个现象叫做"冲突(碰撞)"。冲突的两个(或多个)关键字称为"同义词(相对于函数 h 而言,如图中的关键字 k_2 和 k_5)"。假如先存入了 k_2,则对于 k_5,我们可以存储在 $h(k_5)+1$ 中,当然 $h(k_5)+1$ 要为空,否则就逐个往后找一个空位存放,这是解决"冲突"问题的另外一种简单方法。发生了冲突就要想办法解决,必须找到另外一个新地址,这当然要降低时间效率,因此我们希望尽量减少冲突的发生。这就需要分析关键字集合的特性,找到适当的哈希函数 h 使得计算出的地址尽可能"均匀分布"在地址空间中。同时,为了提高关键字到地址转换的速度,也希望哈希函数尽量简单。对于各种取值的关键字而言,一个好的哈希函数通常只能减少冲突发生的次数,无法保证绝对不产生冲突。因此,用哈希表解题除了要选择适当的哈希函数外,还要研究发生冲突时如何解决,即用什么方法存储同义词。

(5) h(key)的值域所对应的地址空间称为"基本存储区域",发生碰撞时,同义词可以存放在基本存储区域还没有被占用的单元里,也可以存放到基本存储区域以外另开辟的区域

中(称为"溢出区")。哈希表的一个重要参数"载因子(Load Factor)",或称"装填因子",定义为 α:

$$\alpha = \frac{\text{哈希表中实际存储结点的数目}}{\text{基本区域能容纳的结点数}}$$

载因子的大小对于冲突的发生频率影响很大。直观上容易想象,α 越大,哈希表装得越满,则再要载入新的结点时碰上已有结点的可能性越大,冲突的机会也越大。特别地,当 α≥1 时冲突是不可避免的。一般总是取 α<1,即分配给哈希表的基本区域大于所有结点所需要的空间。当然,分配的基本区域太大了也是浪费。例如,某校学生干部的登记表,每个学生干部是一个结点,用学号作为关键字,每个学号用 7 位数字表示,如果分配给这个哈希表的基本区域为 10^7 个存储单元,那么哈希函数就是一个恒等变换,学号为 7801050 的学生结点就存入相对地址为 7801050 的单元,这样一次冲突也不会发生,但一个学校一般最多几百名学生干部,实际仅需要几百个单元的空间,如果占用了 10^7 个存储单元,显然太浪费了,所以这是不可取的。载因子的大小要取得适当,使得既不过多地增加冲突,有较快的查找速度,也不浪费存储空间。

例 1-1　用哈希表存储线性表(18,75,60,43,54,90,46)

[问题分析]

假设选取的哈希函数为:h(k)=k ％ m,k 为元素的关键字,m 为哈希表的长度,用余数作为存储该元素的哈希地址。k 和 m 均为正整数,并且 m 要大于等于线性表的长度 n。此例 n=7,故取 m=13 就已经足够,得到的每个元素的哈希地址为:

h(18)=18 ％ 13=5　　　h(75)=75 ％ 13=10　　h(60)=60 ％ 13=8

h(43)=43 ％ 13=4　　　h(54)=54 ％ 13=2　　　h(90)=90 ％ 13=12

h(46)=46 ％ 13=7

根据哈希地址,依次把元素存储到哈希表 table[0..m-1]中的效果如下:

	0	1	2	3	4	5	6	7	8	9	10	11	12
table			54		43	18		46	60		75		90

当然,这是一个比较理想的情况,假如要再往表中插入第 8 个元素 30,h(30)=30 ％ 13=4,会发现 table[4]已经存放了 43,此时就发生了冲突,那么就可以从 table[4]往后按顺序找一个空位置存放 30,即可以把它插入到 table[6]中。

1.3　哈希函数的构造

选择适当的哈希函数是实现哈希表的重中之重,构造哈希函数有两个标准:简单和均匀。简单是指哈希函数的计算要简单快速;均匀是指对于关键字集合中的任一关键字,哈希函数能以等概率将其映射到线性表空间的任何一个位置上。也就是说,哈希函数能将子集 K 随机均匀地分布在线性表的地址集{0,1,…,m-1}上,以使冲突最小化。下面分析几种常见的构造哈希函数的方法,为简单起见,假定关键字是定义在自然数集合中。

1. 直接定址法

这是以关键字 key 本身或关键字加上某个数值常量 C 作为哈希地址的方法。哈希函为:h(key)= key+C,若 C 为 0,则哈希地址就是关键字本身。

2. 除余法

除余法是选择一个适当的正整数 m,用 m 去除关键字,取其余数作为地址,即:h(key)= key mod m。这种方法应用得最多,其关键是 m 的选取。假设取 m=1000,则哈希函数分类的标准实际上就变成了按照关键字末三位数分类,这样最多有 1000 类,冲突会很多。假设 m 是一个有较多约数的数,同时在数据中存在 q 满足 gcd(m,q)=d>1,即存在:m=a×d,q=b×d,则有以下等式:q ％ m ＝ q － m × [q/m]=q−m×[b/a],其中的[b/a]的取值范围是不会超过[0,b]的正整数,也就是说,[b / a]的值只有 b+1 种可能,而 m 是一个预先确定的数。因此,上式的值就只有 b+1 种可能了。这样,虽然 mod 运算之后的余数仍然在[0,m−1]内,但是它的取值仅限于等式可能取到的那些值,也就是说余数的分布变得不均匀了。所以,m 的约数越多,发生这种余数分布不均匀的情况就越频繁,冲突的几率就越高。而素数的约数是最少的,因此一般选 m 为小于某个区域长度 n 的最大素数。

3. 数字分析法

经常遇到这样的情况:关键字的位数比存储区域的地址位数多。这种情况下,可以对关键字的各位进行分析,丢掉分布不均匀的位,留下分布均匀的位作为地址。这种方法适用于所有关键字已知并对关键字中每一位的取值分布情况做出了统计分析的情况。

例 1-2　对表 1-1 中左边一列关键字集合进行关键字到地址的转换,要求只用 3 位地址

[问题分析]

关键字是 9 位的,地址是 3 位的,需要经过数字分析丢掉 6 位。显然,前 3 位是没有任何区分度的,第五位 1 太多,第六位基本是 8 和 9,第七位是 3、4、6,所以这 3 位的区分度都不好,而相对来说,第四位、第八位、第九位分布比较均匀,所以留下这 3 位作为地址。

表 1-1　数字分析法

key	table(key)
000319426	326
000718309	709
000629443	643
000758615	715
000919697	997
000310329	329

4. 平方取中法

平方取中法是将关键字的值平方,然后取中间的几位作为哈希地址。具体取多少位视实际要求而定,而取哪几位常常结合数字分析法分析。比如,将一组关键字(0100,0110,1010,1001,0111)平方后得到(0010000,0012100,1020100,1002001,0012321),若取表长为1000,则可取中间的三位数作为哈希地址集(100,121,201,020,123)。

5. 折叠法

如果关键字的位数比存储区域的地址位数多,而且各位分布较均匀,不适于用数字分析

法丢掉某些位,那么可以考虑用折叠法。折叠法是将关键字从某些地方断开,分关键字为几个部分,其中有一部分的长度等于哈希地址的位数,将所有部分相加,如果最高位有进位,则把进位丢掉。一般是先将关键字分割成位数相同的几段(最后一段的位数可少一些),段的位数取决于哈希地址的位数,然后将它们的对应位叠加和(舍去最高位进位)作为哈希地址。

例 1-3 假设关键字 key=58422241,要求转换为 3 位的地址码

[问题分析]

把 key 分成 3 位一段,再按位相加,得到 h(key)=847。

$$
\begin{array}{r}
5\ 8\ 4 \\
2\ 2\ 2 \\
4\ 1 \\
\hline
8\ 4\ 7
\end{array}
$$

6. 基数转换法

基数转换法是将关键字值看成用另一个基数制表示,然后把它转换成原来基数制的数,再用数字分析法取其中的几位作为地址。一般取大于原来基数的数作转换的基数,并且两个基数要是互质的。如 key=$(236075)_{10}$ 是以 10 为基数的十进制数,现在将它看成是以 13 为基数的十三进制数$(236075)_{13}$,然后将它转换成十进制数,$(236075)_{13}=2\times13^5+3\times13^4+6\times13^3+7\times13+5=(841547)_{10}$,再进行数字分析,比如选择第二、第三、第四、第五位,于是 h(236075)=4154。

1.4 哈希表的基本操作

哈希表的基本操作主要有初始化、哈希值的计算、元素定位、元素插入、元素查找(检索),下面给出具体的实现代码,我们假设插入元素的关键字为 x,哈希表为 A。

1. 初始化

```
const int empty = INT_MAX;//用 INT_MAX 代表这个位置没有存储元素
const int p = 9997;            //根据需要设定的表的大小
void makenull(){
    for(int i = 0; i <= p−1; i++) A[i] = empty;
}
```

2. 哈希值的计算

```
int h(int x){
    return x % p;//除余法
}
```

3. 元素定位

```
int locate(int x){
    int orgi = h(x);
    int i = 0;
    while((i < p) && (A[(orgi + i) % p] ! = x) && (A[(orgi + i) % p] ! =
```

```
    empty)) i++;
        return (orgi + i) % p;
}
```

4. 元素插入

```
void insert(int x){
        int posi = locate(x);//定位函数的返回值
        if (A[posi] == empty) A[posi] = x;
        else error;//error 即为发生了错误,当然这是可以避免的
}
```

5. 元素查找（检索）

```
bool member(int x){
        int posi = locate(x);
        if(A[posi] == x) return true; else return false;
}
```

1.5 冲突的处理

最理想的解决冲突的方法是完全避免冲突。要做到这一点必须满足两个条件：一是 |U|≤m；二是选择合适的哈希函数。这仅适用于|U|较小且关键字均已知的情况，此时经过精心设计的哈希函数有可能完全避免冲突。但是，一味地追求低冲突率也不好，因为这样的函数设计很费时间而且编码一般很复杂，与其花费这么大的精力去设计哈希函数，还不如用一个虽然冲突多一些但是编程复杂度低的哈希函数。同时，确定好解决冲突的方法，使发生冲突的同义词能够方便地存储到哈希表中。

处理冲突的方法基本上有两类，一类是"拉链法（Chaining）"，当发生冲突时就拉出一条链，建立一个链接方式的子表。若 n 个关键字值映射到基本区域的 m 个存储单元，最多可以建立 m 个子表，每个关键字的同义词存放在以这 m 个单元为首结点链接的子表里。另一类叫"开地址法（Open Addressing）"，也称为"开放定址法"，当冲突发生时，用某种方法在基本存储区域内形成一个探查序列，沿着这个探查序列一个单元一个单元地查找，直到找到这个关键字或碰到一个开放的地址（没有存储关键字的空单元）为止。按照形成探查序列的不同，可将开地址法分为线性探查法、二次探查法、哈希函数探查法。

1. 拉链法

用拉链法处理冲突时，要求为哈希表的每个结点增加一个 link 字段，用于链接同义词子表。同义词子表建立在什么地方？一种办法是在基本存储区域外开辟一个溢出区存储同义词子表，这种方法叫做建立"分离的同义词子表"。这时基本存储区里的结点既存放关键字值，同时又是一个链接的同义词子表的表头。如果某个关键字值没有同义词，则 link 字段为空；如果某个关键字值有同义词，则它的 link 字段指向溢出区的同义词子表。同义词的查找（检索）也是顺着这些链接进行的。这种方法的存储示意如图 1-2 所示。

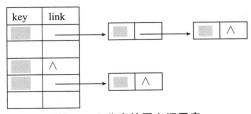

图 1-2 分离的同义词子表

例 1-4 已知一组关键字为(26,36,41,38,44,15,68,12,06,51),用拉链法解决冲突,构造这组关键字的哈希表

[问题分析]

这里关键字个数 n＝10,为了减少冲突(保证装填因子 a<1),不妨取 m＝13,此时 α≈0.77,哈希表为 table[0..12],哈希函数为:h(k) ＝ k mod 13。

需要注意的是,当把 h(k) ＝ i 的关键字插入第 i 个单链表时,既可插入在链表的表头,也可以插入在链表的链尾。若采用将新关键字插入链尾的方式,依次把给定的这组关键字插入表中,则所得到的哈希表如图 1-3 所示。

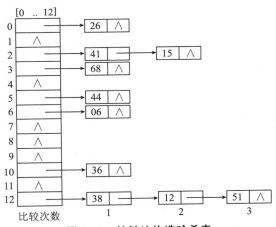

图 1-3 拉链法构造哈希表

用拉链法处理冲突的另一种办法是把同义词子表存入基本存储区中目前还没有被占用的单元里。例如,可以在基本存储区里从后往前找空单元,找到空单元就将同义词存进去,并将它链接进同义词子表。这种方法叫做"结合的同义词子表"。

下面给出结合的同义词子表的算法实现。假设算法在哈希表里检索一个给定的关键字值,此关键字值进入算法前已在变量 k 中,若在哈希表中找到这个关键字值,则检索成功;若找不到,则将这个关键字插入哈希表。算法用哈希函数 h(x)计算表里的相应地址。定义辅助变量 r 用来帮助在插入时找到可用单元,初始值为 m。在算法进行过程中,始终有下列情况存在:哈希表中从 table[r]到 table[m-1]的所有单元都已被占用了,设未被占用的单元起始内容全为 0,而关键字值不能为 0。

```
#include<bits/stdc++.h>
```

```
#define m 13
using namespace std;

struct node{
    int key,link;
};
node table[m－1];
int r,k,i;

int main(){//哈希表的检索和插入,用结合的同义词子表解决冲突
    r = m－1;
    i = h(k);//计算哈希地址
    if(table[i]. key == 0){//检索并插入
        table[i]. key = k;
        table[i]. link = －1;
        printf("inseted %d\\n",i);
}
    else {
        while((table[i]. key !＝ k) && (table[i]. link !＝ －1)) i = table[i]. link;
        if(table[i]. key == k) printf("retreval %d\\n",i);
        else{
            while((r) && (table[r]. key !＝ 0)) r－－;
            if(r < 0) printf("overflow\\n");
            else{
                table[i]. link = r;
                table[r]. key = k;
                table[r]. link =－1;
                printf("inserted %d\\n",r);
            }
        }
    }
    return 0;
}
```

2. 开地址法

用开地址法解决冲突的做法是:当冲突发生时一定要产生一个探查序列,检索沿这个探查序列进行。最简单的产生探查序列的方法是进行线性探查,就是当冲突发生时到基本存储区的下一个单元进行探查。将哈希表 table[0..m－1] 看成一个循环向量,若初始探查的地址为 d(即 h(key)=d),则最长的探查序列为:d+1,d+2,…,m－1,0,1,…,d－1,即探查时从地址 d 开始,首先探查 table[d],然后依次探查 table[d+1],…,table[m－1],此后又循

环到 table[0],table[1],…,直到探查到 table[d−1]为止。

探查过程终止于三种情况：

(1) 若当前探查的单元为空,则表示查找失败(若是插入,则将 key 写入其中);

(2) 若当前探查的单元中含有 key,则查找成功,但对于插入意味着失败;

(3) 若探查到 table[d−1]时仍未发现空单元也未找到 key,则无论是查找还是插入均意味着失败(此时表满)。

利用开地址法进行线性探查的探查序列一般为：I(i)＝(h(key)＋i) ％ m (0＜i≤ m−1)。

例 1-5　已知一组关键字为(26,36,41,38,44,15,68,12,6,51),用除余法构造哈希函数,用开地址法的线性探查解决冲突,构造这组关键字的哈希表

[问题分析]

设计哈希函数为：h(k)＝k ％ 13,哈希表为 table[0..12]。由哈希函数计算出的上述关键字序列的哈希地址为(0,10,2,12,5,2,3,12,6,12)。前 5 个关键字插入时,其相应的地址均为开放地址,故将它们直接插入 table[0],table[10],table[2],table[12]和 table[5]中。当插入第 6 个关键字 15 时,其哈希地址 2(即 h(15)＝15 ％ 13＝2)已被关键字 41(15 和 41 互为同义词)占用,故探查 I(1)＝(2＋1) ％ 13＝3,此地址开放,所以将 15 放入 table[3]中。当插入第 7 个关键字 68 时,其哈希地址 3 已被 15(非同义词)先占用,故将其插入到 table[4]中。当插入第 8 个关键字 12 时,哈希地址 12 已被同义词 38 占用,故探查 I(1)＝(12＋1) ％ 13＝0,而 table[0]亦被 26 占用,再探查 I(2)＝(12＋2) ％ 13＝1,此地址开放,可将 12 插入其中。类似地,第 9 个关键字 6 直接插入 table[6]中。而最后一个关键字 51 插入时,因探查的地址 12,0,1,…,6 均非空,故 51 插入 table[7]中。

用线性探查法解决冲突时,当表中 i,i+1,…,i+k 的位置上已有结点时,哈希地址为 i,i+1,…,i+k+1 的结点都将插入在位置 i+k+1 上。我们把这种哈希地址不同的结点争夺同一个后继哈希地址的现象称为"聚集(Clustering)",或称"堆积",这将造成不是同义词的结点也处在同一个探查序列之中,从而增加了探查序列的长度,即增加了查找时间。若哈希函数选取不当或装填因子过大,都会使堆积现象加剧。在例 1-5 中,h(15)＝2,h(68)＝3,即 15 和 68 不是同义词,但由于处理 15 和同义词 41 的冲突时,15 抢先占用了 table[3],这就使得插入 68 时,这两个本来不应该发生冲突的非同义词之间也会发生冲突。

下面给出用线性探查法解决冲突的算法实现。其中,j 是辅助变量,用来记录表里已有多少个表目,哈希表建立时,设基本存储区已清为 0,且 j＝0,要检索或插入的关键字在进入算法前已放在变量 k 之中,算法中的 m 是一个常量,等于基本存储区的长度。当 j＝m−1 时宣告溢出,这样可以保证表中至少存在一个开放的表目(key＝0),从而不会使检索无限循环。

```
#include<bits/stdc++.h>
#define m 13
using namespace std;

struct node{
```

```
        int key;
};
node table[m - 1];
int k,i,j;
int main(){//哈希表的检索和插入,用线性探索法解决冲突
    j = 0;
    i = h(k);//计算哈希地址
    while((table[i]. key ! = k) && (table[i]. key)) i = (i + 1) % m;//检索
    if(table[i]. key == k) printf("retrieval %d\\n",i);
    else if (j == m - 1) printf("overflow\\n");
        else{
                j++; table[i]. key = k; //插入
            }
    return 0;
}
```

　　基于开地址法的哈希表不宜执行哈希表的删除操作。若必须在哈希表中删除结点,则不能将被删结点的关键字置为 NULL,而应该将其置为特定的标记 DELETED。因此,需对查找操作做相应的修改,使之探查到此标记时继续探查下去。同时也要修改插入操作,使其探查到 DELETED 标记时,将相应的表单元视为一个空单元,将新结点插入其中。这样无疑增加了时间开销,并且查找时间不再依赖于装填因子。因此,当必须对哈希表做删除结点的操作时,一般是用拉链法来解决冲突。

　　为改善关键字的堆积还可以采用"哈希函数探查法"。这个方法使用两个哈希函数 h_1 和 h_2,其中 h_1 和前面的 h 一样以关键字的值为自变量,产生一个 0 到 m-1 之间的数作为哈希地址;h_2 也以关键字的值为自变量,产生一个 1 到 m-1 之间的且和 m 互质的数作为哈希地址的补偿。例如,当 m 是素数时,$h_2(key)$ 可以是 1 到 m-1 之间的任何数;当 m 是 2^5 时,$h_2(key)$ 可以是 1 到 m-1 之间的任何奇数。用哈希函数探查法得到的探查序列是跳跃式哈希在整个存储区域里的,而不是像线性探查法那样探查一个顺序的地址序列。设 $h_1(key)=d$ 时发生冲突,则再计算 $h_2(key)$ 得到探查序列为:$(d+h_2(key))\% m$,$(d+2h_2(key))\% m$,$(d+3h_2(\% key))\% m$……该方法使用了两个哈希函数 $h_1(key)$ 和 $h_2(key)$,故也称为"双哈希函数探查法(Double Hashing)"。需要注意的是,定义 $h_2(key)$ 的方法较多,但无论采用什么方法定义,$h_2(key)$ 的值必须和 m 互质,才能使发生冲突的同义词地址均匀地分布在整个表中,否则可能造成同义词地址的循环计算,从而在存储区并未放满时产生溢出。若 m 为素数,则 $h_2(key)$ 取 1 到 m-1 之间的任何数均与 m 互素,$h_1(key)=key \% m$,因此,我们可以简单地将它定义为:$h_2(key)=key \% (m-2)+1$ 或 $h_2(key)=[key/m] \% (m-2)+1$。

　　下面给出双哈希函数探查法的算法实现。算法相关的类型和变量说明基本同上面的两种方法,只是增加了一个整型变量 c 来存放 $h_2(key)$ 的值。

```
{
```

```
j = 0;
i = h1(k);
c = h2(k);
while(table[i]. key ! = k) && (table[i]. key)) i = (i + c) % m;
if(table[i]. key == k) printf("retrieval %d\\n",i);
else if(j == m − 1) printf("overflow\\n");
    else{
        j++; table[i]. key = k;
    }
}
```

1.6　哈希表的性能分析

由于哈希表的插入操作和删除操作的时间开销均取决于查找,故下面只分析查找操作的效率。

虽然哈希表在关键字和存储位置之间建立了对应关系,理想情况是无需关键字的比较就可找到待查关键字,但是由于冲突的存在,哈希表的查找过程仍是一个和关键字比较的过程,不过哈希表的平均查找长度比顺序查找、二分查找等完全依赖于关键字比较的查找算法要小得多。

1. 查找成功的 ASL(Average Search Length,表示平均查找长度)

哈希表上的查找优于顺序查找和二分查找。例 1-4 和例 1-5 的哈希表,在假设结点的查找概率相等的前提下,线性探查法和拉链法在查找成功时的平均查找长度分别为:

$$\text{ASL}=(1\times6+2\times2+3\times1+9\times1)/10=2.2 \qquad \{线性探查法\}$$
$$\text{ASL}=(1\times7+2\times2+3\times1)/10=1.4 \qquad \{拉链法\}$$

而同样的规模下(n=10),顺序查找和二分查找的平均查找长度(成功时)分别为:

$$\text{ASL}=(10+1)/2=5.5 \qquad \{顺序查找\}$$
$$\text{ASL}=(1\times1+2\times2+3\times4+4\times3)/10=2.9 \qquad \{二分查找,可由判定树求出该值\}$$

2. 查找不成功的 ASL

对于不成功的查找,顺序查找和二分查找所需进行的关键字比较次数仅取决于表长,而哈希查找所需进行的关键字比较次数和待查结点有关。因此,在等概率情况下,也可将哈希表在查找不成功时的平均查找长度定义为查找不成功时对关键字需要执行的平均比较次数。

例 1-4 和例 1-5 的哈希表,在等概率情况下,查找不成功时的线性探查法和拉链法的平均查找长度分别为:

$$\text{ASL}=(9+8+7+6+5+4+3+2+1+1+2+1+10)/13=59/13\approx4.54$$
$$\text{ASL}=(1+0+2+1+0+1+1+0+0+0+1+0+3)/13\approx10/13\approx0.77$$

根据以上分析,我们可以得出:由同一个哈希函数、不同的解决冲突方法构造的哈希表,其平均查找长度是不相同的;哈希表的平均查找长度不是结点个数 n 的函数,而是装填因子

α 的函数,α 越小,产生冲突的机会就越小,但 α 过小,空间的浪费就过多。

3. 哈希法的效率分析

除哈希法外,其他查找方法拥有的共同特征为:均是建立在比较关键字的基础上。其中顺序查找是对无序集合的查找,每次关键字的比较结果有"="或"!="两种可能,其平均时间开销为 $O(n)$;其余的查找均是对有序集合的查找,每次关键字的比较有"="、"<"和">"三种可能,且每次比较后均能缩小下次的查找范围,故查找速度更快,其平均时间开销为 $O(\log_2 n)$。而哈希法是根据关键字直接求出地址的查找方法,如果哈希函数设计合理,理想情况下每次查询的时间花费仅仅为 $O(h/r)$,即和哈希表容量与剩余容量的比值成正比。只要哈希表容量达到实际使用量的大约 1.5 倍以上,查找花费的时间基本就可以认为恒为 $O(1)$。

1.7 哈希表的应用举例

哈希表作为一种高效的数据结构,有着广泛的应用,尤其是在搜索等问题中,以判重或判等价为目标的一类应用最为典型。

例 1-6 方程的解

[问题描述]

已知 $X_i (i=1,2,3,4)$ 是 $[-T..T]$ 中的整数,求出满足方程 $A \times X_1 + B \times X_2 + C \times X_3 + D \times X_4 = P$ 的解有多少组?数据范围如下:$|P| < 10^9$,$|A|$、$|B|$、$|C|$、$|D|$ 均小于 10^4,$0 \leqslant T \leqslant 500$。

[问题分析]

一种直观的方法是穷举 X_1, X_2, X_3, X_4,代入方程判断是否满足条件,时间复杂度为 $O(n^4)$。适当优化,可以穷举 X_1, X_2, X_3,然后移项计算出 X_4 的值,判断是否合法,时间复杂度为 $O(n^3)$。

其实,我们可以利用哈希的思想,假设 $f(x)$ 表示表达式 $A \times X_1 + B \times X_2$ 的值为 x 时,X_1, X_2 解的个数,那么穷举 X_1, X_2,统计出所有的 $f(x)$,然后再穷举 X_3, X_4,计算出 $P - C \times X_3 - D \times X_4$,累加 $f(P - C \times X_3 - D \times X_4)$ 的值即可,时间复杂度为 $O(n^2)$。

[参考程序]

```cpp
#include<bits/stdc++.h>
using namespace std;
const int maxn = 10000000;
typedef unsigned long long LL;

int f[maxn * 2];
int tmp,p,t,a,b,c,d,i,j;
LL ans = 0;

int main(){
  scanf("%d %d %d %d %d %d",&p,&t,&a,&b,&c,&d);
  for(i = -t; i <= t; i++)
```

```
        for(j = -t; j <= t; j++) f[i * a + j * b + maxn]++;
    for (i = -t; i <= t; i++)
        for (j = -t; j <= t; j++){
            tmp = p - (c * i + d * j) + maxn;
            if((tmp >= 0) && (tmp <= maxn * 2)) ans += LL(f[tmp]);
        }
    printf("%lld\\n",ans);
    return 0;
}
```

例 1-7 魔板(template. ???)

[问题描述]

在魔方风靡全球之后,小Y发明了它的简化版——魔板,如图1-4所示,魔板由8个同样大小的方块组成,每个方块的颜色均不相同,本题中分别用数字1~8表示,它们可能出现在魔板的任一位置。任一时刻魔板的状态可以用方块的颜色序列表示:从魔板的左上角开始,按顺时针方向依次写下各方块的颜色代号,得到数字序列即可表示此时魔板的状态。例如,序列(1,2,3,4,5,6,7,8)表示如图1-4所示魔板的状态,这也是本题中魔板的初始状态。

1	2	3	4
8	7	6	5

图 1-4 魔板的初始状态

对于魔板,可以施加三种不同的操作,分别以A,B,C标识。具体操作方法如下:

A:上下行互换。

B:每一行同时循环右移一格。

C:中间4个方块顺时针旋转一格。

应用这三种基本操作,可以由任一状态达到任意另一状态。

A操作

1	2	3	4
8	7	6	5
1	2	3	4
8	7	6	5

B操作

1	2	3	4
4	1	2	3
5	8	7	6
8	7	6	5

C操作

1	2	3	4
1	7	2	4
8	6	3	5
8	7	6	5

图 1-5 魔板的操作方法

图1-5描述了上述3种操作的具体含义,图中方格外面的数字标识魔板的8个方块位置,方格内的数字表示此次操作前该小方块所在位置,即:如果位置P对应的方格中数字为I,则表示此次操作前该方块在位置I。

任务一:请编一程序,对于输入的一个目标状态寻找一种操作的序列,使得从初始状态开始,经过此操作序列后使该魔板变为目标状态。

任务二:如果你的程序寻找到的操作序列在300步以内,会得到任务二的分数。

输入数据只有一行,内容是 8 个以一个空格分隔的正整数,表示目标状态。输入样例对应的状态如图 1-6 所示。输出数据要求第一行输出你的程序寻找到的操作序列的步数 L,随后 L 行是相应的操作序列,每行的行首输出一个字符,代表相应的操作。

2	6	8	4
1	3	7	5

图 1-6　魔板的输入样例的状态

[输入样例]

2 6 8 4 5 7 3 1

[输出样例]

7
B
C
A
B
C
C
B

[问题分析]

很容易就可以判断出本题是一道搜索题,因为没有要求最短,所以深度优先搜索和宽度优先搜索都是可以的。但是,两者都面临一个严重的问题,那就是如何记录状态以判重? 显然,以下几类方法是可以思考的:

第一类方法,采用一个二维数组或一维数组来记录所有魔板状态。

第二类方法,采用一个 8 位数来记录数据。

第三类方法,采用一个 1~8! 的编码表示一种排列。

对于第一类方法,最多可能会有 8! = 40320 种状态,即使全部搜到,所需内存空间也是有限的。每次判重的复杂度就是 O(8),而每次调整的复杂度,A 操作是 O(12),B 操作是 O(10),C 操作是 O(5),这些也都是可以接受的。

对于第二类方法,判重就有多种方法了。第一种方法,可以直接存下这个 8 位数,所需的空间最少是 71MB(采用下标在 12345678~87654321 的布尔数组),还是勉强可以接受的;第二种方法是将 8 位数使用取余法放入哈希表,最大元素数量为 40320,所以哈希表可以开得较小,并且使用线性探查法和拉链法都是可以的,这种方法显然比第一种更加优越;第三种方法利用了此 8 位数必然是一个 1~8 全排列的性质,每一个全排列都可以唯一对应到一个编号,其算法流程是这样的:将 n 的一个全排列描述成 $a_1 a_2 a_3 \ldots a_n$,对于每一个 a_i 指定一个 b_i 表示在 a_i 前面比 a_i 小的数的个数,那么,对于这个排列,它的编号就是 $\sum_{i=1}^{n}(a_i - b_i - 1) \times$

(n−i)!,这个编号的范围是 0 至 n!−1,若要生成平时 1～n! 的编号,再加 1 就可以了,那样就可以开一个 1..40320 的布尔数组来记录这个数是否出现,这个办法在时间和空间上应该说是恰到好处了。

对于第三类方法,问题就在于编码与实际魔板状态之间的互相转换。魔板状态到编码的转换就是第二类方法中的第三种判重方法,这里就不赘述了,但是从编码转换成魔板状态出了问题。如果直接存下编码对应的魔板状态,那么就和第二种方法没有区别了。如果只存编码的话,可以通过递推的方式得出每一位的数字,所以魔板状态与编码之间的互相转换问题就解决了。

综上所述,第一类方法在时间和空间上显然劣于第二类和第三类方法,所以在编程中就不考虑了。第二类方法中第一种判重方法所使用的空间很大,所以也不予考虑,那么就只剩下三种方式了。实际编程测试对比后,我们会发现,对于哈希函数,并不是要越准确越好,冲突是需要避免的,但是完全避免冲突所需的哈希函数有时却是非常耗时间的。第二类方法完全避免了冲突,但是算出全排列编码的函数却耗时较多,第一类方法虽不能避免冲突,但是哈希函数简单有效,速度较快。

[参考程序]

```cpp
#include<bits/stdc++.h>
using namespace std;

string start,end,ans[50000];
int hash[10],pos[10],vis[50000];

struct node{
    string step,str;
    int val;
};

int solve(string &s){
    int i,j,sum = 0;
    for (i = 0; i<7; i++){
        int cnt = 0;
        for(j = i+1; j<8; j++)
            if(s[i]>s[j])
                cnt++;
        sum+=cnt * hash[7−i];
    }
    return sum;
}

void fun_A(string &s){
    for(int i = 0; i<4; i++)
```

```
        swap(s[i],s[i+4]);
}
void fun_B(string &s){
    char t=s[3];
    for(int i=2; i>=0; i--)
        s[i+1]=s[i];
    s[0]=t;
    t=s[7];
    for(int i=6; i>=4; i--)
        s[i+1]=s[i];
    s[4]=t;
}

void fun_C(string &s){
    char t=s[1];
    s[1]=s[5];
    s[5]=s[6];
    s[6]=s[2];
    s[2]=t;
}

void bfs(){
    memset(vis,0,sizeof(vis));
    node a,next;
    queue<node> Q;
    a. step = "";
    a. str = start;
    a. val = solve(start);
    vis[a. val] = 1;
    ans[a. val] = "";
    Q. push(a);
    while(! Q. empty()){
        a = Q. front();
        Q. pop();
        string t;
        int k;
        t = a. str;
        fun_A(t);
        k = solve(t);
```

```
        while(! vis[k]){
            vis[k] = 1;
            next = a;
            next. step+='A';
            ans[k] = next. step;
            next. str = t;
            next. val = k;
            Q. push(next);
        }
        t = a. str;
        fun_B(t);
        k = solve(t);
        while(! vis[k]){
            vis[k] = 1;
            next = a;
            next. step+='B';
            ans[k] = next. step;
            next. str = t;
            next. val = k;
            Q. push(next);
        }
        t = a. str;
        fun_C(t);
        k = solve(t);
        while(! vis[k]){
            vis[k] = 1;
            next = a;
            next. step+='C';
            ans[k] = next. step;
            next. str = t;
            next. val = k;
            Q. push(next);
        }
    }
}
int main(){
    freopen("template. in","r",stdin);
    freopen("template. out","w",stdout);
```

```
    int i,j;
    hash[0] = 1;
    for(i = 1; i<10; i++)
        hash[i] = hash[i-1] * i;
    start = "12345678";
    bfs();
    start. clear();
    for (int i = 0;i < 8;i++){
        int j;
        cin >> j;
        start. push_back(j+'0');
    }
    reverse(start. begin()+4,start. begin()+8);
    end = "12348765";
    swap(start[4],start[7]);
    swap(start[6],start[5]);
    swap(end[4],end[7]);
    swap(end[6],end[5]);
    for(i = 0; i<8; i++)
        pos[start[i]-'0'] = i+1;
    for(i = 0; i<8; i++)
        end[i] = pos[end[i]-'0'];
    int k;
    k = solve(end);
    cout << ans[k] << endl;
    return 0;
}
```

例 1-8 AK 的故事之英语学习篇(mistake. ???)

[问题描述]

　　面对竞争日益激烈的社会,AK 深感自己的英语水平实在是太差了,他决定在英语方面下苦工。这些日子里,AK 每天都要背大量的英语单词,阅读很多英语文章。终于有一天,AK 很高兴地对自己说:"我的英语已经没问题了!"他决定写一篇英语文章来显示自己的水平……

　　AK 将自己的文章交给了他的英语老师 Mr. Y,满以为 Mr. Y 会大加赞赏。谁知,Mr. Y 却严厉地批评了 AK。原来 AK 在这篇文章中拼错了许多许多单词。单词这一关都没过,别说文章的条理性了。

　　AK 看到了自己的不足,决心从这篇文章开始重新奋斗!他首先要做的是找出文章中拼错的单词并修正。但是这也不是一件容易的事,因为 AK 这篇文章写得太长了,而且拼错的单词也太多了,AK 的水平太低,根本没法把拼错的单词都找出来。于是,AK 找到了你,希望你帮助他完成这一任务。

[输入格式]

输入文件第一行为一个整数 n(n≤10000),表示字典中单词的个数。

第二行至第 n+1 行,每行一个单词,单词的长度不超过 10。

第 n+2 行,列出了 AK 在文章中所用到的单词(一律为小写字母),单词间用空格分隔,单词的个数不超过 1000。

[输出格式]

输出文件仅一行一个整数,表示 AK 拼错的单词的数目。

注意:如果一个单词在字典中无法找到,那么我们就认为这个单词拼错了。如果出现两个相同的单词且都拼错了,则计拼错单词数为 2。

[输入样例]

```
2
love
this
i love this game
```

[输出样例]

```
2
```

[问题分析]

本题可分为两步:把字典中的单词转化为哈希值,存储在哈希表中;把文章中的单词转化为哈希值,查询哈希表中是否有对应单词的哈希值。

求单词的哈希值的方法如下:

把字母 a..z 看作 0..25,单词的每一位看作一个数位,那么单词可以看作一个 k 进制(k≥26)数,把这个数对一个大质数取模,就是这个单词的哈希值。

代码中取的模数为 10000007,进制为 37,都是质数,有助于减少冲突。

[参考程序]

```cpp
#include<bits/stdc++.h>
#define mo 10000007
#define jz 37
using namespace std;

bool f[mo + 10];
char st[20000];

int hash(){
  int len = strlen(st);
```

```
int ret = 0;
for(int i = 0; i < len; i++) ret = (ret * jz + st[i] - 'a') % mo;
return ret;
}
int main(){
freopen("mistake.in","r",stdin);
freopen("mistake.out","w",stdout);
int ha,n,i,ans = 0;
scanf("%d",&n);
for(int i = 1; i <= n; i++){
    scanf("%s",&st);
    ha = hash();
    f[ha] = 1;
}
while(scanf("%s",&st) ! = EOF){
    ha = hash();
    if(! f[ha]) ans++;
}
printf("%d\\n",ans);
return 0;
}
```

[知识扩展 1——信息学竞赛中常用的几种字符串 Hash 函数]

1. ASCII 码相加

基本思想:将字符串的每一个字符的 ASCII 码相加,得出的值即为 Hash 函数值。代码如下:

```
num=0;
for (i=1;i<=length(s);i++) num+=s[i];
```

冲突问题:例如对于"abc"与"bca"等元素相同而排列不同的字符串,显然会造成冲突。

改进方法:可以将字符的 ASCII 码乘上一个位权,然后再相加,这样可以避免一部分冲突。还可采取另外一种类似的附加权值方法。代码如下:

```
num=0;
for (i=1;i<=length(s);i++) num+=s[i]*i;
```

2. ELFHash 函数

基本思想:利用位运算,产生一个 Hash 函数值。代码如下:

```
num=0;
for (i=1;i<=length(s);i++){
  num=(num << 4)+s[i];
```

```
    g=num & (0xf0000000);
    if (g>0) num=num ^ (g >> 24);
    num=num & (! g);
}
```

函数优点:压缩极为密集,是一个很好用的产生冲突极少的函数。

压缩方法:经过处理之后生成的 Hash 函数可能比较零散,或者跨越区间比较大。此时可以采取生成整型数 Hash 函数的经典方法。比如可以将生成的 Hash 函数与一个数求模来产生新的 Hash 函数值,但这样会使产生冲突的概率增加。

3. BKDRHash

基本思想:将字符串当成一个 seed 进制数来处理。代码如下:

```
const int seed=31;
int BKDRhash(string str){
int i;
    BKDRhash=0;
    for (int i=1;i<=length(str);i++)
        BKDRhash=(BKDRhash * seed+str[i])&0xFFFFFFF;
}
```

函数优点:程序便于记忆和使用,冲突概率较低,实战中效果较好。

表 1-2　字符串 Hash 函数

Hash 函数	数据 1	数据 2	数据 3	数据 4	数据 1 得分	数据 2 得分	数据 3 得分	数据 4 得分	平均分
BKDRHash	2	0	4774	481	96.55	100	90.95	82.05	92.64
APHash	2	3	4754	493	96.55	88.46	100	51.28	86.28
DJBHash	2	2	4975	474	96.55	92.31	0	100	83.43
JSHash	1	4	4761	506	100	84.62	96.83	17.95	81.94
RSHash	1	0	4861	505	100	100	51.58	20.51	75.96
SDBMHash	3	2	4849	504	93.1	92.31	57.01	23.08	72.41
PJWHash	30	26	4878	513	0	0	43.89	0	21.95
ELFHash	30	26	4878	513	0	0	43.89	0	21.95

表 1-2 给出了一些常用的字符串 Hash 函数及其比较。其中,数据 1 为 100000 个由字母和数字组成的随机串哈希冲突的个数。数据 2 为 100000 个有意义的英文句子哈希冲突的个数。数据 3 为数据 1 的哈希值与 1000003(大素数)求模后存储到线性表中冲突的个数。数据 4 为数据 1 的哈希值与 10000019(更大素数)求模后存储到线性表中冲突的个数。

[知识扩展 2——Rabin-Karp 算法的优化]

事实上 BKDRHash 有着更为广泛的应用,比如说 Rabin-Karp 算法就可以利用这个 Hash 函数来改进时间复杂度。Rabin-Karp 算法是一种模式匹配的算法,它的时间复杂度最坏情况下达到了 O(nm),显然不如 KMP 算法。以下代码是原始的 Rabin-Karp 算法的伪代码:

```
    int naivesearch(string s,string sub){
```

```
        n＝s. size(); m＝sub. size();
        for (int i=0; i<=n-m; i++){
                for (int j=0; j<m; j++)
                if (s[i-j] ! = sub[j]) break;
                return i;
        }
        return -1;
}
```

显然如果 s＝"aaaaaaaaaaaaaaaaaaaaaaaaaaa"，sub＝"aaaaaaaaaaaaaab"，这个算法会达到它的最坏时间复杂度。然而，通过引入哈希函数 hash，我们可以降低它的时间复杂度，那么算法伪代码变成：

```
int RabinKarp(string s, string sub){
        n＝s. size(); m＝sub. size();
        hsub＝hash(sub,0,m-1); hs＝hash(s,0,m-1);
        for (int i=0; i<=n-m; i++){
                if (hsub==hs){
                        if (comp(s,i,i+m-1,sub)) return i;
                }
                hs＝hash(s,i+1,m+i);
        }
        return -1;
}
```

如果这个 hash 函数选得足够好，那么 if hs＝hsub 这句话就能够检测出绝大多数的不匹配情况，因此时间复杂度降到了 O(n)。但是，如何选择这个 hash 函数呢？我们发现这个 hash 函数要满足两个要求：

第一，要尽量减少冲突；

第二，要能够尽快地由 hash(s[i..i+m-1]) 算出 hash(s[i+1..i+m])。

我们发现，前面讲过的 BKDRHash 就满足要求。首先，从刚刚的比较中发现冲突不多；其次，我们发现，如果已经知道 hs＝hash(s[i..i+m-1])，那么 hash(s[i+1..i+m])＝(hs-ord(s[i]) × seed^{m-1}) × seed + ord(s[i+m])，如果预处理出 seed^{m-1}，那么每次转移的代价是 O(1)的时间复杂度。因此，通过引入函数 hash 我们排除了很多无用的比较，提高了效率。

如果仅仅是这样，那么 Rabin-Karp 还是不如 KMP 的，可能一组精心设计的数据能够使得冲突率大增，当然实际上在不知道 seed 的情况下这是难以做到的。其实，Rabin-Karp 算法能够应付多串匹配的情况，我们在刚刚的匹配算法中，只要把模式串都塞入一个哈希表中即可，伪代码为：

```
int RabinKarp(string s, string subs[100],m){
        n＝s. size(); hsubs. clear();
        for (int i=1; i<=100; i++) hsubs[hash(subs[i],0,m-1)]=i;
```

```
    hs＝hash(s,0,m－1);
    for (int i＝0; i≤＝n－m; i＋＋){
        if (hsubs[hs]){
            if (comp(s,i,i＋m－1,subs)) return i;
        }
        hs＝hash(s,i＋1,i＋m);
    }
    return －1;
}
```

例 1-9 字符串操作

[问题描述]

给出字符串 A 和 B(长度不超过 1000000),判断能否通过对 A 删去一个字符,再添加一个字符,使得 A 串与 B 串相同。

[问题分析]

首先,如果对 A 删去一个字符再添加一个字符后,A 串与 B 串相同,那么对 A 添加一个字符可以转化为 B 删去一个字符。于是,原问题就转化为两个字符串各删去一个字符,能否相同。因此,我们想到了哈希,如果能够快速计算出某个字符串删掉一个字符后的所有哈希值,那么这个问题就可以解决了。

我们发现 Rabin-Karp 算法中采用的哈希法能够快速计算出字符串某一连续段的哈希值。方法具体如下:首先预处理出 s[1..i] 的哈希值 h[i],这只要在计算过程中记录一下即可;然后对于 s[i..j] 这段而言,它的哈希值就等于 $(h[j]-h[i-1])/seed^{i-1}$,所以只要预处理出 $seed^{i-1}$,问题也就迎刃而解了。

但是有一个技术实现上的问题:计算哈希值的过程都是取模的,我们怎么做除法呢? 其实,只需要计算出 seed 的逆元就行了,a 的逆元 a^{-1} 定义为 $a×a^{-1}=1 \pmod p$。根据费马小定理,我们得出 $seed^{-1}=seed^{p-2}$(如果我们取模时用的是质数)。而除以 a 就等于乘以 a^{-1},因此问题解决了。

例 1-10 树的同构

[问题描述]

输入两棵树,判断两棵树是否同构。

两棵树 A 和 B 同构是指:对于 A 的结点 X 有 B 的结点 X′ 与之对应;反之,对于 B 的结点 X′ 有 A 的结点 X 与之对应。特别地,对于结点 X 和 Y,X 是 Y 的父亲当且仅当 X′(相对于结点 X)是 Y′(相对于结点 Y)的父亲。如果 A 和 B 结构相同,那么它们的父亲相对应,深度相同,结点数相等。

[问题分析]

不难想到的算法是使用两个字符串分别表示两棵树,但是如果使用哈希的话应该怎么做呢?

可以使用一种类似树状递推的方法来计算哈希值。

对于一个结点 v，先求出它所有儿子结点的哈希值，并从小到大排序，记作 $H_1, H_2, \cdots, H_D$。那么 v 的哈希值就可以计算为：

$$\text{Hash}(v) = ((\cdots(((((a \times p \text{ xor } H_1) \bmod q) \times p \text{ xor } H_2) \bmod q) \times p \text{ xor } \cdots H_{D-1})$$
$$\bmod q) \times p \text{ xor } H_D) \times b \bmod q$$

换句话说，就是从某个常数开始，每次先乘以 p，然后和一个元素异或，接着除以 q 取余，再乘以 p，和下一个元素异或，除以 q 取余……一直进行到最后一个元素为止。最后把所得到的结果乘以 b，再对 q 取余。

之所以事先对儿子结点的哈希值进行排序，是因为仅仅儿子结点的顺序不同并不会导致树的不同。后面如何哈希就比较随意了，即使不用这个哈希函数，只要使用一个效果足够好的哈希函数也是可以的。但是要注意，诸如 Rabin-Karp 的哈希函数那样的就不适合在这里应用，因为不难找到如图 1-7 所示的反例。

考虑图 1-7 中右图所示树的儿子结点的顺序的情况（可以认为哈希函数的大小是随机分布的，因此有一半的可能性会出现这种情况），由于儿子结点的哈希值必然相同（因为都是等价的），不妨记作 1，然后递推关系是：

$$Hash(v) = b \times \sum_{i=1}^{D} p^{D-i} v_i \bmod q$$

则左边的树的哈希值为 $\text{lb}^2(p^2+p+1)(p+1) \% q$，右边为 $\text{lb}^2[(p+1)p+(p^3+p^2+p+1)] \% q$。

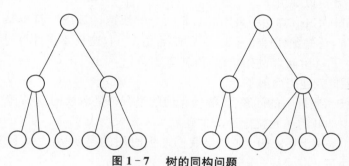

图 1-7　树的同构问题

不难看出两个值是相等的，而两棵树是不相同的。

类似地，前面的计算方法如果最后不乘以 b，也是错的（可以分析树退化成线形的情况）。

那么，既然直接比较哈希值肯定是有概率出错的，为什么还要指出哪些哈希函数适用，哪些不适用呢？有的错误是"偶然误差"，不改变哈希的计算方法，仅仅改变 p 等常数即可消除；而有的则是"系统误差"，是这个 Hash 函数本身的不合理导致的。后一种情况应尽量避免出现。当然，在比赛的短短几个小时中未必能够判断这个哈希函数究竟合不合理，但是尽量选择在不确定 p，q 等可以改变的常数的情况下难以构造反例的哈希函数会是比较好的办法。

现在，只需要比较两棵树的哈希值，即可分辨它们是否相同，时间复杂度为 $O(n\log_2 n)$。

还有另一种哈希函数也能解决这个问题，而且对于解决下一个问题很有帮助：考虑把这棵树使用一个串表示出来(类似最小表示),然后计算那个串的哈希值。当然,如果真的像最小表示法那样把字符串弄出来,就有点得不偿失了。可以仅仅根据儿子结点的哈希值对儿子结点进行排序,由于 Rabin-Karp 的哈希函数是可以处理两个串连接后的哈希函数值的,在确定了顺序并且知道了各个儿子结点的结点数(即子串的长度)后,就不难确定当前结点的哈希值了。

换句话说,如果用 $c_1, c_2, \cdots, c_D$ 表示当前结点 v 的儿子结点,$s(x)$ 表示根结点为 x 的子树所转化成的子串,则 $s(v) = g(v)s(c_1)s(c_2)\cdots s(c_D)$,这里 $g(v)$ 是某个关于 v 的有一定识别能力的函数,比如取结点 v 的儿子数或者某个关于结点 v 的哈希函数均可。

而 Rabin-Karp 算法的哈希函数为:

$$f(S) = \sum_{i=1}^{len(S)} S[i] p^{len(S)-i} \ \% \ q$$

因此有:

$$f(s(v)) = f(g(v)s(c_1)s(c_2)\cdots s(c_D))$$

$$= \left\{ \begin{array}{l} p^{len(s(v))-1} \times g(v) + \sum\limits_{i=1}^{D} \\[2mm] \left[f(c_i) p^{\sum\limits_{j=i+1}^{D} len(C_D)} \right] \end{array} \right\} \ \% \ q$$

可见,进行一次在树上的递推,则哈希值不难算出。

[扩展思考]

如何判断无根树、有向图、无向图是否同构?

1.8 本章习题

1-1 设某目录表的关键字序列为{6097,3485,8129,407,8136,6615,6617,526,12287,9535,9173,2134,1903,99}。其中结点数 n=14,基本区域大小设计成能容纳 19 个结点(载因子 $\alpha = 14/19$),哈希函数设为 $h(k) = k \ \% \ 19$。分别写出:

(1) 用线性探查法解决冲突的哈希表;

(2) 用结合的同义词子表法解决冲突的哈希表。

1-2 设某目录表的关键字序列为{6097,3485,8129,407,8136,6615,6617,526,12287,9535,9173,2134,1903,99}。其中结点数 n=14,哈希函数设为 $h_1(k) = k \ \% \ 19$,$h_2(k) = k \ \% \ 17 + 1$。

试给出用双哈希函数探查法处理冲突的哈希表。

1-3 使用哈希函数 $H(k) = 3k \ \% \ 11$,并采用开放地址法处理冲突,求下一地址的函数为:

$d_1 = h(k)$

$d_i = (d_{i-1} + 7k) \ \% \ 11 \ (i = 2, 3, \cdots)$

试在 0～10 的哈希地址空间中对关键字序列(22,41,53,46,30,13,01,67)构造哈希表,并求等概率情况下查找成功的平均查找长度,以及设计构造哈希表的完整过程。

1-4 假设有 1000 个值小于 10000 的正整数,用构造哈希表的方法将 1000 个正整数按由小到大的次序放入表中。载因子 $\alpha=1$,试写出你的排序算法。

1-5 等价表达式(NOIP2005)

给定一个没有化简的表达式,然后再给出 n 个表达式,求出这 n 个表达式里哪些与一开始给定的表达式相等。限制条件:n≤26,表达式长度不超过 50,表达式中只出现数字、a、+、一、×、^(乘方运算)、左右括号和空格。数字都小于 10000,乘方运算中幂次都不超过 10,+、一、×、^、(、)都只能作运算符,且不会出现省略乘号的现象。

1-6 Equal squares (Ural 1486)

在一个 N×M 的字符矩阵中找到两个相同的子正方形矩阵(可以相交),并使找到的两个子正方形矩阵的边长尽量大。

1-7 Guess the Number

给定一个 S(最多 500000 位),求 N,使得 $N^N=S$。但给定的 S 可能有一些位上的数字错了(不会出现增加或减少位数的情况),此时应输出-1。

1-8 程序补丁(bugs. ???)

[问题描述]

一个程序总有错误,公司经常发布补丁来修正这些错误。遗憾的是,每用一个补丁,在修正某些错误的同时会加入其他错误,并且每个补丁都有一定运行时间。

某公司发表了一个游戏,出现了 n 个错误 $B=\{b_1,b_2,b_3,\cdots,b_n\}$,于是该公司发布了 m 个补丁,每个补丁的应用都是有条件的(即哪些错误必须存在,哪些错误不能存在)。

求最少需要多少时间可全部修正这些错误。

[输入格式]

输入文件的第一行有两个正整数 n 和 m,n 表示错误总数,m 表示补丁总数,1≤n≤20,1≤m≤100。

接下来 m 行给出了 m 个补丁的信息,每行包括一个正整数(表示此补丁程序的运行时间)和两个字符串。

第一个字符串描述了应用该补丁的条件。字符串的第 i 个字符如果是"+",表示在软件中必须存在第 b_i 号错误;如果是"一",表示软件中错误 b_i 不能存在;如果是"0",则表示错误 b_i 存在或不存在均可(即对应用该补丁没用影响)。

第二个字符串描述了应用该补丁的效果。字符串的第 i 个字符如果是"+",表示产生了一个新错误 b_i;如果是"一",表示错误 b_i 被修改好了;如果是"0",则表示错误 b_i 不变(即原来存在的，仍然存在；原来不存在的，还是不存在）。

[输出格式]

输出一行一个整数，如果问题有解，输出总耗时，否则输出－1。

[输入及输出样例]

bugs. in	bugs. out
3 5 1 0－＋ －＋－ 3 ＋－－ －00 4 000 00－ 6 ＋0＋ －0－ 3 0＋0 0－0	7

1－9 购物券（bday. ???）

[问题描述]

小 Y 得到了两张价值不菲的 SHOP 购物券，所以他决定去买 N 件礼物送给朋友们。小 Y 选好了 n 件礼物，并且它们的价格之和恰好为两张购物券的面额之和。当小 Y 被自己的聪明所折服，高兴地去结账时，他突然发现 SHOP 对购物券的使用有非常奸诈的规定：一次只允许使用一张、不找零、不与现金混用。小 Y 身上根本没有现金，并且他不愿意放弃挑选好的礼物。这就意味着，他只能通过这两张购物券结账，而且每一张购物券所购买的物品的总价格必须精确地等于这张购物券的面额。怎么样才能顺利地买回这 n 件礼物呢？你的任务就是帮助小 Y 确定是否存在一个购买方案。小 Y 会告诉你其中一张购物券的面额以及所有商品的价格，你只需要确定能否找到一种方案使得选出来的物品的价格总和正好是这张购物券的面额即可。

[输入格式]

输入文件有多组数据，每两行为一组数据。每组数据的第一行为两个整数 n 和 m，分别表示小 Y 一共挑选了 n 个物品以及小 Y 的一张购物券的面额为 m。接下来的一行有 n 个用空格隔开的正整数，第 i 个数表示第 i 个物品的价格。

[输出格式]

输出文件包含若干行，每行一个单词"YES"或者"NO"，分别代表存在一个购买方案和不存在一个购买方案。

[输入及输出样例]

bday. in	bday. out
10 2000 1000 100 200 300 400 500 700 600 900 800 10 2290 1000 100 200 300 400 500 700 600 900 800	YES NO

[数据限制]

对于 30% 的输入文件,所有的 n≤20;

对于 100% 的输入文件,所有的 n≤40,并且 m 和物品的总价值不超过 $2^{31}-1$,测试组数不超过 10 组,不少于 5 组。

1-10 精简机构(ministry. ???)

[问题描述]

给你一个部的组织结构图,每个公务员只有一个上级,最多有 3 个下级(包括 0 个)。部长没有上级,最多只有 3 个下级,同一级别的下级之间都是平等的,没有级别大小之分。一个部门包括一个领导和他的下级、他下级的下级等等。有两种特殊情况:由部长开始的所有人构成的部门和只有一个人没有任何下属的部门。部门的深度是由部门官员连接起来的一个链 $X_1, X_2, \cdots, X_d$,其中,对每个 $1 \leq i \leq d$,X_i 是 X_{i+1} 的上级,只有一个人的部门的深度为 1。

两个部门 A 和 B 的结构完全相同是指对于部门 A 的每个官员 X 都有部门 B 的官员 X′ 与之对应;反之,对于部门 B 的每个官员 X′ 都有部门 A 的官员 X 与之对应。特别地,对于所有的官员 X 和 Y:X 是 Y 的上级当且仅当 X′(相对于官员 X)是 Y′(相对于官员 Y)的上级。如果部门 A 和部门 B 结构相同,那么两部门的领导相对应,深度相同,人数相等。

在图 1-8 中,部门 A 和部门 B 结构相同,而部门 C 的结构与部门 A、B 不同。

你的任务就是确定所有深度不同的结构部门的数目,换句话说,你必须提供这样一个序列 $n_1, n_2, \cdots, n_d$,d 是部门的深度,对每个 i,包含深度为 i 的完全不同的结构部门的数目。

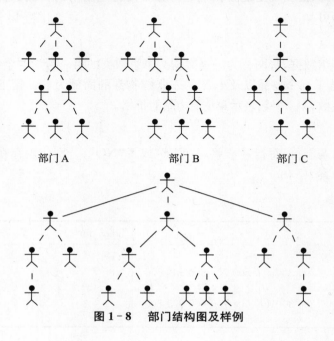

部门 A   部门 B   部门 C

图 1-8   部门结构图及样例

[输入格式]

输入只有一行,用下面的符号形式(广义表形式,见输入样例)描述该组织结构,每个部门形如($X_1 \cdots X_k$),$1 \leqslant k \leqslant 3$,表示该领导的下属个数,$X_i$ 代表了他们的部门,只有一个人的部门形如(),所有的符号描述了该部。该部最多有 1000000 个公务员。

[输出格式]

输出应该包括 d 行,d 是该部精简后的深度,第 i 行包含深度为 i 的不同部门的数目。

[输入样例]

(((())())((()())(()()()))(()(()))))

[输出样例]

1
3
2
1

第2章 树与二叉树

树是一种非线性的数据结构,用它能很好地描述有分支和层次特性的数据集合。树型结构在现实世界中广泛存在,如社会组织机构的组织关系图就可以用树来表示。树在计算机领域中也有着广泛应用,如在编译系统中用树表示源程序的语法结构;在数据库系统中,树型结构是数据库层次模型的基础,也是各种索引和目录的主要组织形式;在许多算法中,常用树型结构描述问题的求解过程、所有解的状态和求解的对策等。

在树型结构中,二叉树是最常用的结构,它的分支个数确定,又可以为空,具有良好的递归特性,特别适合于程序设计,因此也常常将一般树型结构转换成二叉树进行处理。

本章除了介绍树与二叉树外,还将学习二叉排序树、哈夫曼树以及字典树等特殊树结构。

2.1 树

一棵树(Tree)是由 n(n≥0)个元素组成的有限集合,其中:

(1) 每个元素称为结点(Node);

(2) 有一个特定的结点,称为根结点或树根(Root);

(3) 除根结点外,其余结点被分成 m(m≥0,m 是与根相连的节点数)个互不相交的有限集合 $T_0,T_1,T_2,\cdots,T_{m-1}$,而每一个子集 T_i 又都是一棵树,称为原树的子树(Subtree)。

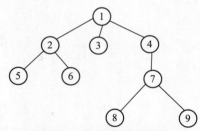

图 2-1 树结构示意图

图 2-1 就是一棵典型的树。从树的定义可以看出:

(1) 树是递归定义的,所以树的操作和应用经常也是采用递归思想。

(2) 当 n>0 时一棵树中至少有一个结点,这个结点就是根结点,如图 2-1 中的结点 1。

(3) 只有根结点没有前趋,其余每个结点都有唯一的前趋,如结点 2 的前趋是结点 1;所有结点都可以有 0 或多个后继,如结点 2 的后继为结点 5、结点 6,而结点 3 无后继。

下面,以图 2-1 为例,给出树结构中的一些基本概念。

（1）一个结点的子树个数称为这个结点的度（Degree），如结点 1 的度为 3。度为 0 的结点称为叶结点（Leaf），如结点 3、5、6、8、9；度不为 0 的结点称为分支结点，如结点 1、2、4、7。根结点以外的分支结点称为内部结点，如结点 2、4、7。树中各结点的度的最大值称为这棵树的度（宽度），图 2-1 所示的这棵树的度为 3。

（2）图 2-1 表示的树结构中，对于两个用线段连接的相关联的结点，称上端的结点为下端结点的父结点，称下端的结点为上端结点的子结点，称同一个父结点的多个子结点为兄弟结点。如结点 1 是结点 2、3、4 的父结点，结点 2、3、4 都是结点 1 的子结点，它们又是兄弟结点。从根结点到某个子结点所经过的所有结点称为这个子结点的祖先，如结点 1、4、7 都是结点 8 的祖先。以某个结点为根的子树中的任一结点都是该结点的子孙，如结点 7、8、9 都是结点 4 的子孙。

（3）定义一棵树的根结点的层次（Level）为 1，其他结点的层次等于它的父结点的层次数加 1，如结点 2、3、4 的层次为 2，结点 5、6、7 的层次为 3。一棵树中所有结点的层次的最大值称为树的深度（Depth），图 2-1 所示的这棵树的深度为 4。一般而言，树中同层次结点从左到右排列是有次序的，位置不能互换，这样的树称为有序树；否则，称为无序树。所以，树虽然是非线性结构，但也是有序结构。

2.1.1　树的存储结构

树可以采用多种方法表示，图 2-1 采用的就是一种形象的树形表示法。另外，经常采用"括号表示法"，方法如下：先将整棵树的根结点放入一对圆括号中，然后把它的子树由左至右放入括号中，同层子树用圆括号括在一起，之间用逗号隔开，然后对子树也采用同样的方法处理，直到所有的子树都只有一个根结点为止。例如，用括号表示法表示如图 2-1 所示的树结构的步骤如下：

=（T）
=（1（T1，T2 ，T3 ））　　　　　　//1 是根结点，有 3 棵子树，用逗号隔开
=（1（2（T11，T12），3，4（T31）））　　//分别对 3 棵子树做递归操作
=（1（2（5，6），3，4（7（T311，T312））））
=（1（2（5，6），3，4（7（8，9））））

树的存储结构也有多种形式，其中使用较多的是链式存储结构。下面给出几种常见的存储方法。

1. 父亲表示法

父亲表示法可以定义一个数组，每个元素的基类型为一条记录，该记录存放结点的数据信息和该结点的父结点编号。父亲表示法适合从任意结点查找父结点或根结点，但查找子结点时却需要遍历整个数组。数据结构定义如下：

```
const int m = 1000;//树的最大结点数
struct node{
        int parent;    //父亲节点
        int data;      //数据域
};
node tree[m];          //把节点存在数组 tree 中
```

2. 孩子表示法

孩子表示法可以利用一个单链表,每个结点包括一个数据域和若干指针域,每个指针域指向一个孩子结点。由于普通树的各个结点的孩子数不确定,所以指针数应该等于整棵树的度。树的度越大时,空指针域所占比例也越大,给存储空间造成很大浪费。此方法适合从根结点开始遍历整棵树或者查找子结点,但查找一个结点的父结点的效率不高。数据结构定义如下:

```
const m = 10;           //假设树的度为 10
struct node{
        int data;           //数据域
        node * child[m];   //指针域,指向若干孩子结点
};
node * tree;                //每个节点都是一个 node *
```

3. 父亲孩子表示法

结合父亲表示法和孩子表示法的特点,定义一个双链表,每个结点包括一个数据域和两个指针域,一个指向该结点的若干子结点,一个指向其父结点。数据结构定义如下:

```
const m = 10;
struct node{
    int data;               //数据域
    int parent;             //父亲节点
    node * child[m];        //指针域,指向若干孩子结点
};
node * tree;                //每个节点都是一个 node *
```

4. 孩子兄弟表示法

有时需要对一些兄弟结点进行频繁的操作,这种情况下,可以使用另外一种双链表结构——孩子兄弟表示法,每个结点包括一个数据域和两个指针域,一个指针指向该结点的第一个孩子结点,一个指针指向该结点的下一个兄弟结点。数据结构定义如下:

```
struct node{
    int data;               //数据域
    int firstchild;         //第一个孩子
    int next;               //下一个兄弟
};
node * tree;                //每个节点都是一个 node *
```

5. 图的表示法适用于树,比如邻接矩阵

2.1.2 树的遍历

应用树结构解决实际问题时,往往需要按照某种次序获得树中全部结点的数据信息,这种操作叫做"树的遍历"。遍历一般按照从左向右的顺序,常用的遍历方法有以下四种。

1. 先序遍历

先序遍历就是先访问根结点,再从左到右按照先序思想遍历各棵子树。图 2-1 所示树

结构的先序遍历的结果为：1　2　5　6　3　4　7　8　9。

2. 后序遍历

后序遍历是先从左到右遍历各棵子树,再访问根结点。图 2-1 所示树结构的后序遍历的结果为：5　6　2　3　8　9　7　4　1。

3. 层次遍历

层次遍历是按照层次从上到下逐个访问,同一层次按照从左到右的次序访问。图 2-1 所示树结构的层次遍历的结果为：1　2　3　4　5　6　7　8　9。

4. 叶结点遍历

有时,我们把所有的数据信息都存放在叶结点中,而其余结点都是用来表示数据之间的某种分支或层次关系。这种情况下,我们只需要访问所有的叶结点,此时就采用叶结点遍历法。图 2-1 所示树结构按照这个方法遍历的结果为：5　6　3　8　9。

很明显,先序遍历和后序遍历这两种遍历方法的定义都是递归的,所以在程序实现时往往也采用递归思想,也就是通常所说的"深度优先搜索"。先序遍历的递归子程序如下：

```
void tra1(node * t,int m){
    if(t ! =NULL){
        printf("%d",t->data);                        //输出节点编号
        for(i=1;i<=m;i++) tra1(t->child[i],m);  //遍历各子树
    }
}
```

层次遍历的应用也较多,采用的是"宽度优先搜索"思想：若某个结点被访问,则该结点的子结点应先被记录下来(入队),等待被访问。然后顺序访问各层次上的结点,直至不再有未访问过的结点。主要程序如下：

```
const int n = 100;
int head,tail,i;
node * q[n];                       //队列
node * p, * root;
void work(){
    head = tail = 1;               //初始化
    q[tail++] = root;              //根入队
    while(head < tail){
        p = q[head++];             //取出队首结点
        printf("%d",p->data);      //访问某个结点
        for(i = 1; i <= m; i++)  //该结点的所有子结点按顺序进队
            if(p->child[i] ! = NULL) q[tail++] = p->child[i];
    }
}
```

例 2-1 Prüfer sequence

[问题描述]

对于一个结点标号为 1 至 n 的无根树 T,进行如下操作:不断从 T 中移除当前编号最小的叶结点,输出与该结点相连的结点编号,直到 T 只剩下两个结点。这样生成的一个序列称为"Prüfer sequence"。

现在给出一个 Prüfer sequence,要求还原树 T,输出以 n 为根结点的先序遍历结果。

[输入格式]

第一行一个整数 n,表示有 n 个结点。

第二行 n−2 个整数,表示给出的 Prüfer sequence。

[输出格式]

一行 n 个整数,表示树 T 以 n 为根结点的先序遍历结果。

[输入样例]

5

3 5 2

[输出样例]

5 3 1 2 4

[样例说明]

该 Prüfer sequence 对应的无根树为:

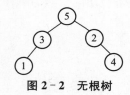

图 2-2 无根树

[问题分析]

我们先介绍一下"Prüfer sequence"。一个不含回路的图称为无根树,对于一棵无根树,当还剩下两个以及两个以上结点时,每次取出其编号最小的叶结点,记下它的父结点编号后删除它。这样会留下一个长度为 n−1 的序列,其中最后一个一定是 n。因此,可以删去最后一个,得到一个长度为 n−2 的序列。

模拟这个过程并不困难,由于 n 号结点不可能被删除,因此,我们只需要以 n 号结点为根,产生一棵有根树,然后采用父亲表示法,另外再记下每个结点的孩子数,每次从所有还未删除的结点中找到编号最小且孩子数为 0 的结点,然后删除它,记下它的父结点就行了。

然而有趣的是,这个序列是可逆的,即根据一个长度为 n−2 的序列(每个数的范围在 1~n 之间),可以还原出一棵无根树(也可以看成以 n 号结点为根的有根树)。我们每次在所有未出现的结点中找出还没有在序列中出现的最小结点,并用此结点与当前的序列中的点连边,然后删除当前序列中的这一项。

比如对于样例,一开始序列为 3—5—2,此时 1~n 都未出现过,我们把 1 号点和 3 号点连边,然后在序列中删去 3,此时 1~n 中未出现过的数有 2、3、4、5,其中不在序列中的最小的数是 3,把 3 号点和 5 号点连边,然后在序列中删去 5,此时 1~n 中未出现过的数是 2、4、5,其中不在序列中的最小数是 4,把 4 号点和 2 号点连边,然后从序列中删去 2,剩下的 1~n 中未出现的数是 2、5,由于实际上序列的最后一位是 5,只要把 2 和 5 连边就行了。最后树的形态如图 2-2 所示。

由于这种编码和树是一一对应的,所以可以得出:n 个结点有编号的无根树的形态有 n^{n-2} 种。

这两个算法的原始复杂度都是 $O(n^2)$。如果使用一个堆(堆的知识参见第 3 章 3.2 节)的话,复杂度可以降到 $O(n\log_2 n)$。算法实现的伪代码如下:

```
input n;
heap a;
tree t;
input p[n−2];
int cnt[n];
for i=1−>n−2 do cnt[p[i]]++;
for i=1−>n do
    if cnt[i]=0 a. insert(i);
for i=1−>n−2 do
  int tmp=a. top;
  a. pop;
  t. add_edge(tmp,p[i]);
  cnt[p[i]]−−;
  if cnt[p[i]]=0 a. insert(p[i]);
t. add_edge(n,a. top);
t. dfs(n);
```

2.2　二叉树

二叉树(Binary Tree)是一种特殊的树型结构,它的特点是每个结点最多只有两棵子树,即二叉树中不存在度大于 2 的结点,而且二叉树的子树有左子树、右子树之分,孩子有左孩子、右孩子之分,其次序不能颠倒。所以,二叉树是一棵严格的有序树。

树的一些术语、概念也基本适用于二叉树,但二叉树与树也有很多不同,如二叉树可以为空。二叉树有五种基本形态,如图 2-3 所示。另外,二叉树具有如下几个重要的性质。

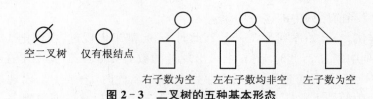

图 2-3 二叉树的五种基本形态

(1) 二叉树的第 i 层上至多有 2^{i-1} 个结点($i \geqslant 1$)。

(2) 对任何一棵二叉树,如果其叶结点数为 n_0,度为 2 的结点数为 n_2,则一定满足:$n_0 = n_2 + 1$。

(3) 深度为 k 的二叉树至多有 $2^k - 1$ 个结点。特别地,一棵深度为 k 且有 $2^k - 1$ 个结点的二叉树称为"满二叉树"。图 2-4 是深度为 4 的满二叉树,这种二叉树的特点是每层的结点数都达到了最大值。

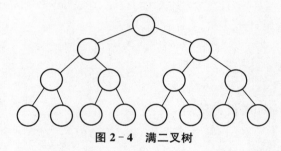

图 2-4 满二叉树

可以对满二叉树的结点进行连续编号,约定编号从根结点起,自上而下,从左到右,由此可以引出完全二叉树的定义:深度为 k,有 n 个结点的二叉树,当且仅当其每一个结点都与深度为 k 的满二叉树中编号从 1 到 n 的结点一一对应时,称为"完全二叉树"。图 2-5 中右图就是一个深度为 4 的完全二叉树。

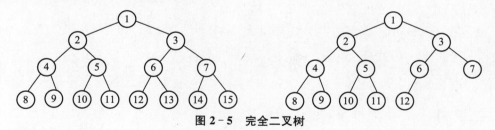

图 2-5 完全二叉树

完全二叉树具有如下特征:叶结点只可能出现在最下面两层;对任一结点,若其右子树深度为 m,则其左子树的深度必为 m 或 m+1。图 2-6 所示的两棵二叉树就不是完全二叉树。

(4) 具有 n 个结点的完全二叉树的深度为 $trunc(\log_2 n) + 1$,trunc 为取整函数。

(5) 一棵 n 个结点的完全二叉树,对于任一编号为 i 的结点,满足:

如果 $i = 1$,则结点 i 为根,无父结点;如果 $i > 1$,则其父结点编号为 $trunc(i/2)$;

如果 $2 \times i > n$,则结点 i 为叶结点;否则,左孩子编号为 $2 \times i$;

如果 $2 \times i + 1 > n$,则结点 i 无右孩子;否则,右孩子编号为 $2 \times i + 1$。

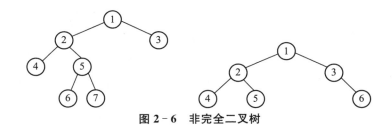

图 2 - 6　非完全二叉树

　　二叉树的存储结构与普通树的存储结构基本相同,但具有更高的应用价值。例如存储和处理表达式时,一般用叶结点表示运算数,分支结点表示运算符,这样的二叉树称为"表达式树"。比如,表达式"(a+b/c)×(d-e)"就可以表示成图 2 - 7。

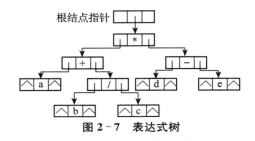

图 2 - 7　表达式树

2.2.1　普通树转换成二叉树

　　由于二叉树是有序的,而且操作和应用更加广泛,所以在实际使用时,我们经常把普通树转换成二叉树进行操作。转换方法有 3 个步骤:

　　步骤 1:将树中每个结点除了最左边的一个分支保留外,其余分支都去掉;

　　步骤 2:从最左边结点开始画一条直线,把同一层上的兄弟结点都连起来;

　　步骤 3:以整棵树的根结点为轴心,将整棵树顺时针大致旋转 45 度。或者更形象地说,把根结点往上提升,同一层的第一个结点都变成左孩子,兄弟结点都变成右孩子。

　　图 2 - 1 所示的普通树转换成二叉树的过程如图 2 - 8 所示。

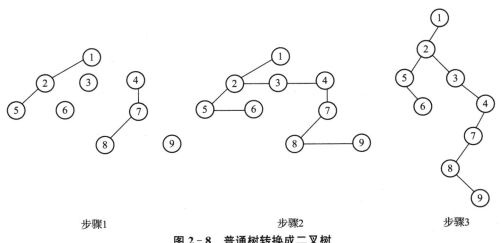

步骤1　　　　　　　　　　步骤2　　　　　　　　　　步骤3

图 2 - 8　普通树转换成二叉树

2.2.2 二叉树的遍历

二叉树的遍历方法有 3 种:先序遍历、中序遍历和后序遍历。

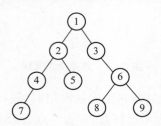

图 2-9 二叉树的遍历

1. 先序遍历

先序遍历操作定义为:若二叉树非空,则先访问根结点,再分别先序遍历左子树和右子树。下面给出一种手工方法(括号法)求图 2-9 所示二叉树的先序遍历结果:

＝{1,2,3,4,5,6,7,8,9}

＝{1,{2,4,5,7},{3,6,8,9}}

＝{1,{2,{4,7},{5}},{3,{},{6,8,9}}}

＝{1,{2,{4,{7},{}},5},{3,{},6,{8},{9}}}

＝{1,2,4,7,5,3,6,8,9}

2. 中序遍历

中序遍历操作定义为:若二叉树非空,则先中序遍历左子树,再访问根结点,最后再中序遍历右子树。图 2-9 所示二叉树的中序遍历结果为{7,4,2,5,1,3,8,6,9}。

3. 后序遍历

后序遍历操作定义为:若二叉树非空,则后序遍历左子树,再后序遍历右子树,最后访问根结点。图 2-9 所示二叉树的后序遍历结果为{7,4,5,2,8,9,6,3,1}。

显然,以上三种遍历方法都采用了递归思想,下面以先序遍历根结点为 bt 的二叉树为例,给出其算法实现:

```
void preorder(node * bt){
    if(bt ! = NULL){
        printf("%d",bt->data);
        preorder(bt->lchild);
        preorder(bt->rchild);
    }
}
```

也可以采用非递归的方法,算法实现如下:

```
void inorder(node * bt){
    node * stack[n];            //栈
    int top = 0;                //栈顶
    while(! ((bt == NULL) || (top == 0))){
        while(bt ! = NULL){    //非叶结点
```

```
            printf("%d ",bt->data);              //输出根
            stack[++top] = bt->rchild;           //右子树压栈
            bt = bt->lchild;                     //遍历左子树
        }
        if(top) bt = stack[top--];               //栈顶元素出栈
    }
}
```

对于表达式树,我们可以分别用先序、中序、后序遍历方法得出完全不同的遍历结果。
如图 2-10 所示的表达式树采用先序、中序、后序三种遍历方法得到的结果分别为:

－＋a＊b－cd/ef　　　　　(前缀表示,又称波兰式)

(a＋b＊(c－d))－e/f　　　　(中缀表示,又称代数式)

abcd－＊＋ef/－　　　　　(后缀表示,又称逆波兰式)

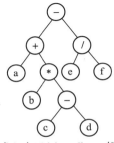

图 2-10　代数式(a＋b×(c－d)－e/f)对应的表达式树

2.2.3　二叉树的其他操作

1. 建立一棵二叉树

```
void pre_crt(node * &bt){//按先序遍历序列输入二叉树中结点的值,生成二叉树的
单链表存储结构
        cin >> ch;
        if(ch == 0) bt = NULL;
        else {//0 表述空树
            bt = new node;
            bt->data = ch;
            pre_crt(bt->lchild);//建左子树
            pre_crt(bt->rchild);//建右子树
        }
}
```

2. 删除二叉树

```
void dis(node * &bt){
    if(bt ! = NULL){
```

```
        dis(bt->lchild);//删左子树
        dis(bt->rchild);//删右子树
        delete bt;//释放父结点
    }
}
```

3. 插入一个结点到二叉树中

```
void insert(node * &bt, int n){
    if(bt == NULL){//空树,则为根结点
        bt = new node;
        bt->data = n;
        bt->lchild = NULL;
        bt->rchild = NULL;
    }
    else if(n < bt->data) insert(bt->lchild,n);
        else if(n > bt->data) insert(bt->rchild,n);
}
```

4. 在二叉树中查找一个结点

```
node * find(node * bt, int n){
    if(bt == NULL) return NULL;
    else if(n < bt->data) find(bt->lchild,n);
        else if(n > bt->data) find(bt->rchild,n);
            else return bt;
}
```

5. 用嵌套括号表示法输出二叉树

```
void print(node * &bt){
    if(bt ! = NULL){
        printf("%d",bt->data);
        if((bt->lchild ! = NULL) || (bt->rchild ! = NULL)){
            printf("(");
            print(bt->lchild);
            if(bt->rchild ! = NULL) printf(",");
            print(bt->lchild);
            printf(")");
        }
    }
}
```

2.2.4 二叉树的形态

"相似二叉树"是指两棵二叉树都为空树,或者两者均不为空树且它们的左右子树分别

相似。"等价二叉树"是指两者不仅是相似二叉树,而且所有对应结点上的数据元素均相同。我们需要知道的是 n 个结点的二叉树互不相似的形态有多少种。假设用 B_n 表示形态的种类,显然,$B_0=1,B_1=1,B_2=2,B_3=5$(如图 2-11 所示)。一般情况下,一棵具有 n(n>0)个结点的二叉树可以看成由一个根结点、一棵具有 i(0≤i≤n-1)个结点的左子树和一棵具有 n-i-1 个结点的右子树组成,i=0 表示无左子树,i=n-1 表示无右子树。根据乘法原理可以算出:n 个结点可以构成不同形态的二叉树有 $\sum_{i=0}^{n-1} B_i * B_{n-i-1}$ 棵。通过推导,可以进一步得出:$B_n = C_{2n}^n / (n+1)$。

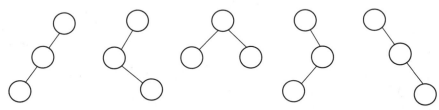

图 2-11　3 个结点二叉树的形态

下面,我们换个角度分析二叉树的形态问题。从二叉树的遍历已经知道,任意一棵二叉树的先序遍历结果和中序遍历结果都是唯一的。那么反过来,给定一棵二叉树的先序遍历结果和中序遍历结果,能否唯一确定一棵二叉树呢？答案是肯定的。由定义可知,二叉树的先序遍历是先访问根结点,再遍历左子树,最后遍历右子树。在二叉树的先序遍历结果中,第一个结点必是根结点,假设为 root。再结合中序遍历,因为中序遍历是先遍历左子树,再访问根结点,最后遍历右子树,所以结点 root 正好把中序遍历结果分成了两部分,root 之前的应该是左子树上的结点,root 之后的应该是右子树上的结点。依次类推,便可递归得到一棵完整的、确定的二叉树。同理可以推出:已知一棵二叉树的后序遍历结果和中序遍历结果也可以确定一棵二叉树。但是,已知一棵二叉树的先序遍历结果和后序遍历结果却不能确定一棵二叉树。

假如一棵二叉树的先序遍历结果为 ABCDEFG,中序遍历结果为 CBEDAFG。构造这棵二叉树的步骤如图 2-12 所示。

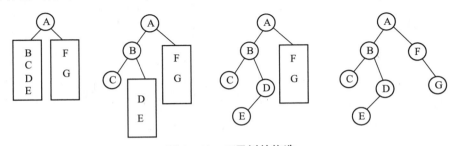

图 2-12　二叉树的构造

例 2-2　二叉树的遍历

[问题描述]

输入一棵二叉树的先序和中序遍历序列,输出其后序遍历序列。

[输入格式]

第一行一个字符串,表示树的先序遍历。

第二行一个字符串,表示树的中序遍历。树的结点一律用小写字母表示。

[输出格式]

输出一行,表示树的后序遍历序列。

[输入样例]

abdec

dbeac

[输出样例]

debca

[参考程序]

```cpp
#include <bits/stdc++.h>
using namespace std;

char s1[10000],s2[10000];

int posi(char ch){
    for(int i = 0; i < strlen(s2); i++)
        if(ch == s2[i]) return i;
}

void tryit(int l1,int r1,int l2,int r2){          //递归求后序遍历序列
    int m = posi(s1[l1]);                          //求 s1 的首字符在 s2 中的位置
    if(m > l2) tryit(l1 + 1,l1 + m − l2,l2,m − 1); //遍历第 m 个的左半边
    if(m < r2) tryit(l1 + m − l2 + 1,r1,m + 1,r2); //遍历第 m 个的右半边
    printf("%c",s1[l1]);
}

int main(){
    freopen("tree. in","r",stdin);
    freopen("tree. out","w",stdout);
    scanf("%s",s1);
    scanf("%s",s2);
    tryit(0,strlen(s1) − 1,0,strlen(s2) − 1);
    return 0;
}
```

例 2-3 下一棵树

[问题描述]

农场有 n(1≤n≤1000)棵树。在上过"数据结构"课程后,小 Y 发现所有的树实际上都

是严格二叉树,二叉树的每个非叶结点都恰好有两个子结点,小 Y 给每个结点一个数来表示以这个结点为根的子树的叶结点数,然后,小 Y 按照先序遍历的思想把和结点相关的数列出作为它的特征序列。但是,他只列出了与根结点和所有的左子结点相关的数。例如对图 2-13 所示的树,用×表示的是小 Y 列出的结点,这棵树的特征序列为:(7 4 1 2 1 1 1)。在用这种方法表示完所有的树后,小 Y 发现:

(1) 所有的树有同样多的叶结点;

(2) 所有的树有不同的特征序列;

(3) 所有可能的严格二叉树都在农场里。

所以,小 Y 决定把这些特征序列排序,然后希望给出一棵树的特征序列,求出紧接着的一棵树的特征序列。

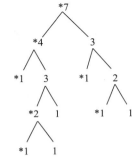

图 2-13　下一棵树的特征序列

[输入格式]

输入文件共两行,第一行为 n 的值,表示特征序列的长度。

第二行为 n 个用空格隔开的数,表示一棵树的特征序列。

[输出格式]

输出文件只有一行,表示按字典顺序排列后所给序列的后一个序列。如果所给序列是最后一个序列则输出 0。记住:输入和输出序列代表的树要有相同的叶结点数。

[输入样例]

5

5 3 2 1 1

[输出样例]

5 4 1 1 1

[问题分析]

根据一棵树的特征序列,我们可以建立唯一的一棵二叉树。分析问题和样例,我们发现所谓"所给序列的后一个序列",其实就是把这棵树的最右子树的叶结点适当往左边调整所形成的另一棵二叉树的特征序列。所以,问题的本质是左右子树及叶结点的变换和调整。

[参考程序]

```
#include<iostream>
#include <cstdio>
using namespace std;

const long maxn=1000;
long link[maxn];
long data[maxn];
long full[2*maxn];//存储还原的二叉树
long ftop,length,i,j;
void build(){//根据给出的先序遍历的部分结果,推出整棵树的先序遍历
    long stack[maxn];
    long stop=0;
    for (i=2;i<=length;i++){
        if ((full[ftop]-data[i])>0){//如果存在右子树,则让右子树的根结点进入堆栈
            stop++;
            stack[stop]=full[ftop]-data[i];
        }
        ftop++;
        full[ftop]=data[i];
        link[i]=ftop;
        while (full[ftop]==1){//如果当前结点是叶子结点,则让右子树的根结点出栈
            ftop++;
            full[ftop]=stack[stop];
            stop--;
        }
    }
}

void solve(){//求解并输出
    i=length;
    while ((full[link[i]-1]-full[link[i]])<2 && (i>1)) i--;
    //从后向前找出第一个可以变大的结点(即其父结点的右子树上的结点数大于1)
    if (i==1) cout<<0;
    else{
        for (j=1;j<=i-1;j++){
            cout<<data[j]<<" ";//把找到的结点的值加1,其后的结点的值都变为1
        }
        cout<<data[i]+1;
```

```
            for (j=i+1;j<=length;j++){
                cout<<" 1";
            }
        }
}

int main(){
    freopen("nextree.in","r",stdin);
    freopen("nextree.out","w",stdout);
    cin>>length;
    for (i=1;i<=length;i++){
        cin>>data[i];
    }
    printf("%d\\n",length);
    for (int i = 1;i <= length; i++)
        printf("%d\\n",data[i]);
    full[1]=data[1];
    link[1]=1;
    ftop=1;
    build();
    solve();
    return 0;
}
```

2.3　二叉排序树

　　二叉排序树(Binary Sort Tree,BST)或者是一棵空树,或者是具有下列性质的二叉树:

　　(1) 若它的左子树非空,则左子树上所有结点的值均小于它的根结点的值;

　　(2) 若它的右子树非空,则右子树上所有结点的值均大于它的根结点的值;

　　(3) 它的左、右子树也分别为二叉排序树。

　　直观地说,若中序遍历一棵二叉排序树,则会产生一个所有结点关键字值递增的序列。图 2-14 所示的二叉排序树,其中序遍历结果为:5　6　8　9　10　11　12　13　15　17。

　　二叉排序树又称二叉查找树,它是"排过序"的二叉树,但并非是"用于排序"的二叉树。它的优势在于"有序性",而且其插入和查找算法的时间复杂度均为 O(h),一般情况下 h=$\log_2 n$,n 表示结点数,h 表示树的高度。这是其他类似功能的数据结构无法达到的,比如有序线性表虽然有序,但是插入算法的时间复杂度为 O(n)。堆的插入算法虽然时间复杂度为 O($\log_2 n$),但是堆并不具有有序性。因此,我们要充分发挥二叉排序树的优势,就要充分利用其有序性和插入、查找算法的高效性。所以,如果要经常对有序数列进行"动态的"插入或查找工作,就可以采用二叉排序树。

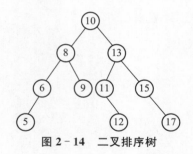

图2-14   二叉排序树

二叉排序树看似简单，且没有太多的规则，其实它在题目中变化无常，所以要真正用好它，是需要下一番工夫的，首先要熟练掌握好它的各种基本操作。

1. 遍历输出

```
void inorder_print(node * bst){//中序遍历从小到大输出
    if(bst ! = NULL){
        inorder_print(bst->left);
        printf("%d ",bst->key);
        inorder_print(bst->right);
    }
}

void out(node * root){//广义表形式输出
    printf("(");
    if(root->left ! = NULL) out(root->left);
    printf("%d ",root->key);
    if(root->right ! = NULL) out(root->right);
    printf(")");
}
```

2. 查找结点

```
void search(node * x, int k){
//递归算法,查找关键字值为k的结点,找到则返回其指针,没找到则返回NULL
    if((x == NULL) || (k == x->key)) return x;
    if(k < x->key) search(x->left,k); else search(x->right,k);
}

node * search(node * t, int k){//非递归算法
    while((t ! = NULL) && (k ! = t->key)){
        if(k < t->key) t = t->left; else t = t->right;
    }
    return t;
}
```

3. 求最小/大关键字值的结点

```
node * min(node * x){//求最小关键字值的结点
    while(x->left ! = NULL) x = x->left;
    return x;
}

node * max(node * x){//求最大关键字值的结点
    while(x->right ! = NULL) x = x->right;
    return x;
}
```

4. 求后继/前趋结点

求二叉排序树中结点 x 在中序遍历序列中的后继结点,首先要判断有没有后继。如果结点 x 的右子树非空,则 x 的后继即为右子树中的最小结点。如图 2-15 所示,6 的后继为 7,15 的后继为 17。如果结点 x 的右子树为空,且 x 有后继 y,则 y 是 x 的最低的一个祖先结点,且 y 的左儿子也是 x 的祖先。如图 2-15 所示,13 的右子树为空且有后继,则后继为 13 的父结点的父结点的父结点,即 15,因为 15 的左儿子 6 也是 13 的祖先。也就是说要从下往上找某个结点 y,它的左孩子是 x 的祖先。

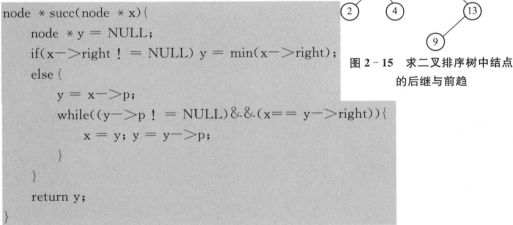

图 2-15　求二叉排序树中结点的后继与前趋

```
node * succ(node * x){
    node * y = NULL;
    if(x->right ! = NULL) y = min(x->right);
    else {
        y = x->p;
        while((y->p ! = NULL)&&(x== y->right)){
            x = y; y = y->p;
        }
    }
    return y;
}
```

求二叉排序树中结点 x 在中序遍历序列中的前趋结点的方法与求后继的差不多。如果结点 x 的左子树非空,则 x 的前趋即左子树中的最大结点。如图 2-15 所示,15 的前趋为 13。如果结点 x 的左子树为空,且 x 有前趋 y,则 y 是 x 的最低的一个祖先结点,且 y 的右儿子也是 x 的祖先。如图 2-15 所示,9 的前趋为 7,也就是要从下往上找某个结点 y,它的右孩子是 x 的祖先。其实,如果 x 是右孩子,则前趋就是 x 的父结点,如 7 的前趋就是 6。

```
node * pred(node * x){
    node * y = NULL;
    if(x->left ! = NULL) y = max(x->left);
```

```
else {
    y = x->p;
    while((y->p ! = NULL)&&(x== y->left)){
        x = y; y = y->p;
    }
}
return y;
}
```

5. 插入结点

把一个结点插入到二叉排序树中,且不能破坏二叉排序树的结构,只要从根结点开始不断沿着树枝下降即可。如图 2-16 所示,用指针 x 跟踪这条路径,而 y 始终指向 x 的父结点。先令:z->key=14;z->left=NULL;z->right=NULL;z->p=NULL。

```
void insert(node  * &t, node * z){//非递归实现
    node * y = NULL;
    node * y = t;
    while(x ! = NULL){//从上往下找位置
        y = x;
        if(z->key < x->key) x = x->left; else x = x->right;
    }
    z->p = y;//插入
    if(y == NULL) t = z; else//空树,则作为根结点
        if(z->key < y->key) y->left = z; else y->right = z;
}
void insert(node  * &bst, node * s){
    if(bst == NULL) bst = s; //作为根节点
    else if(s->key < bst->key) insert(bst->left,s);
        else if(s->key > bst->key) insert(bst->right,s);
}
```

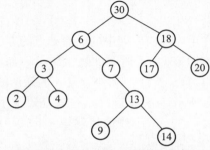

图 2-16 结点插入后的二叉排序树

6. 删除结点

二叉排序树的结点删除与普通二叉树的删除有所不同,因为它要保证删除某个结点后,剩下的所有结点按中序遍历后仍然有序。删除结点 z,可以分三种情况讨论:

(1) 如果 z 没有孩子则直接删除,$z->p->left=NULL$ 或 $z->p->right=NULL$;

(2) 如果 z 只有一个孩子,如图 2-17 所示,则通过在其父结点和子结点间建立一个链接从而删除 z。即若 z 无左子树,则用 z 的右子树的根结点代替 z;若 z 无右子树,则用 z 的左子树的根结点代替 z;

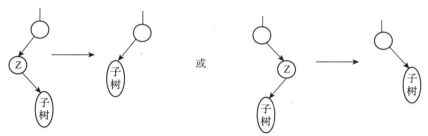

图 2-17　二叉排序树的结点删除方法一

(3) 如果结点 z 有两个孩子,如图 2-18(右图)所示,则把 z 的左子树的根结点(图中的 C)代替 z,而把 z 的右子树的根结点(图中的 D)插在 z 的左子树的最右侧。

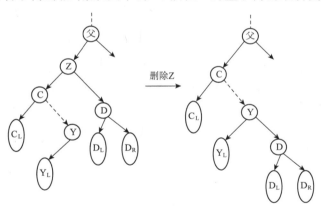

图 2-18　二叉排序树的结点删除方法二

```
void del(node * &t, node * z){
    node * y = NULL;
    if((z->left == NULL) || (z->right == NULL))
        y = z; else y = succ(z);//找到要删除的结点 y
    if(y->left == NULL) x = y->left; else x = y->right;//x 是 y 的孩子
    if(x ! = NULL) x->p = y->p;
    if(y ->p == NULL) t = x; else//删除的是根
        if(y == y->p->left) y->p->left = x; else y->p>right = x;
    if(y ! = z){
```

```
        z—>key = y—>key;//如果有其它数据域一并复制
        delete y;
    }
}
```

对一棵高度为 h 的二叉排序树进行遍历输出、查找结点、求最大关键字值、求最小关键字值、求前趋结点、求后继结点、插入结点和删除结点的操作,时间复杂度都为 O(h)。但是,二叉排序树不一定是"平衡树",它在最坏情况下,其插入和查找等操作的时间复杂度会退化到 O(n)。

例 2-4　二叉排序树的综合模拟

[问题描述]

输入若干个不同的正整数(以 0 结束),按顺序建立一棵二叉排序树,输出中序遍历结果。再输入一个数 X,在建好的二叉排序树中查找有无关键字 X 这个结点,有则删除该结点,无则插入这个结点,删除或插入后还要保证满足二叉排序树的要求。最后请用邻接表的形式再次输出该二叉排序树。

[参考程序]

```cpp
#include <bits/stdc++.h>
using namespace std;
struct node{
    struct node *l, *r;
    int key;
} *root;
void ins(struct node *&x,int k){
    if (x == NULL){
        x = new struct node;
        x—>key = k;
        x—>l = x—>r = NULL;
    }
    else{
        if (k < x—>key) ins(x—>l,k);
        else ins(x—>r,k);
    }
}
bool exist(struct node *x,int k){
    if (x == NULL) return 0;
    else{
```

```
        if (k == x->key) return 1;
        if (k < x->key) return exist(x->l,k);
        else return exist(x->r,k);
    }
}

int del(struct node * &x,int k){
    if (k == x->key||k < x->key&&x->l == NULL||x->key < k&&x-
        >r == NULL){
        int tmp = x->key;
        if (x->l == NULL||x->r == NULL)
            x = x->l? x->l:x->r;
        else x->key = del(x->l,k+1);
        return tmp;
    }
    else{
            if (k < x->key) del(x->l,k);
            else del(x->r,k);
    }
}

void print(struct node * x){
    if (! x) return;
    printf("%d",x->key);
    if (x->l||x->r) printf("(");
    if (x->l) print(x->l);
    if (x->r) printf(",");
    if (x->r) print(x->r);
    if (x->l||x->r) printf(")");
}

int main(){
    for (;;){
        int k;
        scanf("%d",&k);
        if (k == 0) break;
        ins(root,k);
    }
    int X;
    scanf("%d",&X);
```

```
    if (exist(root,X)) del(root,X);
    else ins(root,X);
    print(root);
    return 0;
}
```

例 2-5 约瑟夫问题

[问题描述]

用二叉排序树解决经典约瑟夫问题。如输入 n=8,m=3,输出从 1 开始报数依次出列的序列:3 6 1 5 2 8 4 7。

[问题分析]

(1) 数据结构

定义一个记录类型,包含 3 个数据域,如图 2-19 所示。

Num:1..n;   //给定的 n 个有序数
Deleted:bool;   //是否已被删除的标记,初始都为 false
Data:int;   //以该结点为根的整棵子树中结点个数,也可以理解为以该结点(根结点除外)为左孩子的父结点为根的子树中,比父结点 Num 域小的结点有几个。

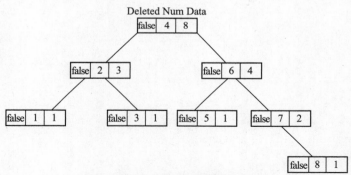

图 2-19 约瑟夫问题的数据结构

(2) 算法设计

step1:设 x 表示当前报到数的猴子编号(初值为 0),对 1~n 建一棵平衡的二叉排序树;

step2:报数 x = x+m,若 x>当前剩余猴子数,则 x =(x-1)% 当前猴子数 + 1;

step3:输出二叉排序树中第 x 大的数;

step4:在树中删除这个数所在结点;

step5:x=x-1,即后退一位。

重复 step2 - step5,直到所有猴子都出列。整个算法的时间复杂度为 O(nlog₂n)。

Step1 细化:给定 n 个从小到大排好序的数 1~n,建立一棵平衡的二叉排序树,算法如下:

step1.1:以第(n+1) / 2 个数为树根(num 数据域);

step1.2:递归建立 1~(n+1) / 2 -1 为左子树,(n+1)/2 +1~n 为右子树;

Step2 细化：求二叉排序树中第 k 大数的算法如下：

Step2.1：p＝root；

step2.2：if ((k==p－>left－>data＋1)&&(！p－>deleted))
　　　　{writeln(p－>num)；return；}

step2.3：if (k<=p－>left－>data) p＝p－>left；
　　　else{
　　　　　tmp=p；p=p－>right；
　　　　　k=k－p－>data－ord(tmp－>deleted)；
　　　}

重复 step2.2 － step2.3。

Step3 细化：删除二叉排序树中某个结点的算法如下：

Step3.1：为该结点打上一个已被删除的标记 p－>deleted=true；如图 2－20 所示。

Step3.2：从该结点到根的路径上每个结点的 data 域减 1；

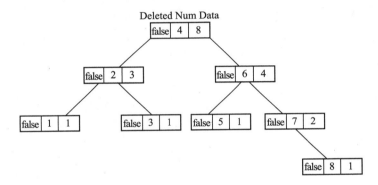

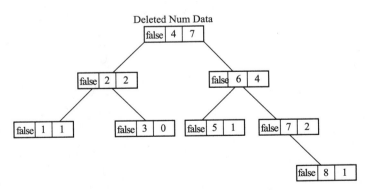

图 2－20　删除操作采用的标记法

其实，删除操作完全可以放在求第 k 大的数的同时顺便完成。

［参考程序］

```
#include <bits/stdc++.h>
using namespace std;
```

```cpp
struct node{
    struct node * l, * r;
    int key,s;
    bool del;
} * root;
void make_tree(int l,int r,struct node * &x){
    int mid = (l+r)/2;
    x = new struct node;
    x->key = mid;
    x->del = 0;
    x->l = x->r = NULL;
    x->s = r-l+1;
    if (l <= mid-1) make_tree(l,mid-1,x->l);
    if (mid+1 <= r) make_tree(mid+1,r,x->r);
}

void del(int no,struct node * x){
    x->s--;
    if (! x->del&&(! x->l&&no==1||x->l&&no == x->l->s+1)){
        x->del = 1;
        printf("%d ",x->key);
    }
    else{
        if (! x->l) del(no-! x->del,x->r);
        else if (no > x->l->s+! x->del) del(no-x->l->s-! x->del,x->r);
            else del(no,x->l);
    }
}

int main(){
    int n,m,j = 0;
    scanf("%d%d",&n,&m);
    make_tree(1,n,root);
    for (int i = n;i >= 1;i--){
        j = (j+m-1)%i+1;
        del(j,root);
        j--;
    }
}
```

```
    return 0;
}
```

例 2－6

［问题描述］

　　夜空中有 n 颗恒星(n≤100000)，每颗恒星的坐标为(x,y)，0≤x，y≤32000。现在，天文学家要对这些恒星进行分类，分类的标准如下：对于任意一颗恒星 S(x,y)，如果存在 k 颗恒星，其 x,y 坐标均不大于 S，则恒星 S 属于 k 类星。

　　现按 y－x 升序(y 坐标为第一关键字，x 坐标为第二关键字)给出 n 颗恒星的坐标，要求统计出 0～n－1 类星的个数。给出数据保证不存在两颗星拥有相同的坐标。

［输入格式］

　　第一行一个整数 N，表示恒星个数。

　　接下来 N 行，每行两个整数 x,y，表示一颗恒星的坐标。

［输出格式］

　　输出 N 行，第 i 行一个整数，表示 i－1 类星的个数。

［样例输入］

```
5
1 1
5 1
7 1
3 3
5 5
```

［样例输出］

```
1
2
1
1
0
```

［算法分析］

　　这是一道统计题——统计星空中某颗恒星下方恒星的数目。

　　由于恒星的坐标是按 y－x 升序读入的，因此后读入的恒星的 x，y 坐标中，至少有一个大于先读入的恒星，也就是说，后读入的恒星不会在先读入的恒星的左下方。所以，如果依次读入每颗恒星的坐标，并将每次读入的恒星坐标与这之前的恒星作比较，就可以统计出每颗恒星的左下方有多少恒星。此算法可以用一个简单的两重循环实现，但是它的时间复杂度达到 $O(n^2)$，本题中 n 最大可达到 100000，因此这个平方级的算法是不可取的。

　　我们来考虑复杂度低一些的算法。上述算法中，我们每统计一颗恒星的信息，就要对前面所有的恒星统计一遍，这显然是极大的浪费，能否对所读入恒星的信息进行处理、加工和保存,使后面的恒星能够继承前面已记录的信息呢？考虑到继承状态的不确定性,复杂度为 $O(1)$ 的继承应该是不存在的,最理想的继承复杂度应该是 $O(\log_2 n)$,对数级的复杂度,让我们想起了"二分法"。显然,恒星的坐标具有有序性,这是一条适合"二分查找"的性质。那么,采用什么样的数据结构较为合适呢？由于我们要不断读入数据并插入信息,而继承前面的信息时又要用到查找,所以我们应该选一种插入和查找复杂度都在对数级或以下的数据结构,二叉排序树不失为一个很好的选择。

如何来建立二叉排序树并能继承二叉排序树中记录的信息呢？如图 2-21(右图)所示的一棵二叉排序树,把每个结点 S 的信息定义成 $(x, y, count)$,其中 (x, y) 表示恒星 S 的坐标,count 表示当前在恒星 S 左方有多少恒星。对于任意一个结点 S,满足它的左孩子在它的左方,右孩子不在它的左方。二叉排序树初始时为空树。当读入一颗恒星(不妨称为"当前恒星",初始时,它的左下方恒星数为 0,即 stat = 0)的坐标后,从二叉排序树的根结点开始二分查找。若查找到的结点在当前恒星的右方,则说明该结点的左方又多了一颗星,因此 count = count + 1,继续查找该结点的左子树;若查找到的结点在当前恒星的左方,则该结点以及在该结点左方的恒星都在当前恒星的左方,而后读入的恒星又不在先读入的恒星的下方,因此这些恒星都在当前恒星的左下方,stat = stat + count,继续查找该结点的右子树;若查找到的结点是空结点,则将当前恒星插入该位置,这时的 stat 值便是当前恒星所属的类别值。对所有恒星依次作上述操作,即可统计出各类星的个数。

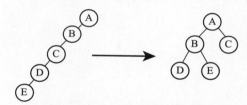

图 2-21　二叉排序树的平衡性

用二叉排序树实现的算法的时间复杂度为 $O(n\log_2 n)$,在大多数情况下是可行的。但是,由于二叉排序树是动态生成的,也就是说,我们无法预知生成后的二叉排序树的形状。那么,在某些特殊情况下,就可能生成如图 2-21(左图)的只有左结点而没有右结点的二叉排序树(或者生成了只有右结点而没有左结点的二叉排序树),这样的二叉排序树与线性的有序链表无异,它的查找复杂度高达 $O(n)$,整个算法的时间复杂度随之升至 $O(n^2)$,这又和那个两重循环的朴素算法一样了。为了避免产生这种情况,我们可以引入平衡二叉树的算法,对那些左右子树存在严重深度差异的二叉排序树进行调整,使之平衡。平衡二叉树的算法较为复杂,再加上二叉排序树的生成、查找过程,无疑使编程复杂度大大增加。那么,在不影响对数级复杂度的情况下,我们是否可以通过算法的调整,使生成的二叉排序树无需调整呢？

我们来看一棵 n 个结点的二叉排序树,如果它是完全二叉树的话,最大深度应该是 $\text{trunc}(\log_2 n)+1$。本题中 n 最大为 100000,所以完全二叉排序树的最大深度是 17。这个系数对复杂度的影响不是很大,因此我们不妨先用所有结点建立一棵完全二叉排序树,然后依次读入恒星坐标,用前面叙述的方法在二叉排序树中查找(此时就无需插入结点了),最后统计出该恒星左下方的结点数。这样做就不会出现二叉排序树不平衡的情况,算法的时间复

杂度也就稳定在 $O(n\log_2 n)$ 了。

再来看我们建立的完全二叉排序树。既然我们已经在开始时将所有结点保存下来,而且这些结点是按 x－y 升序排列的,也不用插入结点,我们又何需用树结构呢? 静态的线性有序表同样可以满足要求——二叉排序树可以二分查找,有序表同样可以。二叉排序树的根结点在线性表中即是表中的中间数,二分查找的"二分定位"也就是查找二叉排序树的左(或右)子树。因此,我们将所有恒星按 x－y 升序排序,然后按 y－x 升序(即输入文件给出的顺序)对每颗恒星进行前面提到的"查找、统计"操作,就可以统计出各类星的个数。

使用了有序线性表的数据结构,不但时间复杂度可以得到稳定,编程复杂度也大大下降,问题圆满解决。

[参考程序]

```cpp
#include<bits/stdc++.h>
using namespace std;

const int maxstars=100000;//最大恒星数
int st1_x[maxstars],st1_y[maxstars];//恒星坐标
int st2_x[maxstars],st2_y[maxstars];
int st[maxstars+1];//记录每类星的个数
int c[maxstars+1];//线性有序表
int n;//恒星数量
bool smaller(int n1_x,int n1_y,int n2_x,int n2_y){//判断 n1、n2 是否为 x－y 升序
    if (n1_x<n2_x | (n1_x==n2_x && n1_y<n2_y)) return true;
    else return false;
}
void qsort(int l,int r){//快速排序过程(x－y 升序)
    int i,j;
    int x_x,x_y;
    int temp_x,temp_y;
    int mid = (l+r)/2;
    i=l;j=r;
    x_x=st2_x[mid];
    x_y=st2_y[mid];
    while (i<=j){
        while (smaller(st2_x[i],st2_y[i],x_x,x_y)==true) i++;
        while (smaller(x_x,x_y,st2_x[j],st2_y[j])==true) j--;
        if (i<=j){
            temp_x=st2_x[i];
            temp_y=st2_y[i];
            st2_x[i]=st2_x[j];
```

```
            st2_y[i]=st2_y[j];
            st2_x[j]=temp_x;
            st2_y[j]=temp_y;
            i++;j--;
        }
    }
    if (l<j) qsort(l,j);
    if (i<r) qsort(i,r);
}

void initialize(){
    int i;
    cin>>n;
    for (i=1;i<=n;i++){
        cin>>st1_x[i]>>st1_y[i];
        st2_x[i]=st1_x[i];
        st2_y[i]=st1_y[i];
    }
    qsort(1,n);
}

void solve(){//统计过程
    int i,l,r,m,ld,temp;//ld 记录左下方恒星数
    temp = n;
    for (i=0;i<=maxstars;i++){
        st[i+1]=0;
        c[i+1]=0;
    }
    n = temp;
    for (i=1;i<=n;i++){
        l=1;
        r=n;
        ld=0;
        while (l<r){//二分查找
            m=(l+r)/2;
            if (smaller(st2_x[m],st2_y[m],st1_x[i],st1_y[i])){//判断恒星位置
                ld=ld+c[m+1];
                l=m+1;
            }
```

```
            else{
                c[m+1]++;
                r=m;
            }
        }
        st[ld+1]++;
    }
    for (i=0;i<n;i++){
    cout<<st[i+1]<<endl;
    }
}
int main(){
    initialize();
    solve();
    return 0;
}
```

2.4　哈夫曼二叉树

在处理远距离通信以及大容量存储问题时,经常涉及字符的编码和信息的压缩问题。一般来说,较短的编码能够提高通信的效率或节省磁盘存储空间。假设所有编码都等长,则表示 n 个不同的字符需要 $\log_2 n$ 位,称为固定长度编码,ASCII 码就是一种固定长度编码。如果每个字符的使用频率相等的话,固定长度编码是空间效率最高的方法。但是,在信息的实际处理过程中,每个字符的使用频率往往有着很大的差异,其实,计算机键盘中按键的不规则排列就是源于这种差异。如果可以利用字符出现的频率来编码,使得经常出现的字符的编码较短,不常出现的字符的编码较长,这种编码方式称为"不等长编码","五笔字型"输入法就是一种不等长编码方式。这样的数据编码和压缩方式既能节省磁盘空间,又能提高运算与通信速度,是当前广泛使用的文件压缩技术的核心。不等长编码要注意的一个问题是:任何一个字符的编码都不能是另外一个字符编码的前缀,否则译码时将产生二义性。

现在,假设 8 个字符及其使用频率如下:

字符	Z	K	F	C	U	D	L	E
频率	2	7	24	32	37	42	42	120

对于字符 Z,K,F,C,U,D,L,E,如果编码分别为:Z(0)、K(1)、F(00)、C(01)、U(10)、D(11)、L(000)、E(001),则存在相同前缀,对于代码"000110",既可以翻译为"ZZZDZ",也可以翻译为"LDZ"或"FCU",所以这种编码虽然简短,但显然是不能使用的。

在一个编码集合中,任何一个字符的编码都不能是另外一个字符编码的前缀,这种编码叫做"前缀编码"。这种"前缀"特性保证了代码被译码时,不会出现多种可能。例如,对于以上8个字符,可以设计如下的前缀编码:Z(111100)、K(111101)、F(11111)、C(1110)、U(100)、D(101)、L(110)、E(0)。此时,代码"000110"只能翻译出唯一的字符串"EEEL"。

如何设计前缀编码呢?我们可以利用二叉树来进行设计,如图2-22所示,约定用二叉树中的叶结点存储字符,一个结点到左孩子的分支表示"0",到右孩子的分支表示"1"。从根结点到叶结点上的所有路径分支所组成的字符串作为该叶结点字符的编码,可以证明这样的编码一定是前缀编码。如何保证这样的编码树所得到的编码总长度最小呢?哈夫曼(Huffman)二叉树解决了这个问题。

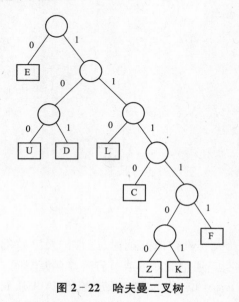

图2-22　哈夫曼二叉树

我们先定义如下几个概念:

(1) 带权二叉树是指每一个结点都带有一个权值的二叉树;

(2) 从树中一个结点到另一个结点之间的分支构成这两个结点之间的路径,路径上的分支数目叫做路径长度。对于带权二叉树,其结点的带权路径长度为从该结点到树根之间的路径长度与结点上权的乘积;

(3) 树的路径长度是从树根到每一个结点的路径长度之和。对于带权二叉树,其带权路径长度定义为树中所有叶结点的带权路径长度之和,通常记做 $WPL = \sum_{k=1}^{n} W_k L_k$($W_k$,$L_k$ 分别为第 k 个叶结点的权值和路径长度)。

对于(3),可以证明"带权路径长度最短的二叉树一定是一棵完全二叉树"。

假设有 n 个权值(W_1,W_2,…,W_n),构造一棵有 n 个叶结点的二叉树,每个叶结点的权值为 W_i,则带权路径长度最小的二叉树就叫做"哈夫曼二叉树"。哈夫曼二叉树最主要的特点是:叶子的权越大就越靠近根结点,权越小就越远离根结点。因此,哈夫曼二叉树又称为"最优叶子二叉树"。在生成哈夫曼二叉树的过程中,我们把左子树路径一律定义成0,右子树路径一律定义成1,则根结点到某个字符的路径即为该字符的"哈夫曼编码",这种编码的特点就是字符串长度达到最小值,效率最优。

如何构造哈夫曼二叉树呢? D. A. Huffman 给出了一个简单的"贪心"算法,这个算法称为"哈夫曼算法",它的基本思想就是让权大的叶子离根最近,具体做法是:

(1) 根据给定的 n 个权值 $\{W_1, W_2, \cdots, W_n\}$,构造 n 棵二叉树的集合 $F = \{T_1, T_2, \cdots, T_n\}$,其中每棵二叉树均只含一个权值为 W_i 的根结点,其左、右子树为空树;

(2) 在 F 中选取其根结点的权值最小的两棵二叉树,分别作为左、右子树构造一棵新的二叉树,并置这棵新的二叉树根结点的权值为其左、右子树根结点的权值之和;

(3) 从 F 中删去这两棵树,同时加入刚生成的新树;

(4) 重复(2)和(3)两步,直到 F 中只有一棵树为止。

从上述算法中可以看出,F 实际上是森林,算法的目的就是不断地对森林中的二叉树进行"合并",最终得到一棵哈夫曼二叉树。

如何用程序实现哈夫曼算法呢? 这与实际采用的存储结构有关,假设用数组 f 来存储哈夫曼二叉树,其中第 i 个元素 f[i] 是哈夫曼二叉树中的一个结点,其地址为 i,结点有 3 个数据域:data 存放该结点的权值,lchild 和 rchild 分别存放该结点左、右子树的根结点的地址。在初始状态下:"f[i]. data = W_i;f[i]. lchild = 0;f[i]. rchild = 0;",即先构造好 n 个叶结点,以后每构造一棵新的二叉树时,都对森林中所有二叉树的根结点进行排序。因此可用数组 a 作为排序暂存空间,其中第 i 个数组元素 a[i] 是森林中第 i 棵二叉树的根结点,每个结点有 2 个数据域:data 是根结点所对应的权值,addr 是根结点在 f 中的地址。在初始状态下:"a[i]. data = W_i;a[i]. addr = i;",下面给出建立哈夫曼二叉树的过程。

```
bool cmp(node a, node b){//比较两个节点的 data 数据域
    return a. data < b. data;
}
void createhuffmantree(int t, int n){//构造哈夫曼二叉树 f,根结点地址为 t
    int i;
    for(i = 1; i <= n; i++){//初始化
        f[i]. data = a[i]. data;
        f[i]. lchild = f[i]. rchild = 0;
        a[i]. addr = i;
    }
    t = n + 1;//t 指向下一个可利用单元
    i = n;//当前森林中的二叉树是 i
    while(i >= 2){
        sort(a+1, a+i+1, cmp);//对 a 的前 i 个元素按 data 域进行排序
        f[t]. data = a[1]. data + a[2]. data;//生成新的二叉树
        f[t]. lchild = a[1]. addr;
        f[t]. rchild = a[2]. addr;
        a[1]. data = f[t]. data;//修改森林
        a[1]. addr = t;
```

```
        a[2]. data = a[i]. data;
        a[2]. addr = a[i]. addr;
        i——; t++;
    }
}
```

例 2-7 合并果子(NOIP2004)

[问题描述]

在一个果园里,多多已经将所有的果子打了下来,而且按果子的不同种类分成了不同的堆。多多决定把所有的果子合成一堆。

每一次合并,多多可以把两堆果子合并到一起,消耗的体力等于两堆果子的重量之和。可以看出,所有的果子经过 n-1 次合并之后,就只剩下一堆了。多多在合并果子时总共消耗的体力等于每次合并所耗体力之和。

因为还要花大力气把这些果子搬回家,所以多多在合并果子时要尽可能地节省体力。假定每个果子的重量都为 1,并且已知果子的种类数和每种果子的数目,你的任务是设计出合并的次序方案,使多多耗费的体力最少,并输出这个最小的体力耗费值。

例如有三种果子,它们每堆的数目依次为 1、2、9。可以先将 1、2 堆合并,新堆的果子数目为 3,耗费体力为 3。接着,将新堆与原先的第三堆合并,又得到新的堆,新堆的果子数目为 12,耗费体力为 12。所以多多总共耗费体力=3+12=15。可以证明 15 为最小的体力耗费值。

[输入文件]

输入文件 fruit. in 包括两行,第一行是一个整数 n(1≤n≤30000),表示果子的种类数。

第二行包含 n 个整数,用空格分隔,第 i 个整数 a_i(1≤a_i≤20000)是第 i 种果子的数目。

[输出文件]

输出文件 fruit. out 包括一行,这一行只包含一个整数,也就是最小的体力耗费值。输入数据保证这个值小于 2^{31}。

[输入样例]

    3
    1 2 9

[输出样例]

    15

[数据限制]

对于 30% 的数据,保证有 n≤1000;

对于 50% 的数据,保证有 n≤5000;

对于全部的数据,保证有 n≤30000。

[问题分析]

换个角度描述本题就是:给定 n 个叶结点,每个结点有一个权值 W_i,将它们中的每两个合并为树,假设每个结点从根到它的距离是 D_i,目标就是使得最终的 $\sum\limits_{i=1}^{n} W_i D_i$ 最小。于是,这个问题就变成了哈夫曼二叉树问题。

具体实现时可以有多种做法,比如用堆或者统计表,下面介绍的是采用两个线性表的做法。设置两个线性表 A 和 B,其中 A 存放原 n 堆果子数,并按由小到大排列,B 存放新合并的果子数。因为合并后的果子数不会少于合并前的果子数,新加入的数一定插在 B 的尾部。所以,每次合并分两步:

　　(1) 在 A 和 B 的头部取数,又分为三种情况 AA、AB、BB;

　　(2) 合并后的新数加入 B 的尾部。

[参考程序]

```cpp
#include <cstdio>
#include <cstring>
#include <iostream>
#include <algorithm>
#include <cstdlib>
#define maxn 30010
using namespace std;
int a[maxn],b[maxn];
int n,ans,x,y;
int p,q,m;

int findmin(){
    int minx=100000000,mini=0;
    if (p<n && a[p]<minx) minx=a[p],mini=1;
    if (q<=m && b[q]<minx) minx=b[q],mini=2;
    if (mini==1) p++; else q++;
    return minx;
}

int main() {
    freopen("fruit.in","r",stdin);
    freopen("fruit.out","w",stdout);
    scanf("%d",&n);
    for (int i=0; i<n; i++)
        scanf("%d",&a[i]);
    sort(a,a+n);
    ans=a[0]+a[1];
    b[0]=a[0]+a[1];
    p=2;q=0;m=0;
```

```
    for (int i=1; i<n-1; i++){
        x=findmin();
        y=findmin();
        b[++m]=x+y;
        ans+=x+y;
    }
    printf("%d\\n",ans);
    return 0;
}
```

例 2-8 猜数

[问题描述]

Alice 和 Bob 又在一起玩游戏了。这次他俩准备玩猜数字的游戏。Bob 在心里想一个在[2,n]之内的整数,Alice 要用尽可能少的是非问句(即 Bob 只能回答"是"或"否")猜出这个数除 1 以外最小的约数是多少。

Alice 玩了一会之后,想寻找一种策略,使得在平均情况下猜到答案的期望询问次数最少。于是,Alice 就求助于你。

[输入格式]

一行一个整数 n(2<n≤100000),表示整数的范围。

[输出格式]

一行一个分数 A/B,A 表示分子,B 表示分母,且 gcd(A,B)=1,表示最小的期望询问次数。

[输入样例]

10

[输出样例]

15/9

[样例说明]

一种策略是第一次问"最小约数是 2 或 3 吗",回答"是"则问"最小约数是 2 吗";回答"否"则问"最小约数是 7 吗",期望询问次数是 2/1。

另一种策略是第一次问"最小约数是 2 吗",回答"否"则再问"最小约数是 3 吗",回答"否"则继续问"最小约数是 5 吗",期望询问次数是 15/9。

[问题分析]

先分析一下样例,Bob 心中想的是一个在[2,10]范围内的整数,由于该范围整数的最小约数分别为:2、3、2、5、2、7、2、3、2,也就是只有 2、3、5、7 这四种情况。最小约数是 2 的概率为 5/9,是 3 的概率为 2/9,是 5 和 7 的概率均为 1/9。如果按照样例解释中的策略一,期望询问次数应该为$(5×2+2×2+1×2+1×2)/9 = 2/1$。按照策略二,期望询问次数应该为$(5×1+2×2+1×3+1×3)/9 = 15/9$。于是,我们发现概率越大的数越早询问越好。

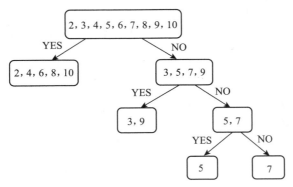

图 2 - 23　猜数问题的哈夫曼二叉树

根据模拟可以画出图 2 - 23，当我们把该图从下面倒着往回推时，会发现这是一个经典的贪心算法问题——哈夫曼二叉树。我们把拥有相同最小约数的数放进一个集合，则得到的 4 个集合分别为{2,4,6,8,10}、{3,9}、{5}、{7}。把 2 个集合合并成一个大集合，直观意义就是这两个集合是由一个大集合通过一次询问划分出来的，此时总的询问次数就增加了两个集合总的元素个数那么多。

对于给出的 n，首先将最小约数相同的数放入一个集合。于是，我们不断合并当前元素最少的集合，得到的总猜测数就是最优的。

2.5　字典树

字典树又称单词查找树、Trie 树、键树，是一种树形结构，也是哈希树的一个变种。字典树在很多字符串问题中有着十分广泛的应用，比如存储字典、字符串的快速检索、求最长公共前缀、快速统计和排序大量字符串等，最典型的应用就是被搜索引擎系统用于文本词频统计。它的优点是能最大限度地减少无谓的字符串比较，查询效率比哈希表高，一般情况下也更节约空间。

如图 2 - 24 所示即为一棵字典树，它包含了 ASP、ASCII、AN 等单词(字符串)。字典树有 3 个基本性质：

(1) 根结点不包含字符，除根结点外每一个结点都只包含一个字符；

(2) 从根结点到某一结点，路径上经过的字符连接起来，为该结点对应的字符串；

(3) 每个结点的所有子结点包含的字符都不相同。

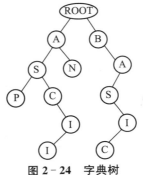

图 2 - 24　字典树

　　显然,在字典树中插入一个单词和查询一个单词的时间复杂度都是线性的,其空间复杂度也是线性的,都与树的深度、宽度和总结点数有着密切的关系,因此字典树在时间和空间复杂度上的常数就十分重要。存储字典树一般使用"孩子兄弟表示法",每个结点存储至少一个数据域和两个指针域,一个指针指向该结点的第一个孩子结点,另一个指针指向该结点的下一个兄弟结点。因为这种方法适合对兄弟结点依次进行处理,很多情况下往往有着空间小、初始化快等优势,特别是在字母表比较大的时候。当然,具体问题要作具体分析,比如字符集是不是比较小,查找的次数是不是远大于插入的次数等,要比较不同存储结构的区别,再决定具体使用何种存储结构。在字符集特别大的时候,还可以考虑二叉排序树,C++还可以用 map 维护等等。

　　很多情况下,字典树中字母的个数远大于单词的个数,此时字典树中就会有很多结点只有一个孩子,如果能将连续的只有一个孩子的结点合并起来,无疑能够大大地减少结点个数,起到节约空间和时间的效果。"压缩的字典树(Compressed Trie)"就采用了这种思想,压缩的字典树的每个结点不是仅仅记录一个字母,而是一个连续的字符串,实际处理时把所有字符串放在一个大数组中,每个结点只记录该结点的字符串在数组中的起始位置和终止位置。当然,在使用这种方法时,应在插入单词时动态地扩展字典树,而不是将字典树建好后再压缩。

　　图 2-25 所示就是一个"压缩的字典树"结构的例子,其中保存了 A、to、tea、ted、ten、i、in、inn 这 8 个字符串,仅占用 8 个字节(不包括指针占用的空间)。所以,通过压缩算法,树中将不存在只有一个孩子的结点,可以将树的总结点数控制在 O(单词个数)。

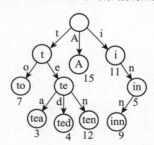

图 2-25　压缩的字典树

例 2-9　前缀(topo.???)

[问题描述]

　　给你一个字符串集合,请从中找出一些字符串,使得找出来的这些字符串的最长公共前缀与字符串数的总个数的乘积最大化,并输出这个最大值。

[输入格式]

　　输入文件的第一行给出字符串个数 n(1≤n≤1000000),下面 n 行描述这 n 个字符串,每个字符串长度不超过 20000;输入文件大小在 10MB 以内。

[输出格式]

　　输出文件一行一个数,代表最大化的结果。

[输入样例]

　　7

Jora de Sus

Orhei

Jora de Mijloc

Joreni

Jora de Jos

Japca

Orheiul Vechi

［输出样例］

24

［数据及时间和空间限制］

对于 30％的数据,1≤n≤1000;

对于 100％的数据,1≤n≤1000000。

空间限制为 256MB;

每个测试点时限为 2 秒。

［问题分析］

本题采用 Trie 结构处理起来很直观,也比较简单。只需要在每个字母结点上多记录一个值 cnt 表示有多少个单词经过该结点,然后在插入单词时,顺便统计一下当前的深度与经过该结点的单词的数量的乘积,不断更新最大值,最后这个最大值就是答案。主要的问题在于 Trie 结构的具体实现方式。

实现 Trie 结构的一种比较常用的方式是为每个结点(字母)创建一个大小为需要处理的字符集大小的数组(比如说要处理 26 个小写字母,就创建一个长度为 26 的数组)来存放它的每一个后继结点(后面一个字母)是否存在;如果存在,在哪个位置。对于这样一种结构,我们一般这样定义一个结点:

```
#define SIZE 26//字符集大小
struct letter{
    letter * son[SIZE];
    bool finished;
};
```

然而,对于本题来说这种方式并不太合适。因为本题中的字母有 1000000 个,在极端情况下,Trie 树中结点的数量也可能到达这个数量级,字符集也没有规定,所以应该默认为 256,如果按照这样一种处理方式,所需要的内存可能达到 9000MB,这显然大大超出了题中所给的限制,初始化一遍都会超时,如果把结点数开得少一些又有可能只得部分分。

显然,我们需要优化存储方式,还是采用"孩子兄弟表示法",每个结点存放 4 个值,分别是:data(该结点是什么字母)、son(有无孩子,如果有在什么位置)、bro(有无兄弟,如有在什么位置)、finished(当前是否有结束的单词)。就本题而言,还要存放经过当前结点的单词的个数,但可以没有 finished。下面给出这样一个结点的一般定义方法:

```
struct letter{
    letter * son, * bro;
    char data;
    bool finished;
};
```

经过这样的优化(见参考程序),所需要的存储空间就变小了,就本题而言大约只需要150MB 左右。而且,时间效率也大为改观,经过测试最慢的数据也只要 1.3 秒左右。

孩子兄弟表示法能用较少的空间来存储一棵 Trie 树,下面我们来简单地分析一下这两种结构在时间复杂度上的差别。有人说 Trie 树的孩子兄弟表示法只是简单的"时间换空间",因为一般的 Trie 树可以直接查出某个结点是否有指定字母的孩子,然而孩子兄弟表示法的 Trie 树可能要检索整个孩子列表,最坏的情况下检索的长度会达到字符集的大小,Trie 树所用的时间可能达到普通字典树所用的时间乘以字符集大小,实际上不可能到这么大,因为不是每个结点下面的孩子都是满的。此外忽略 Trie 树初始化的时间,因为普通的 Trie 树的孩子列表很大,而且必须初始化,否则可能会出现"野指针"情况,而初始化的时间也是Trie 树所用时间乘以字符集大小,这个时间是固定的。所以,它们的速度与树的结点个数、结点的平均度数以及具体的插入查询顺序都有关。表 2-1 就本题的一些随机数据比较了一下它们的区别。

表 2-1　测试分析表

测试点	字符数量	结点总数	访问结点总次数	普通字典树预处理的单位
1	125	97	140	24832
2	7347422	4638944	34482248	1187569664
3	8499467	898681	24227280	230062336
4	12442	3751	17145	960256
5	42503	38939	50374	9968384
6	2124993	1400294	2512599	358475264
7	599536	303954	4370805	77812224
8	5400821	9840	10797289	2519040
9	4004943	3853607	4007677	986523392
10	2250191	1611137	3613525	412451072

我们发现,一般情况下孩子兄弟表示法访问的结点数不是特别多(插入过程是这样,查找的平均情况应该会很类似),除非在树的深度比较小时,这种情况一般也不会超时,因为总结点数不会太多,一般不会超过字符数量的 5 倍(在随机的情况下可能只有 1 到 2 倍),即使考虑处理常数时也是比较理想的。相比之下,普通的字典树预处理的单位可能会很多(虽然预处理效率比较高)。

[参考程序]

```cpp
#include <bits/stdc++.h>
using namespace std;
#define NN 10485761
struct letter{
    char d;
    int son,bro,cnt;        //用数组模拟链表
};
char line[32768];
int n,best=0,gs=0;
letter tr[NN];
void insert(char s[]){        //本题只需插入,查找的过程类似
    int len=strlen(s);
    int now=0;
    for (int i=0;i<len;i++){
        tr[now].cnt++;
        if (tr[now].cnt*i>best)
            best=tr[now].cnt*i;
        if (tr[now].son==0){
            tr[++gs].d=s[i];
            tr[gs].son=0;
            tr[gs].bro=0;
            tr[gs].cnt=0;
            tr[now].son=gs;
            now=gs;
        }
        else{
            now=tr[now].son;
            while (tr[now].d!=s[i] && tr[now].bro>0)
                now=tr[now].bro;
            if (tr[now].d!=s[i]){
                tr[++gs].d=s[i];
                tr[gs].son=0;
                tr[gs].bro=0;
                tr[gs].cnt=0;
                tr[now].bro=gs;
                now=gs;
            }
        }
```

```
        }
    }
    tr[now].cnt++;
    if (tr[now].cnt*len>best)
        best=tr[now].cnt*len;
}
int main(){
    freopen("topo.in","r",stdin);
    freopen("topo.out","w",stdout);
    gets(line);
    scanf(line,"%d",&n);
    tr[0].son=0;
    tr[0].cnt=0;
    tr[0].bro=0;
    for (int i=1;i<=n;i++){
        gets(line);
        insert(line);
    }
    printf("%d\\n",best);
    return 0;
}
```

[拓展加强]

如果将输入数据加大到 30MB，单词数量最多为 20000 个，时间限制为 5 秒，空间限制仍是 256MB，怎么做呢？

我们发现，数据限制改变后使得孩子兄弟表示法无法满足空间要求。但是，我们发现单词数量很少，只有 20000 个，而且时间限制也适当放宽了。所以，如果使用压缩的字典树，就只有 20000 个结点，可以使空间要求降低到 30MB 左右，完全符合题目要求，具体实现见以下参考程序。

[参考程序]

```
#include <bits/stdc++.h>
using namespace std;
struct node{
    int st,ed;
    int cnt;
    node *ch[50];
    char list[50];
    int tot;
```

```
};
char list[10000000], s[20000], re;
node * T = new(node), * tnode;
int n, cmq, len, size, tmp;
void clear(node * p){
    p->st = p->ed = size;
    p->cnt = 0;
    p->tot = 0;
}

int same(node * p, int st){
    int i;
    for (i = 0; p->st + i < p->ed && st + i < len && s[st + i] == list[p->
    st + i]; i++);
    return i;
}

void diliver(node * &p, int len){
    node * t = new(node);
    t->tot = p->tot;
    t->st = p->st;
    t->ed = t->st + len;
    t->cnt = 1;
    t->list[0] = list[t->ed];
    t->ch[0] = p;
    p->st = t->ed;
    p=t;
}

int find(node * p, char ch){
    for (int i = 0; i < p->cnt; i++)
        if (p->list[i] == ch)
    return i;
return -1;
}

void insert(node * &p, int st){
    int ll = same(p, st);
    if (ll == p->ed - p->st){
        p->tot++;
```

```
            st = st + ll;
        }
        else {
            diliver(p, ll);
            p->tot++;
            st = st + ll;
        }
        if (st == len)
            return;
        else {
            tmp = find(p, s[st]);
            if (tmp ! = -1)
                insert(p->ch[tmp], st);
            else {
                tnode = new(node);
                p->ch[p->cnt] = tnode;
                p->list[p->cnt] = s[st];
                p->cnt++;
                clear(tnode);
                for (int i = st; i < len; i++)
                    list[tnode->ed++] = s[i];
                size = tnode->ed;
                tnode->tot = 1;
                return;
            }
        }
    }
}
void dfs(node * p, int ll){
    ll += p->ed - p->st;
    cmq = max(cmq, ll * p->tot);
    for (int i = 0; i < p->cnt; i++)
        dfs(p->ch[i], ll);
}
int main(){
    freopen("topo.in", "r", stdin);
    freopen("topo.out", "w", stdout);
    clear(T);
```

```
scanf("%d\\n", &n);
for (int i = 0; i < n; i++){
    re = getchar();
    len = 0;
    while (re ! = '\\n'){
        s[len++] = re;
        re = getchar();
    }
    insert(T, 0);
}
dfs(T, 0);
cout << cmq << endl;
return 0;
}
```

例 2-10 图书管理(tsgl. ???)

[问题描述]

图书管理是一件十分繁杂的工作,图书馆中每天都会有许多新书加入。为了更方便地管理图书(以便于帮助想要借书的客人快速查找是否有他们所需要的书),我们需要设计一个图书查找系统,该系统需要支持两种操作:

(1) add(s),表示新加入一本书名为 s 的图书;

(2) find(s),表示查询是否存在一本书名为 s 的图书。

[输入格式]

第一行包括一个正整数 n(n≤10000),表示操作数。

以下 n 行,每行给出两种操作中的一种,指令格式为:

add s

find s

在书名 s 与指令(add、find)之间有一个空格隔开,我们保证所有书名的长度都不超过200。可以假设读入数据是准确无误的。

[输出格式]

对于每个 find(s)指令,我们必须对应地输出一行 yes 或 no,表示当前所查询的书是否存在于图书馆内。注意:开始时图书馆内是没有一本图书的,并且对于相同字母但大小写不同的书名,我们认为它们是不同的书。

[输入样例]

4

add Inside C#

find Effective Java

add Effective Java

find Effective Java

[输出样例]

no

yes

[空间限制]

64MB

[时间限制]

1 秒

[问题分析]

本题就是需要维护一个字典树,支持插入和查找操作。但是,如果只是使用朴素的数组表示孩子,时间和空间效率都不能令人满意,因为本题的字母表大小达到了 53(大小写字母和空格),总结点数达到了 2000000。而如果采用动态数组 vector 表示孩子效率会有很大的提高。另外,此题的单词数只有 10000 个,运用压缩的字典树存储也能起到很好的效果。

[参考程序]

```cpp
#include <bits/stdc++.h>
using namespace std;

struct node{
    char c;
    vector<struct node *> s;
    bool tag;
} * root = new struct node;

void add(string str){
    struct node * p = root;
    for (int i = 0;i < str.length();i++){
        int j;
        for (j = 0;j < p->s.size();j++)
            if (p->s[j]->c == str[i]) break;
        if (j == p->s.size()){
            struct node * newNode = new struct node;
            newNode->c = str[i];
            newNode->s.clear();
            newNode->tag = 0;
            p->s.push_back(newNode);
            p = newNode;
        }
        else p = p->s[j];
```

```
    }
    p->tag = 1;
}

int query(string str){
    struct node * p = root;
    for (int i = 0;i < str. length();i++){
        int j;
        for (j = 0;j < p->s. size();j++)
            if (p->s[j]->c == str[i]) break;
        if (j == p->s. size()) return 0;
        p = p->s[j];
    }
    return p->tag;
}

int main(){
    freopen("tsgl. in","r",stdin);
    freopen("tsgl. out","w",stdout);
    int t;
    cin >> t;
    root->s. clear();
    while (t--){
        string tag,str;
        scanf("%s",tag. c_str());
        getline(cin,str);
        if (tag[0] == 'a') add(str);
        else puts(query(str)?"yes":"no");
    }
    return 0;
}
```

2.6　本章习题

2-1　扩展二叉树的遍历(travel. ???)

[问题描述]

　　由于先序、中序和后序遍历序列中的任意一个都不能唯一确定一棵二叉树,所以我们对二叉树作如下处理:将二叉树的空结点用".",补齐,如图 2—26 所示,把这样处理后的二叉树称为原二叉树的扩展二叉树。扩展二叉树的先序和后序遍历序列能唯一确定其二叉树。

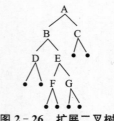

图 2-26　扩展二叉树

现在,给出扩展二叉树的先序遍历序列,请你编程输出其中序和后序遍历序列。

[输入样例]

　　ABD..EF..G..C..

[输出样例]

　　DBFEGAC

　　DFGEBCA

2-2　在一份电文中共使用 5 种字符 a,b,c,d,e,它们的出现频率依次为 4、7、5、2、9,试画出对应的哈夫曼二叉树(请按照左子树根结点的权小于等于右子树根结点的权的次序构造),并且求出每个字符的哈夫曼编码。

2-3　小球(drop.???)

[问题描述]

许多的小球一个一个地从一棵满二叉树上掉下来组成 FBT(Full Binary Tree,满二叉树)。一个正在下降的球第一个访问的是非叶结点,继续下降时,或者走右子树,或者走左子树,直到访问到叶结点。决定球运动方向的是每个结点的布尔值。最初,所有的结点都是false。当球访问到一个结点时,如果这个结点是 false,则把它变成 true,然后从左子树走,继续它的旅程;如果结点是 true,则改变它为 false,接下来从右子树走。满二叉树的标记方法如图 2-27 所示。

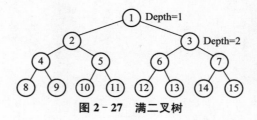

图 2-27　满二叉树

因为所有的结点最初为 false,所以第一个球将会访问结点 1、结点 2 和结点 4,改变结点的布尔值后在结点 8 停止。第二个球将会访问结点 1、3、6,在结点 12 停止。明显地,第三个球在它停止之前,会访问结点 1、2、5,在结点 10 停止。

现在你的任务是,给定 FBT 的深度 D 和 I(表示第 I 个小球下落),你可以假定 I 不超过给定的 FBT 的叶子数,写一个程序求小球停止时叶结点的序号。

[输入格式]

输入文件仅一行,包含两个用空格隔开的整数 D 和 I,其中 2≤D≤20,1≤I≤524288。

[输出格式]

输出第 I 个小球下落停止时叶结点的序号。

[输入样例]

4 2

[输出样例]

12

2－4　裁枝剪叶(cut.???)

[问题描述]

n 个点用 n−1 条无向边接成一个连通图,这种结构叫做"无根树"。这个图的性质是:任何两个结点之间有且只有一条包含最少边的路径。

所谓"裁枝剪叶",就是说去掉图中的一条边,这样图就被分成了两棵无根树,丢掉其中的一棵。经过一系列"裁枝剪叶"之后,还剩下一棵无根树。

本题的任务是给每个结点加一个值,再通过一系列裁枝剪叶(也可以什么裁剪都不进行),使剩下的无根树上的结点值的和最大。

[输入格式]

第一行一个整数 n(1≤n≤16000)。

第二行 n 个整数,第 i 个整数表示第 i 个结点的值。

接下来 n−1 行每行两个整数 a,b,表示存在一条边连接着 a 号点和 b 号点。

[输出格式]

输出一行一个数,表示一系列"裁枝剪叶"之后所能得到的值之和的最大值。保证绝对值不超过 2147483647。

[输入样例]

7

−1 −1 −1 1 1 1 0

1 4

2 5

3 6

4 7

5 7

6 7

[输出样例]

3

2-5 数列(queue.???)

[问题描述]

一个简单的数列问题:给定一个长度为 n 的数列,求这样的三个元素 a_i,a_j,a_k 的个数,满足 $a_i<a_j>a_k$ 且 $i<j<k$。

[输入格式]

第一行一个整数 n($1\leqslant n\leqslant50000$)。

接下来 n 行,每行一个元素 a_i($0\leqslant a_i\leqslant32767$)。

[输出格式]

输出一行一个数,表示满足 $a_i<a_j>a_k$($i<j<k$)的个数。

[输入样例]

```
5
1
2
3
4
1
```

[输出样例]

```
6
```

[数据及时间限制]

对于 30% 的输入数据有 n$\leqslant$200;

对于 80% 的输入数据有 n$\leqslant$10000。

每个测试点时限为 2 秒。

2-6 公司收益(corporation.???)

[问题描述]

小 Y 最近在筹备开一家自己的网络公司。由于他缺乏经济头脑,所以先后聘请了若干名金融顾问为他设计经营方案。

万事开头难,经营公司更是如此。开始的收益往往是很低的,不过随着时间的增长会慢慢变好。也就是说,对于每一名金融顾问 i,在他设计的经营方案中,每天的收益都比前一天的高,并且均增长一个相同的量 Pi。

由于金融顾问的工作效率不同,所以在特定的时间点,小 Y 只能根据他已经得到的经营方案来估算某一时间的最大收益。由于小 Y 是很没有经济头脑的,所以他在估算每天的最大收益时完全不会考虑之前的情况,而是直接从所有金融顾问的方案中选择一个当天收益最大的收益值。例如,有如下两名金融顾问分别对前 4 天的收益方案做了设计:

	第一天	第二天	第三天	第四天	Pi
顾问 1	1	5	9	13	4
顾问 2	2	5	8	11	3

在第一天,小 Y 认为最大收益是 2(使用顾问 2 的方案),而在第三天和第四天,他认为最大收益分别是 9 和 13(使用顾问 1 的方案)。所以他认为前四天的最大获益值是:2 ＋ 5 ＋ 9 ＋ 13 ＝ 29。

现在你作为小 Y 公司的副总经理,会不时收到金融顾问的设计方案,也需要随时回答小 Y 对某天的"最大收益"的询问(这里的"最大收益"是按照小 Y 的方法计算)。一开始没有收到任何方案时,你可以认为每天的最大收益值是 0。下面是一组收到方案和回答询问的例子:

询问 2

回答 0

收到方案:0 1 2 3 4 5 …

询问 2

回答 1

收到方案:2 2.1 2.2 2.3 2.4 …

询问 2

回答 2.1

[输入格式]

第一行一个整数 n,表示方案和询问的总数。

接下来 n 行,每行以单词"Query"或"Project"开头。若单词为 Query,则后接一个整数 t,表示小 Y 询问第 t 天的最大收益;若单词为 Project,则后接两个实数 s,p,表示该种设计方案第一天的收益 s,以及以后每天比前一天多出的收益 p。

[输出格式]

对于每一个 Query,输出一个整数,表示询问的答案,并精确到整百元(以百元为单位,例如:该天最大收益为 210 或 290 时,均应该输出 2)。

[输入样例]

7

Query 2

Project 0 100

Query 2

Project 280 10

Query 2

Project 290 10

Query 2

［输出样例］

    0

    1

    2

    3

［数据及时间限制］

    $1 \leqslant n \leqslant 100000; 1 \leqslant t \leqslant 50000; 0 < p < 100, |s| \leqslant 10^6$。

    提示:本题读写数据量可能相当巨大,请注意选择高效的文件读写方式。

    每个测试点的时间限制为 2 秒。

2-7　查单词(scanwords. ???)

［问题描述］

    全国英语四级考试就这样如期到来了,可是小 Y 依然没有做好充分的准备。为了能够大学毕业,可怜的小 Y 决定作弊,太不厚道了。

    小 Y 费尽心机,在考试的时候夹带了一本字典进考场。但是现在的问题是,考试的时候可能有很多单词要查,小 Y 能不能来得及呢?

［输入格式］

    第一行一个整数 $n(n \leqslant 10000)$,表示字典中一共有多少单词。

    接下来的 2n 行的每两行表示一个单词,其中第一行是一个长度不大于 100 的字符串,表示具体的单词,全部为小写字母,单词不会重复;第二行是一个整数,表示这个单词在字典中的页码。

    接下来一行是一个整数 $m(m \leqslant 10000)$,表示要查的单词数。

    接下来 M 行,每行一个字符串,表示要查的单词,需要保证所查单词在字典中存在。

［输出格式］

    输出 M 行,分别表示这 M 个单词在字典中的页码。

［输入样例］

    2

    scan

    10

    word

    15

    2

    scan

    word

［输出样例］

    10

15

2－8　新单词接龙

[问题描述]

给定一个包含 n 个单词的字典,从中选择若干个单词,按字典序进行单词接龙,使得接龙的长度最大。新单词接龙的规则:

(1) 单词变换:单词 W_i 添加一个字母、删除一个字母或修改一个字母可以得到单词 W_{i+1};

(2) 字典序接龙:W_1,W_2,…,W_n,满足字典序。

[输入格式]

第一行一个整数 n($1 \leqslant n \leqslant 25000$),表示字典中单词的总数。

接下来 n 行,按字典序输入 n 个单词,每行一个字符串,表示单词,单词仅由小写字母组成,长度为 1..16。

[输出格式]

输出一行一个整数,表示能获得的单词接龙的最大长度。

[输入样例]

9
cat
dig
dog
fig
fin
fine
fog
log
wine

[输出样例]

5

[样例说明]

长度为 5 的单词接龙为:dig—＞fig—＞fin—＞fine—＞wine。

第3章　优先队列与二叉堆

3.1　优先队列

　　优先队列(Priority Queue)是一种抽象数据类型(Abstract Data Type),可以把它看成一种容器,里面有一些元素,这些元素称为队列的结点(Node)。优先队列的结点至少要包含一种性质:有序性,也就是说任意两个结点可以比较大小。为了具体起见,我们假设这些结点中都包含一个键值(Key),结点的大小通过比较它们的键值而定。优先队列并不是按照入队的顺序简单地执行先进先出(First In First Out),而是按照一定的优先级(键值的大小)调用。优先队列最早出现在操作系统中,实现对任务或进程的调度。优先队列在信息学竞赛中十分常见,在统计问题、最值问题、模拟问题和贪心问题等类型的题目中都有着广泛的应用。

　　优先队列有三种基本操作:插入结点(Insert)、取最小结点(Get_Min)和删除最小结点(Delete_Min)。优先队列有着多种具体实现方法,不同实现方法的三种基本操作的时间复杂度也有很大的区别。比如,采用一维数组或线性链表实现,插入结点的时间复杂度只需要$O(1)$,但取最小结点和删除最小结点的时间复杂度为$O(n)$;采用二叉排序树实现,三种基本操作的时间复杂度都为$O(\log_2 n)$,但二叉排序树可能退化成线性表。

例3-1　投票点(ballot. ???)

[问题描述]

　　某国正在进行轰轰烈烈的领导人大选。由于该国是民主投票决定领导人,每一位成年公民都有选举权,因此需要在城市中设置投票点来统计票数。

　　现在有 N($1 \leqslant N \leqslant 1000$)个城市,共有 M($N \leqslant M \leqslant 5000$)个投票点需要被放置到这些城市中,每一个城市都至少有一个投票点。每个城市的选民被平均分配到这个城市的各个投票点。为了让统计票数时出错的概率最低,因此要使被分配到选民人数最多的投票点的选民人数越少越好。输出所有投票点中分配到最多选民的人数。

[输入格式]

　　第一行两个整数 n,m,表示有 n 个城市,m 个投票点,两个整数用空格隔开。

　　接下来 n 行,每行一个整数 a_i,表示每个城市的选民数量。

[输出格式]

　　输出一行一个整数,表示一个投票点被分配到最多选民的人数。

[输入样例]

　　4 6

120

2680

3400

200

[输出样例]

1700

[样例说明]

4 个城市的投票点个数分别为 1、2、2、1。

[问题分析]

本题有一个很明显的贪心策略。首先,给每一个城市安排一个投票点。由于一个城市选民人数是平均分配给城市中的投票点的,因此我们只需要找出每个投票点分配到的选民数最多的一个城市,然后多给这个城市一个投票点。按照这种方法,分配完剩下的所有投票点。具体实现时,就是采用优先队列的思想,键值为该该城市的每个投票点分配到的选民数。

实际上,本题也可以采用二分答案等方法来解决。

[参考程序]

```cpp
#include <bits/stdc++.h>
#define maxn 500010
#define LL long long
using namespace std;
struct node{
    int num,p;
};
node a[maxn];
int n,m,cnt;
int main() {
    freopen("ballot.in","r",stdin);
    freopen("ballot.out","w",stdout);
    scanf("%d%d",&n,&m);
    for (int i=0; i<n; i++){
        scanf("%d",&a[i].p);
        a[cnt].num=1;
    }
    m-=n;
    for (int i=0; i<m; i++){
        cnt=0;
        for (int j=1; j<n; j++)
            if ((LL)a[cnt].p * (LL)a[j].num<(LL)a[cnt].num * (LL)a[j].p) cnt=j;
```

```
      a[cnt]. num++;
   }
   cnt=0;
   for (int i=1; i<n; i++)
       if ((LL)a[cnt]. p * (LL)a[i]. num<(LL)a[cnt]. num * (LL)a[i]. p) cnt=i;
   int ans=a[cnt]. p/a[cnt]. num;
   if (a[cnt]. p%a[cnt]. num! =0) ans++;
   printf("%d\\n",ans);
   return 0;
}
```

3.2 二叉堆

二叉堆是一种最常用的优先队列,它支持优先队列的三种基本操作:初始化、插入节点和取出最小元素。其中,插入结点和取出最小元素的时间复杂度都是 $O(\log_2 n)$,效率很高,而且编程简单。

二叉堆形式上是一个数组 heap[1..n],本质上是一棵完全二叉树。树根为 heap[1],根据完全二叉树的性质,可以求出第 i 个结点的父结点、左孩子结点、右孩子结点的下标分别为 trunc(i/2)、2i、2i+1。更重要的是,二叉堆具有这样一个性质:对除根以外的每个结点 i,heap[parent(i)]≥heap[i],即所有结点的值都不得超过其父结点的值,这种堆称为"大根堆"。反之,小根堆就是要求:heap[parent(i)]≤heap[i]。

二叉堆(以小根堆为例)有两种最基本、最重要的操作:Put 操作和 Get 操作。

3.2.1 Put 操作

Put 操作就是往堆尾加入一个元素(插入结点),并通过从下往上的调整,使其继续保持堆的性质。具体实现采用两步法:插到尾部,向上调整,如图 3-1 所示。其算法实现如下:

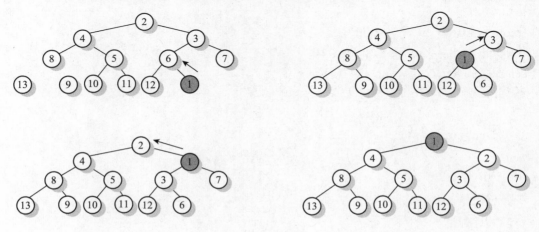

图 3-1 二叉堆的 Put 操作示意图

```
void put(int x){
    int son,tmp;
    heap[++len]=x;
    son=len;
    while (heap[son/2]>heap[son]){
        tmp=heap[son/2];
        heap[son/2]=heap[son];
        heap[son]=tmp;
        son=son/2;
    }
}
```

　　Put 操作的时间复杂度为二叉堆的高度。同时,只要重复 n 次 Put 操作,我们就可以建立一个二叉堆,其时间复杂度为 $O(n\log_2 n)$。

3.2.2　Get 操作

　　取最小结点只需要直接读出 heap[1]即可。Get 操作就是从堆中取出堆头元素(取最小结点),并删除该结点(堆尾覆盖),再通过从上往下的调整,使其继续保持堆的性质。具体实现采用三步法:取根,换根,向下调整,如图 3－2 所示。其算法实现如下:

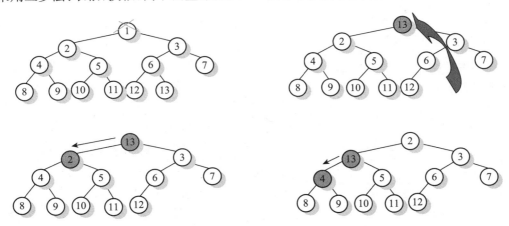

图 3－2　二叉堆的 Get 操作示意图

```
int get(){
    int fa=1,son,tmp;
    bool stop=false;
    get=heap[1];heap[1]=heap[len];len--;
    while ((fa*2<=len)||((fa*2+1<=len)&&(! stop))){
        if ((fa*2+1>len)||(heap[fa*2]<heap[fa*2+1])) son=fa*2;
        else son=fa*2+1;
        if (heap[fa]>heap[son]){
```

```
        tmp=heap[fa];heap[fa]=heap[son];heap[son]=tmp;
        fa=son;
    }else stop=true;
    }
}
```

例 3 - 2 丑数(ugly. ???)

[**问题描述**]

丑数是指素因子都在集合{2,3,5,7}内的整数,第一个丑数是1。

现在输入 n(n<6000),输出第 n 大的丑数。

时间限制为 1 秒,空间限制为 64MB。

[**问题分析**]

穷举显然是不行的。我们尝试用构造法不断生成丑数,构造的基本思想是采用 5 个线性表分别存放一个数的 2 倍、3 倍、5 倍、7 倍和所有丑数,从 1 开始不断生成一个数的 2 倍、3 倍、5 倍、7 倍插入到相应的线性表中,同时 1 插入到丑数表中,然后再取出前 4 个表表头的最小值作为当前数继续生成第二个丑数……直到计数到第 n 个丑数。总的时间复杂度为 $O(n^2)$,但是空间消耗较大。其实,继续分析,我们发现整个算法实现的关键操作就是取最小结点和插入结点,所以很容易想到用二叉堆(小根堆)来实现构造法。

[**参考程序**]

```
#include<bits/stdc++.h>
#define LL longlong
using namespacestd;
LL heap[24001];                    //堆数组
int i,n,tot;                       //i 为计数器,tot 为堆的大小
LLj,k;                             //j,k 分别存储前一次与这次取出的最小值,用于判重
LL get(){                          //取出堆中的最小元素
    int fa=1,son=2*fa;             //fa 和 son 为用于调整的下标,预处理下标
    LLmin,tmp;                     //min 存取最小值,temp 用于交换
    min=heap[1];                   //堆根的元素就是最小的元素
    heap[1]=heap[tot];             //把堆最后的元素调整到第一个
    tot--;                         //取出了一个元素,堆的大小减 1
    while (son<=tot){
        if (son<tot&&heap[son]>heap[son+1]) son++;
                                   //如果有两个孩子,取出较小的一个
        if (heap[fa]>heap[son]){   //如果父亲比孩子大,则需要交换
            tmp=heap[fa];heap[fa]=heap[son];heap[son]=tmp;   //交换
            fa=son;son=fa*2;       //继续判断当前元素是否符合
        }else son=tot+1;           //如果符合就跳出循环
```

```
    }
    return min;                              
}

void put(LL key){                           //在堆中加入新的元素
    int fa,son;LL tmp;                       //fa 和 son 为用于调整的下标,temp 用于交换
    heap[++tot]=key;                         //在堆尾加入新的元素
    son=tot;fa=son/2;                        //预处理下标
    while (fa>0){
        if (heap[fa]>heap[son]){             //如果父亲比孩子大,则需要交换
            tmp=heap[fa];
            heap[fa]=heap[son];
            heap[son]=tmp;                   //交换元素
            son=fa;fa/=2;                     //继续判断当前元素
        }else fa=0;                          //如果符合就跳出循环
    }
}

int main(){
    freopen("ugly.in","r",stdin);
    freopen("ugly.out","w",stdout);
    int n;
    scanf("%d",&n);                          //读入 n
    memset(heap,0,sizeof(heap));
    heap[1]=1;tot=1;                         //预处理堆数组
    i=0;j=0;k=0;
    while (i<n){
        j=k;                                 //把前一次取出的最小值存下来
        k=get();                             //取出堆中最小的元素
        if (k!=j){                           //重复元素如 6 照样存进去,取出来时判断前后两次
            是否一样,一样不做处理,不同则要加入新的元素
            i++;                             //取出了不同的数,计数器加 1
            put(k*2); put(k*3); put(k*5); put(k*7);        //加入新的元素
        }
    }
    cout<<k;                                 //输出
    fclose(stdin);fclose(stdout);
    return 0;
}
```

例 3-3 有序表的最小和(element. ???)

[**问题描述**]

给出两个长度为 n 的有序表 A 和 B,在 A 和 B 中各任取一个元素,可以得到 n^2 个和,求这些和中最小的 n 个。

[**输入格式**]

第一行包含一个整数 n(n≤400000);

第二行与第三行分别有 n 个整数,分别代表有序表 A 和 B。整数之间由一个空格隔开,大小在长整型范围内,保证有序表的数据单调递增。

[**输出格式**]

输出共 n 行,每行一个整数,第 i 行为第 i 小的和。数据保证在长整型范围内。

[**输入样例**]

```
3
1 2 5
2 4 7
```

[**输出样例**]

```
3
4
5
```

[**问题分析**]

我们可以把这些和看成 n 个有序表:

A[1]+B[1]≤A[1]+B[2] ≤A[1]+B[3] ≤…

A[2]+B[1]≤A[2]+B[2] ≤A[2]+B[3] ≤…

…

A[n]+B[1]≤A[n]+B[2] ≤A[n]+B[3] ≤…

然后用堆来维护,堆中始终保持 n 个元素,每次取出堆中最小的元素,把对应的有序表(以上不等式中的)后一个元素加入堆。一共输出 n 个元素,时间复杂度为 O(nlog₂n),空间复杂度为 O(n)。

[**参考程序**]

```cpp
#include<bits/stdc++.h>
using namespace std;
struct node{
    int sum,no;
};
node heap[400400],tmp;
int a[400400],b[400400],d[400400],n,tot;
```

```
void put(int key,int sign){
    int fa,son;
    node temp;
    tot=tot+1;heap[tot]. sum=key;heap[tot]. no=sign;
    son=tot;fa=son/2;
    while (fa>0){
        if (heap[fa]. sum>heap[son]. sum){
            temp=heap[fa]; heap[fa]=heap[son]; heap[son]=temp;
            son=fa;fa/=2;
        }elsefa=0;
    }
}

node getmin(){
    int fa,son;node temp,ans;
    ans=heap[1];heap[1]=heap[tot];tot=tot-1;
    fa=1; son=fa*2;
    while (son<=tot){
        if (son<tot && heap[son]. sum>heap[son+1]. sum) son++;
        if (heap[fa]. sum>heap[son]. sum){
            temp=heap[fa];heap[fa]=heap[son];heap[son]=temp;
            fa=son;son=fa*2;
        }else son=tot+1;
    }
    return ans;
}

int main(){
    freopen("element. in","r",stdin);
    freopen("element. out","w",stdout);
    scanf("%d",&n);
    memset(a,0,sizeof(a));
    memset(b,0,sizeof(b));
    memset(d,0,sizeof(d));
    memset(heap,0,sizeof(heap));
    for(int i=1;i<=n;++i) scanf("%d",&a[i]);
    for(int i=1;i<=n;++i) scanf("%d",&b[i]);
    tot=0;
    for (int i=1;i<=n;++i){
```

```
        d[i]++;put(a[i]+b[d[i]],i);
    }
    for(int i=1;i<=n;++i){
        tmp=getmin();
        printf("%d\\n",tmp.sum);
        d[tmp.no]++;
        put(a[tmp.no]+b[d[tmp.no]],tmp.no);
    }
    fclose(stdin);fclose(stdout);
    return 0;
}
```

例3-4 木板(frame.???)

[问题描述]

给你 n 块单位宽度的木板,如图 3-3 所示,每块木板的长度是 L[i]。每块木板中间都有一个空槽,空槽必须挂在 P[i]处的钉子上。

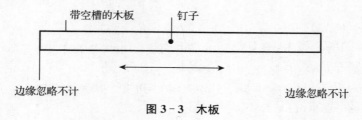

图3-3 木板

现在,要你选出尽可能多的木板并且将它们安排在一条直线上,使得任意两块木板不相交(一块包含另外一块当然也是禁止的,不过边界相碰是允许的)。空槽两端忽略不计,钉子也非常细,可以安置在木板的边界,也就是说木板的左端点的可能位置是 P[i]−L[i]至 P[i]。没有两个钉子在同一个位置。

[输入格式]

第一行一个整数 n,代表木板的数量(1≤n≤100000)。

接下来每一行包含两个整数 L[i]和 P[i](1≤L[i],P[i]≤10000000),代表第 i 块木板的长度,以及相关的钉子的位置。没有两个钉子会在同一个位置。

[输出格式]

输出一行一个整数,代表你可以选择的最多的木板数。

[输入样例]

```
7
5 9
2 17
6 10
```

　　3 11
　　2 16
　　4 13
　　5 6

［输出样例］

　　5

［数据及时间和空间限制］

　　对于 20％的数据，n≤15；

　　对于 50％的数据，n≤1000；

　　对于 100％的数据，1≤n≤100000；

　　时间限制为 1 秒，空间限制为 64MB。

［问题分析］

　　采用贪心思想，先将所有的木板按照 P[i]关键字从小到大排序。首先选择第一块木板。以后，每次选择这样一块木板：它能够放进去，并且放进去之后这块木板最右边最靠左。注意，如果有两块木板放进去之后都是最靠左的，那么选择 P 值小的那个放入。

　　按照这种思想可以得到一个复杂度为 O(n²)的算法。将前一块木板最右边的位置记为 pre，那么之后每块木板的属性就是 max{pre + L[i]，P[i]}，并且要使得 P[i]大于上一块木板的 P[i−1]值。注意到这个 max 函数只增不减，那么维护两个堆，第一个维护 P[i]为最大值时候的木板，第二个维护 pre + L[i]为最大值时候的木板。每次从两个堆中挑选一个最优的加入并更新 pre。还要注意，第一个堆中的木板要不时被移动到第二个堆里面去，因为pre 只增不减。

［参考程序］

```cpp
#include <bits/stdc++.h>
using namespace std;
const int maxn = 100005;
const int inf = 2147483647;
struct frame{
    int l,p;
};
class cmp_p{
    public:
    bool operator()(frame i,frame j){
        return i.p > j.p;
    }
};
class cmp_l{
    public:
```

```
    bool operator()(frame i,frame j){
        return i.l > j.l;
    }
};
priority_queue<frame,vector<frame>,cmp_p> q_p;
priority_queue<frame,vector<frame>,cmp_l> q_l;
bool cmp(frame i,frame j){
    return i.p < j.p;
}
frame a[maxn];

int main(){
    freopen("frame.in","r",stdin);
    freopen("frame.out","w",stdout);
    int n; scanf("%d",&n);
    for (int i=1; i<=n; ++i)
        scanf("%d %d",&a[i].l,&a[i].p);
    while (! q_p.empty()) q_p.pop();
    while (! q_l.empty()) q_l.pop();
    sort(a+1,a+n+1,cmp);
    int ans = 1,pre = a[1].p;
    for (int i=2; i<=n; ++i)
        if (a[i].p > a[i].l + pre)q_p.push(a[i]);
        else q_l.push(a[i]);
    while (1){
        int t1 = inf,t2 = inf;
        frame k;
        while (! q_p.empty()){
            k = q_p.top();
            if (k.p < pre){
                q_p.pop(); continue;
            }
            if (k.p < k.l + pre){
                q_l.push(k); q_p.pop();
            } else break;
        }
        if (! q_p.empty()) t1 = q_p.top().p;
        while (! q_l.empty()){
```

```
        k = q_l. top();
        if (k. p < pre)q_l. pop();
        else break;
    }
    if (! q_l. empty()) t2 = q_l. top(). l + pre;
    if (t1 == t2 && t1 == inf) break;
    ans++;
    if (t1 < t2) {
        pre = q_p. top(). p; q_p. pop();
    }
    else {
      pre = q_l. top(). l + pre; q_l. pop();
    }
}
printf("%d\\n",ans);
return 0;
}
```

3.3　可并堆

可并堆(Mergeable Heap)也是一种抽象数据类型,它除了支持优先队列的三种基本操作,还支持一个额外的操作——合并操作,即 H ← Merge(H1,H2),Merge(H1,H2)是构造并返回一个包含 H1 堆和 H2 堆所有元素的新堆 H。

严格来说,二叉堆并不存在合并操作。当然,也可以把一个堆的元素逐个插入到另外一个堆中,实现合并操作,但时间复杂度为 $O(n^2)$。左偏树、二项堆和 Fibonacci 堆都是十分优秀的可并堆。下面,我们介绍其中的一种——左偏树。

3.3.1　左偏树的定义

左偏树(Leftist Tree)是一棵"堆有序(Heap Ordered)"的二叉树,或者说是一棵"优先级树",优先级树的根结点中存储的元素具有最小优先级,从根到叶子的任一条路径上,各结点中元素按优先级的非递减序排列。优先级树的结构和二叉堆类似,每个结点存储一个元素,每个结点的键值比它的两个孩子优,不过它并不是一棵完全二叉树。

定义一棵左偏树中的外结点为左子树或右子树为空的结点。定义结点 i 的距离 dist(i)为:结点 i 到它的后代中最近的外结点所经过的边数。左偏树满足如下的左偏性质(Leftist Property):任意结点的左子结点的距离不小于右子结点的距离。

由左偏性质可知,一个结点的距离等于以该结点为根的子树最右路径的长度。所以,可以得到如下的左偏树定理:若一棵左偏树有 n 个结点,则该左偏树的距离不超过 $\lfloor \log_2(n+1) \rfloor - 1$。

如图 3-4 所示的 8 个结点的左偏树,其距离为:$\lfloor \log_2(8+1) \rfloor - 1 = 2$。

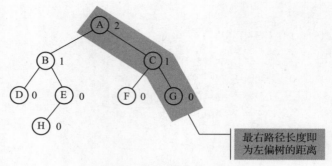

图 3-4 左偏树的距离

3.3.2 左偏树的基本操作

1. 合并(Merge)

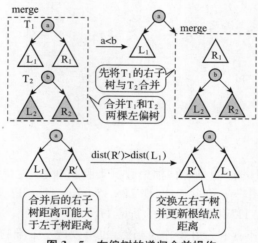

图 3-5 左偏树的递归合并操作

合并操作是指合并两棵左偏树。合并操作都是一直沿着两棵左偏树的最右路径递归进行的。一棵 n 个结点的左偏树,最右路径上最多有 $\lfloor \log_2(n+1) \rfloor$ 个结点。因此,合并操作的时间复杂度为:$O(\log_2 n_1 + \log_2 n_2) = O(\log_2 n)$。

合并操作的伪代码如下:

```
int * Merge(int * A, int * B){
    if (A == NULL) return B;
    if (B == NULL) return A;
    if (B->key < A->key) swap(A,B);
    A->right=Merge(A->right,B);
    if (A->right->dist > A->left->dist) swap(A->right,A->left);
    if (A->right == NULL) a->dist=0;
        else A->dist = A->right->dist+1;
    return A;
```

}

图 3-6 是一个合并两棵左偏树的例子：

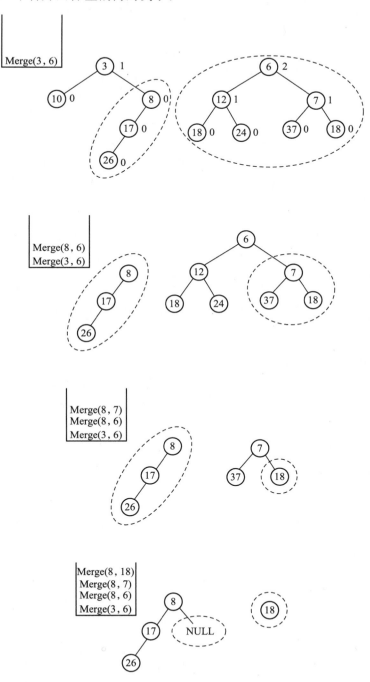

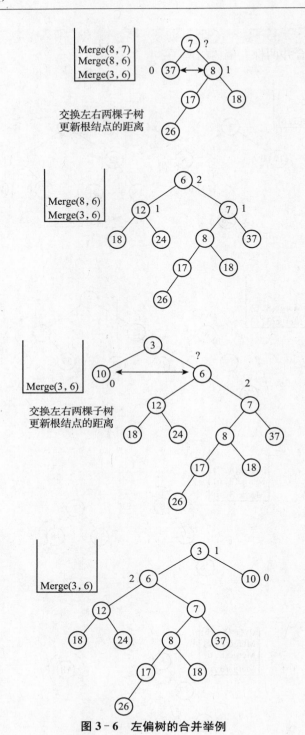

图 3-6 左偏树的合并举例

2. 插入(Insert)

插入一个新结点就是把待插入结点作为一棵单结点左偏树,然后合并两棵左偏树,时间复杂度也是 $O(\log_2 n)$。

3. 删除(Delete)

删除最小结点只要先删除根结点,再合并左右两棵子树(左偏树)。时间复杂度也是 $O(\log_2 n)$。

在左偏树的实现中,一般都喜欢用合并操作,而不用删除操作,这样可以避免做类似堆的调整操作。左偏树的特点是时间和空间效率高、编程复杂度低,能够有效克服二叉堆的不足。左偏树具体实现时,采用数组或者指针都可以。

例 3 - 5　猴王(monkey. ???)

[问题描述]

很久很久以前,在一个广阔的森林里住着 n 只好斗的猴子。起初,它们各干各的,互相之间也不了解。但是这并不能避免猴子们之间的争论,当然,这只存在于两只陌生猴子之间。当两只猴子争论时,它们都会请自己最强壮的朋友来代表自己进行决斗。显然,决斗之后,这两只猴子以及它们的朋友就互相了解了,这些猴子之间再也不会发生争论了,即使它们曾经发生过冲突。

假设每一只猴子都有一个强壮值,每次决斗后都会减少一半(比如 10 会变成 5,5 会变成 2)。并且我们假设每只猴子都很了解自己,猴品都很好,就是说,当它属于所有朋友中最强壮的一个时,它自己会站出来,走向决斗场。

[输入格式]

输入分为两部分。

第一部分,第一行有一个整数 n(n≤100000),代表猴子总数。接下来的 n 行,每行一个数表示每只猴子的强壮值(小于等于 32767)。

第二部分,第一行有一个整数 m(m≤100000),表示有 m 次冲突会发生。接下来的 m 行,每行包含两个数 x 和 y,代表第 x 个猴子和第 y 个猴子之间发生冲突。

[输出格式]

输出每次决斗后在它们所有朋友中的最大强壮值。数据保证所有猴子决斗前彼此不认识。

[输入样例]

5
20
16
10
10
4
4
2 3
3 4
3 5
1 5

[输出样例]

8
5
5
10

[问题分析]

本题可以看成存在着若干个大根堆(堆的森林),需要做以下 3 种基本操作:查找一只猴子所在的堆并返回堆头元素(最大值),调整堆(解决决斗后强壮值减半问题,且保持堆性质),合并两只决斗猴子所在的堆。

算法实现如下:将所有猴子的强壮值作为关键字全部设成独立的左偏树。每次两只猴子代表要决斗的时候,我们就可以先找出这两只猴子所在的左偏树的根结点(代表),将这两个根结点的值除以 2,再分别调整所在左偏树使之保持堆的性质,然后将它们合并成一棵新的左偏树。

样例的求解过程如图 3-7 所示。

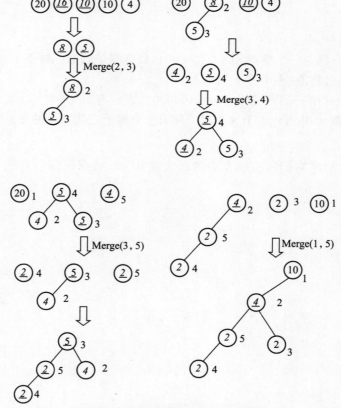

图 3-7　猴王问题的样例求解过程

[参考程序]

```cpp
#include<bits/stdc++.h>
#define maxn 200000
using namespace std;
struct Node{
    int key,dist;
    Node *lch,*rch,*parent;
}LT[maxn+1];
Node *p,*q,*A,*B;
int  n,i,j,x,m,y;
int GetDist(Node *A){
    if (A==NULL) return(-1);else return(A->dist);
}
Node *MERGE(Node *A,Node *B){        //合并操作
    if (A==NULL) return(B);
    if (B==NULL) return(A);
    if(A->key<B->key) swap(A,B); //调用系统函数 swap 交换两个节点
    A->rch=MERGE(A->rch,B);
    if(A->rch! =NULL) A->rch->parent=A;
    if(A->lch! =NULL) A->lch->parent=A;
    if(GetDist(A->lch)<GetDist(A->rch)) swap((A->lch),(A->rch));
    A->dist=GetDist(A->rch)+1;
    return(A);
}
Node *GetRoot(int x){                     //查找一只猴子所在的堆,并返回堆头
    Node *q;
    q=&LT[x];
    while(q->parent! =NULL)
        q=q->parent;
    return q;
}
void clear(Node *p){                      //一个单独结点的左偏树
    p->key/=2;
    p->lch=NULL;p->rch=NULL;
    p->dist=0;p->parent=NULL;
}
```

```
Node *first(int x){                          //一只猴子单独构成一棵左偏树
    Node *p;
    p—>key=x;
    p—>lch=NULL;p—>rch=NULL;
    p—>dist=0;p—>parent=NULL;
    return p;
}

int main(){
    freopen("monkey.in","r",stdin);
    freopen("monkey.out","w",stdout);
    scanf("%d",&n);
    for(int i=1;i<=n;++i){
        scanf("%d",&x);
        LT[i]=*first(x);                      //初始化,每只猴子单独构成一棵左偏树
    }
    scanf("%d",&m);
    for(int i=1;i<=m;++i){                     //每次决斗的处理
        scanf("%d%d",&x,&y);                   //输入两只猴子编号
        p=GetRoot(x);q=GetRoot(y);            //找到两个堆头
        A=MERGE(p—>lch,p—>rch);               //通过合并操作,删除A根结点
        if(A!=NULL) A—>parent=NULL;
        B=MERGE(q—>lch,q—>rch);               //通过合并操作,删除B根结点
        if(B!=NULL) B—>parent=NULL;
        clear(p);clear(q);                    //单独处理两个根结点形成的左偏树
        p=MERGE(p,q);A=MERGE(A,B);A=MERGE(A,p);
        printf("%d\\n",A—>key);
    }
    fclose(stdin);fclose(stdout);
    return 0;
}
```

3.4 本章习题

3-1 合并果子(fruit.???)

[问题描述]

在一个果园里,多多已经将所有的果子打了下来,而且按果子的不同种类分成了不同的堆。多多决定把所有的果子合成一堆。

每一次合并,多多可以把两堆果子合并到一起,消耗的体力等于两堆果子的重量之和。可以看出,所有的果子经过 n-1 次合并之后,就只剩下一堆了。多多在合并果子时总共消耗的体力等于每次合并所耗体力之和。

因为还要花大力气把这些果子搬回家,所以多多在合并果子时要尽可能地节省体力。假定每个果子重量都为 1,并且已知果子的种类数和每种果子的数目,你的任务是设计出合并的次序方案,使多多耗费的体力最少,并输出这个最小的体力耗费值。

例如有三种果子,果子的数目依次为 1、2、9。可以先将第一和第二堆合并,新堆的果子数目为 3,耗费体力为 3。接着,将新堆与原先的第三堆合并,又得到新的堆,新堆的果子数目为 12,耗费体力为 12。所以多多总共耗费体力为 3+12=15。可以证明 15 为最小的体力耗费值。

[输入文件]

输入文件包括两行,第一行是一个整数 n(1≤n≤30000),表示果子的种类数。第二行包含 n 个整数,用空格分隔,第 i 个整数 a_i(1≤a_i≤20000)是第 i 种果子的数目。

[输出文件]

输出文件包括一行,这一行只包含一个整数,也就是最小的体力耗费值。输入数据保证这个值小于 2^{31}。

[输入样例]

3

1 2 9

[输出样例]

15

[数据及时间与空间限制]

对于 30% 的数据,保证有 n≤1000;

对于 50% 的数据,保证有 n≤5000;

对于全部的数据,保证有 n≤30000。

时间限制为 1 秒,空间限制为 64MB。

3-2　周游环形公路(travel. ???)

[问题描述]

John 打算驾驶一辆汽车周游一条环形公路。公路上总共有 n 个车站,每站都有若干升汽油(有的车站可能油量为 0),每升油可以让汽车行驶 1 千米。John 必须从某个车站出发,一直按顺时针(或逆时针)方向走遍所有的车站,并回到起点。在一开始的时候,汽车内油量为 0,John 每到一个车站就把该站所有油都带上(起点站亦是如此),行驶过程中不能出现没有油的情况。

判断以每一个车站为起点时能否按条件成功周游一圈。

[输入格式]

第一行是一个整数 n(3≤n≤100000),表示环形公路上的车站数。

接下来 n 行,每行 2 个整数。

第 i+1 行(0≤i≤5)含有:P[i](0≤P[i]≤20000),表示第 i 号车站的存油量;D[i](0≤D[i]≤20000),表示第 i 号车站到下一站的距离(为了方便,不妨设顺时针走时,D[i]表示第 i 号车站到第(i+1)号车站的距离,第 n 站的下一站为第一站;逆时针走时,D[i]表示第 i 号车站到第(i−1)号车站的距离,第一站的下一站为第 n 站)。

[输出格式]

输出共 n 行,如果从第 i 号车站出发,一直按顺时针(或逆时针)方向行驶,能够成功周游一圈,则在第 i 行输出"TAK",否则输出"NIE"。

[输入样例]

5
3 1
1 2
5 2
0 1
5 4

[输出样例]

TAK
NIE
TAK
NIE
TAK

[数据及时间和空间限制]

对于 30% 的数据,n≤2000;

对于 100% 的数据,3≤n≤100000。

时间限制为 1 秒,空间限制为 64MB。

3-3 轮廓线(contour. ???)

[问题描述]

有一些建筑物,从正面看去它们互相遮挡,只能看到一个轮廓线。你对它产生了兴趣,想要求出这个轮廓线。

时间限制为 1 秒,空间限制为 64MB。

[输入格式]

第一行包含一个整数 n(n≤300000),代表建筑的总数。

接下来 n 行每行 3 个整数,L[i],R[i],H[i](0<L[i],R[i],H[i]≤10^6),分别代表建筑

物的左边界、右边界和高度。

[输出格式]

输出有若干行,每行 2 个整数 x 和 h,分别代表位置与高度。从左向右当轮廓线的高度发生改变时就输出一行。

[输入样例]

```
8
1 5 11
3 9 13
2 6 6
12 16 7
19 22 18
23 29 13
15 26 3
24 28 5
```

[输出样例]

```
1 11
3 13
9 0
12 7
16 3
19 18
22 3
23 13
29 0
```

[样例说明]

见图 3-8。

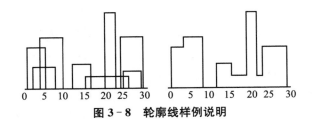

图 3-8　轮廓线样例说明

3-4　交易(exchange.???)

[问题描述]

你正参加一个东北商品资源交易(NEERC)的自动化控制的工程。不同的资源和商品通过面向公众拍卖在交易会上买卖。每个资源或者商品都独立地买卖并且你的任务是为每次交易写一个核心引擎——它的订货簿。这里有一个给每个资源或商品的订货簿的单独的实例，并且将当前的订单转变成订货簿不是给你的问题。你将要写的订货簿的实例是从交易系统的余下部分接受恰当的订单。

订货簿接收一系列消息。消息是订单并且要求取消先前发行的订单。没有被取消的订单被称为活跃的订单。订单分为要买的订单和要卖的订单，每个要买或者要卖的订单有一个正的尺寸和正的价格。订货簿包含一系列活跃的订单并且生成引述和买卖。以最高价买的订单是最好的买的订单并且它的价格就叫做出价。以最低价卖的订单是最好的卖的订单并且它的价格叫做卖价。卖价总是比出价便宜，因为作为回报，买家愿意付的比卖家想要的更少。

一个来自订货簿的当前的报价包含当前需要的尺寸、当前出价、当前提供的尺寸、当前要价。这里提供的和需要的尺寸是所有有着相同出价和要价的活跃订单的尺寸之和。

一次交易记录了买家和卖家的交易信息。每次交易都有尺寸和价格。

如果到达订货簿的买的订单的出价大于等于当前的要价，那么符合的订单就会配对并且交易发生——买家和卖家在价格上达成一致。反之亦然，如果到达订货簿的卖的订单的要价小于等于当前的出价，那么交易也发生。为了让订单匹配，对于相同价格的订单，订货簿就像一个先进先出的队列（更进一步地阅读以获得细节）。

如果到达订货簿的买的订单的出价大于等于当前的要价，它不会立马进入订货簿。首先，一系列的交易被生成，尽可能减少输入的订单的尺寸。交易在输入的买的订单和最好的订单之间发生。如果有多个最好的订单（要价一样的时候），那么先进入的订单就被选中。交易以当前的要价发生，交易尺寸为两个相配的订单的尺寸的小者。接着，两个订单的尺寸都减去交易的尺寸。如果卖的订单的尺寸减小到 0，那么它变成不活跃的订单并且从订货簿中移出。如果买的订单的尺寸减小到 0，那么该过程结束——输入的订单变得不活跃。如果买的订单的尺寸仍然是正的，并且有另外的订单可以相匹配，那么该过程继续计算以新的价格（要价可以提升，因为卖的订单贸易相对并且变得不活跃）进行进一步的交易。如果没有卖的订单与之相匹配（当前要价比出价还贵），那么买的订单以它的所剩尺寸进入订货簿。

对于输入的卖的订单，所有的工作都相似——它和买的订单相匹配并且交易以出价产生。

对于输入的被取消的要求，相符的订单简单地从订货簿中移去并变得不活跃。注意，在取消要求的时候，相符订单的数量可能已经减少了部分，或者该订单已经变得不活跃。取消不活跃的订单的要求在订货簿中不改变任何东西。

对于每个输入的信息，在处理完相符信息后，订货簿需要产生所有它产生的交易和当前引述（需求尺寸、出价、提供尺寸、要价），即使该信息没有改变订货单中的任何东西。因此，订货簿生成的引述总是等于输入的信息数。

[**输入格式**]

输入的第一行包含一个整数 n(1≤n≤10000)——订货簿将要处理的消息数。

接下来的 n 行包含消息。每行的开始以一个单词来描述订单的种类——BUY、SELL或者 CANCEL，后面跟一个空格。BUY 或 SELL 说明一个订单是买还是卖，后接两个整数

q 和 p(1≤q≤99999,1≤p≤99999)表示订单的尺寸和价格。CENCEL 代表取消先前的订单,后面接一个整数 i 表示先前的第 i 个订单被取消(信息从 1 到 n 标号)。

[输出格式]

　　输出一系列的输入信息生成的引述和交易。对于每个交易,输出"TRADE",接着一个空格,后面是尺寸和价格。对于每个引述,输出一个"QUOTE",接着一个空格,后面是需求尺寸、出价、减号("－")、提供尺寸、要价(数据间都用空格隔开)。

　　有一种特殊情况:在订货簿中没有活跃的卖单或者买单。对这种情况作如下处理:如果没有活跃的买的订单,那么假设需求尺寸是 0 且出价是 0;如果没有卖的订单,那么假设提供尺寸是 0 且要价是 99999。注意,0 不是一个合法的价格,但是 99999 是合法的价格。引述信息的接收者通过特殊的缺失的卖的订单的提供尺寸来区别。

[输入样例]

```
11
BUY 100 35
CANCEL 1
BUY 100 34
SELL 150 36
SELL 300 37
SELL 100 36
BUY 100 38
CANCEL 4
CANCEL 7
BUY 200 32
SELL 500 30
```

[输出样例]

```
QUOTE 100 35 － 0 99999
QUOTE 0 0 － 0 99999
QUOTE 100 34 － 0 99999
QUOTE 100 34 － 150 36
QUOTE 100 34 － 150 36
QUOTE 100 34 － 250 36
TRADE 100 36
QUOTE 100 34 － 150 36
QUOTE 100 34 － 100 36
QUOTE 100 34 － 100 36
QUOTE 100 34 － 100 36
TRADE 100 34
TRADE 200 32
```

QUOTE 0 0 ─ 200 30

3-5 题目的价值(value. ???)

[问题描述]

奶牛不声不响地退出 OI 生涯,准备迎接高考,突然来了一道命令——帮师弟们出题!

一睡完觉,奶牛就瞬间找到了 n 道题,每道题目有两个价值关键字 A_i,B_i,可是奶牛又不想题目价值相差太大,所以他决定只筛选一部分题目出来,而且筛选出来的题目都满足: $C_1 \times (A_i - A_0) + C_2 \times (B_i - B_0) \leqslant C_3$ (其中 C_1,C_2 和 C_3 都是已知的常数,A_0 和 B_0 分别为选出来的题目中最小的两个关键字),而且选出来的题目尽量多。刚好你知道了奶牛的这个出题的规则,索性你就偷偷算一下奶牛最多能出几道题。

[输入格式]

第一行一个整数 n。

第二行 3 个正整数,依次为 C_1,C_2 和 C_3,用空格隔开。

接下来的 N 行,每行 2 个整数,第 i 行的两个整数依次为 A_i 和 B_i。

[输出格式]

输出一行一个整数,表示奶牛最多能出几道题。

[输入样例]

```
3
2 3 6
3 2
1 1
2 1
```

[输出样例]

```
2
```

[样例说明]

可以选择 1、3 两个题目或者 2、3 两个题目。

[数据及时间和空间限制]

对于 30% 的数据,$n \leqslant 100$;

对于 100% 的数据,$n \leqslant 2000$,$C1 \leqslant 2000$,$C2 \leqslant 2000$,$C3 \leqslant 10^9$,A_i,$B_i \leqslant 10^7$。

时间限制为 1 秒,内存限制为 256MB。

第 *4* 章　并　查　集

　　并查集(Union Find Set)是一种用于处理分离集合的抽象数据类型。当给出两个元素的一个无序对(a,b)时,需要快速合并 a 和 b 分别所在的集合,这期间需要反复查找某元素所在的集合,"并"、"查"和"集"三字由此而来。也就是说,并查集的作用是动态地维护和处理集合元素之间的复杂关系。

　　在并查集中,n 个不同的元素被分为若干组,每组是一个集合,这种集合就叫做"分离集合(Disjoint Set)"。并查集支持查找一个元素所属的集合以及两个元素各自所属集合的合并操作。例如,有这样一个问题:一个城镇里居住着 n 个市民,已知一些人互为朋友,而且朋友的朋友也是朋友,也就是说,如果 A 和 B 是朋友,C 和 B 是朋友,则 A 和 C 也是朋友,请你根据给出的若干组朋友关系,求出最大的一个朋友圈的人数。这就有了并查集的用武之地了,一开始我们把所有人都各自放在一个集合中,然后根据依次给出的朋友关系,查找判断两个人是否属于同一个集合(是否已经是朋友),如果不在同一个集合,则将这两个集合合并成一个集合(形成一个朋友圈),最后看哪个集合的元素最多并输出个数即可。

4.1　并查集的主要操作

　　使用并查集首先要记录一组分离的动态集合 $S=\{S_1,S_2,\cdots,S_k\}$,每个集合还要设置一个代表来识别,代表只要选择该集合中的某个元素(成员)即可,哪一个元素被选作代表是无所谓的,重要的是,如果请求某一动态集合的代表两次,且在两次请求间不修改集合,则两次得到的答案应该是相同的。并查集主要有三种操作:初始化、查找与合并。

　　(1) 初始化:make-set(x)

　　建立一个新的集合,其仅有的成员是 x(同时就是代表)。由于各集合是分离的,所以要求 x 没有在其他集合中出现过。使用并查集前都需要执行一次初始化操作,无论采用何种实现方式,其时间复杂度都是 O(n)。

　　(2) 查找:find-set(x)

　　查找一个元素所在的集合,本操作返回一个包含 x 的集合的代表。查找是并查集的核心操作,也是优化并查集效率的重点。

　　(3) 合并:union(x,y)

　　将包含 x 和 y 的动态集合(假设为 Sx 和 Sy)合并成一个新的集合 S,本操作返回集合 Sx∪Sy 的代表。一般来说,在不同的实现中通常都以 Sx 或者 Sy 的代表作为新集合的代表。合并之前一般要先判断两个元素是否属于同一集合,这可以通过查找操作来实现。

4.2 并查集的实现

并查集可以采用数组、链表和树三种数据结构来实现,选择不同的实现方式会给查找操作和合并操作的效率带来很大的差别。

4.2.1 并查集的数组实现

实现并查集最简单的方法就是用数组记录每个元素所属集合的编号,A[i]=j 表示元素 i 属于第 j 类集合,初始化为 A[i]=i。查找元素所属的集合时,只需读出数组中记录的该元素所属集合的编号 A[i],时间复杂度为 O(1)。合并两个元素各自所属集合时,需要将数组中属于其中一个集合的元素所对应的数组元素值全部更新为另一个集合的编号值,时间复杂度为 O(n)。所以,用数组实现并查集是最简单的方法,而且容易理解,实际使用较多。但是,合并操作的代价太高,在最坏情况下,所有集合合并成一个集合的总代价会达到 $O(n^2)$。

4.2.2 并查集的链表实现

用链表实现并查集也是一种很常见的手段。每个分离集合对应一个链表,链表有一个表头,每个元素有一个指针指向表头,表明了它所属集合的类别,另设一个指针指向它的下一个元素,同时为了方便实现,再设一个指针 last 表示链表的表尾。

因为并查集问题处理的对象往往都是连续的整数,所以一般选择用静态数组来模拟链表,用下标对应集合的元素。具体数据结构定义如下:

```
struct node{
    int head,next,last;
};
node S[maxn];
```

此时,初始化和查找操作的实现就很简单了,而且时间复杂度都为 O(1):

```
make - set(x){
    S[x]. head=x;
    S[x]. next=0;
}

find - set(x){
    return S[x]. head;
}
```

对于合并操作,我们先假设 merge(x,y)的参数是有序的,是把 y 所属的集合合并到 x 所在的集合。首先执行查找操作,当出现 find - set(x)≠ find - set(y)时,直接将 y 的表头接到 x 的表尾,同时将 y 所在集合的所有元素 head 值设为 find - set(x),x 的表尾也设为 y 的表尾。需要注意的是,last 指针只要在表头结点中记录即可,因为每一次查找到 find - set(x)都可以得到表头元素,而链表中其他元素记录 last 值是毫无意义的。

考虑到输入数据的特殊性,根据以上合并方法,我们总是把 y 接到 x 后面,如果 y 所在的集合非常大,每次赋值的代价就会非常高,比如输入数据形如:$(2,1),(3,1),(4,1),$ $(5,1),(6,1),\cdots,(n,1)$,显然,y 所在的集合就会越来越庞大,此时时间复杂度会达到 $O(n^2)$。不过,我们可以很快地想到一个优化方法:不妨比较 x 和 y 所在集合的大小,把较短的链表接在较长的链表尾部,这样效果是一样的,但时间效率肯定不比原来差。具体实现时可以在 node 里多设一个 number 域,用来记录此条链表中成员的个数。显然,number 记录在表头元素中即可。将两个链表合并的时候,只要将链表的 number 域相加,因此维护起来是非常方便的。这种快速实现的方法称为"加权启发式"合并,这里的权就是指 number 域。假设有 n 个元素,则可以证明这种方法合并操作的总次数不超过 $n\log_2 n$ 次。

```
merge(x,y){
    x = find-set(x);
    y = find-set(y);
    if (x. number > y. number) merge (x,y)
                                merge (y,x);
}
```

4.2.3 并查集的树实现

实现并查集的另一种方法是利用树结构。我们用有根树来表示集合,树中的每个结点表示集合的一个成员,每棵树表示一个分离集合,每个分离集合对应的一棵树称为"分离集合树",多个集合形成森林态,整个并查集也就是一棵"分离集合森林"。用每棵树的树根作为该集合的代表,并且根结点的父结点指向其自身,树中的其他结点都用一个父指针表示它的附属关系。需要注意的是,在同一棵树中的结点属于同一个集合,虽然它们在树中存在着父子关系,但并不意味着它们之间存在从属关系,树的指针起的只是联系集合中元素的作用。

图 4-1 所示的分离集合树表示了两个分离集合$\{b,c,e,h\}$和$\{d,f,g\}$,分别以 c 和 f 作为代表。

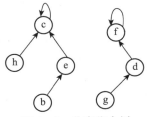

图 4-1 分离集合树

这种树结构也可以用静态数组来模拟实现,设 $p[x]$ 表示 x 元素所指向的父亲,则初始化操作的实现很简单,只要执行 $p[x]=x$。

对于查找操作,需要以 x 为基点,向上寻找它的父结点,再以父结点为基点,寻找父结点的父结点……直到找到根结点为止。图 4-2 描述了查找一个结点的过程(黑色结点为当前查找结点)。

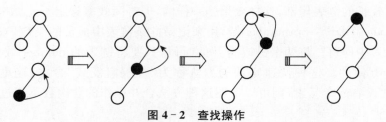

图 4-2　查找操作

查找算法的效率取决于查找结点的深度,假设查找结点的深度为 h,则查找算法的时间复杂度为 O(h)。

对于合并操作,要合并两个元素各自所属的集合,也就是合并两个元素所对应的两个结点各自所在的分离集合树。因此,我们只要将一棵分离集合树作为另一棵树的子树即可。如图 4-3 所示,描述的是将两棵分离集合树 D_1 和 D_2 合并的过程(D_1 作为 D_2 根结点的一棵子树)。当然,要完成上述合并,首先要找到两棵分离集合树的根结点,这可以通过调用两次查找算法实现,得到根结点后再改变其中一棵树的根结点,令它的父结点为另一个根结点即可,代价仅为 O(1)。因此,整个合并算法的时间复杂度为 O(h)。

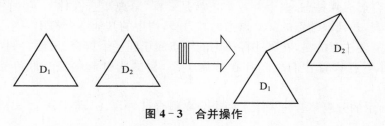

图 4-3　合并操作

综上所述,分离集合森林的查找与合并操作的时间复杂度都是 O(h),也就是说,查找与合并的时间复杂度主要取决于树的深度。就平均情况而言,树的深度应该在 $\log_2 n$ 的数量级(n 为树中结点的个数),所以分离集合森林的查找与合并操作的平均时间复杂度为 $O(\log_2 n)$。但是,在最坏情况下,一棵树的深度可能达到 n,这是我们不愿意看到的,因此必须想方设法避免这种情况的出现。

如图 4-4 所示,当合并两棵分离集合树(A,B)时,显然将 B 树作为 A 树根结点的子树得到的树比较平衡,如图中的 C 树(D 树为将 A 树作为 B 树根结点的子树得到的树)。

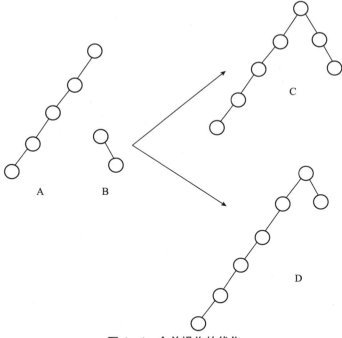

图 4-4 合并操作的优化

　　一棵较平衡的树拥有比较小的深度,查找和合并操作的时间复杂度也就相应较低。因此,如果两棵分离集合树 A 和 B,深度分别为 h_A 和 h_B,若 $h_A \geqslant h_B$,则应将 B 树作为 A 树的子树;否则,将 A 树作为 B 树的子树。合并后得到的新的分离集合树 C 的深度 h_C,以将 B 树作为 A 树的子树为例,$h_C = \max\{h_A, h_B + 1\}$。有时,我们干脆用结点数(称为"秩",rank)代替树的深度进行比较,所以这种优化方法称为"按秩合并"。这样合并得到的分离集合树就是一棵比较平衡的树,因此查找与合并操作的时间复杂度也就稳定在 $O(\log_2 n)$。

图 4-5 比较平衡的分离集合树

　　另外,我们知道,在分离集合森林中,分离集合树是用来联系集合中的元素的,只要同一集合中的元素在同一棵树中,不管它们在树中是如何被联系的,都满足分离集合树的要求。如图 4-5 所示,这两棵分离集合树是等价的,因为它们所包含的元素相同。显然,右边那棵树比较"优秀",因为深度比较小,相应的查找与合并操作的时间复杂度也较低。所以,我们就应该使分离集合树尽量向右图的形式靠拢。那么,怎么实现呢?我们知道,在查找一个结点所在树的根结点的过程中,要经过一条从待查结点到根结点的路径。我们不妨就让这些路径上的结点直接指向根结点,即作为根结点的子结点。这样,这些路径上的结点仍在分离集合中,整棵树仍然满足分离集合树的要求,但是路径上结点的深度无疑减小了,这些结点及其子树上的结点的查找时间复杂度也就大大降低。图 4-6 描述了在一棵分离集合树中查找结点 7 的前后所呈现出的结构差异。

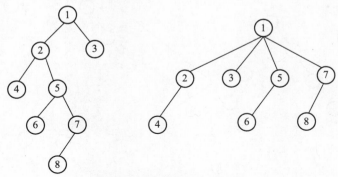

图 4-6　优化查找过程

这种改变结点所指方向以减小结点深度,从而缩短查找路径长度的方法叫做"路径压缩"。实现路径压缩最简单的方法是在查找从待查结点到根结点的路径时"走两遍",第一遍找到树的根结点,第二遍让路径上的结点指向根结点(使它们的父结点为根结点)。如图 4-7(左图)所示的分离集合树,在 find-set(x)后变为了右图所示的树结构。

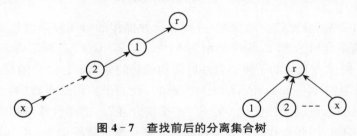

图 4-7　查找前后的分离集合树

使用路径压缩大大提高了查找算法的效率。如果将带路径压缩的查找算法与优化过的按秩合并算法联合使用,则可以证明,n 次查找最多需要用 $O(n \times \alpha(n))$ 的时间,其中,$\alpha(n)$ 是单变量阿克曼函数的逆函数,它是一个增长速度比 $\log_2 n$ 慢得多但又不是常数的函数,在一般情况下 $\alpha(n) \leqslant 4$,可以当做常数。其算法实现如下:

```
make-set(x){
    p[x]=x;
    rank[x]=0;
}

merge (x,y){
    x=find-set(x);
    y=find-set(y);
    if (rank[x]>rank[y]) p[y]=x;
    else{
```

```
        p[x]=y
        if (rank[x]==rank[y]) rank[y]=rank[y]+1;
        }
}

find-set(x){
    if (x!=p[x]) p[x]=find-set(p[x]);
    return p[x];
}
```

我们看到,find-set(x)是一个递归的过程,实现非常简洁。同时,我们的方法也可以保证递归深度不会很深。

并查集的应用非常广泛。比如,我们在图论中学习过"Kruskal 算法求最小生成树",其基本思想是:将图中的所有边按照权值排序,然后从小到大分析每一条边,如果选到一条边 e=(v1,v2),且 v1 和 v2 不在一个连通块中,就将 e 作为最小生成树的一条边,否则忽略 e。那么,如何判断 v1 和 v2 在不在一个连通块中呢? 这就是用并查集来实现的。

4.3 并查集的应用举例

例 4-1 亲戚(relation.???)

[问题描述]

或许你并不知道,你的某个朋友是你的亲戚。他可能是你的曾祖父的外公的女婿的外甥女的表姐的孙子。如果能得到完整的家谱,判断两个人是否是亲戚应该是可行的,但如果两个人的最近公共祖先与他们相隔好几代,使得家谱十分庞大,那么检验亲戚关系实非人力所能及。在这种情况下,最好的帮手就是计算机。

为了将问题简化,你将得到一些亲戚关系的信息,如 Marry 和 Tom 是亲戚,Tom 和 Ben 是亲戚等,从这些信息中,你可以推出 Marry 和 Ben 是亲戚。请写一个程序,对于我们的关于亲戚关系的提问,以最快的速度给出答案。

[输入格式]

输入由两部分组成。

第一部分的第一行是以空格隔开的 n,m。n 为问题涉及的人数($1 \leqslant n \leqslant 20000$),这些人的编号为 1,2,3,…,n。下面有 m 行($1 \leqslant m \leqslant 1000000$),每行有两个数 a_i 和 b_i,表示已知 a_i 和 b_i 是亲戚。

第二部分的第一行为 q,表示提问次数($1 \leqslant q \leqslant 1000000$)。下面的 q 行每行有两个数 c_i 和 d_i,表示询问 c_i 和 d_i 是否为亲戚。

[输出格式]

对于每个提问,输出一行,若 c_i 和 d_i 为亲戚,则输出"Yes",否则输出"No"。

[输入样例]

10 7

```
2 4
5 7
1 3
8 9
1 2
5 6
2 3
3
3 4
7 10
8 9
```

[输出样例]

Yes

No

Yes

[问题分析]

将每个人抽象成为一个点，数据给出 m 个边的关系，两个人是亲戚的时候两点间有一条边。很自然地就得到了一个 n 个顶点 m 条边的图论模型。注意到传递关系，在图中一个连通块中的任意点之间都是亲戚。对于最后的 q 个提问，即判断所提问的两个顶点是否在同一个连通块中。解题思路很清楚，但是这种图论模型首先必须要保存 m 条边，然后再进行普通的遍历算法，所以时间和空间复杂度都比较高。

再进一步考虑，如果把题目的要求改一改，对于边和提问相间输入，即把题目改成：

第一行是 n，m。n 为问题涉及的人数($1 \leqslant n \leqslant 20000$)。这些人的编号为 $1, 2, 3, \cdots, n$。下面有 m 行($1 \leqslant m \leqslant 2000000$)，每行有 3 个数 k_i, a_i, b_i，其中 a_i 和 b_i 表示 2 个元素，k_i 为 0 或 1，k_i 为 1 时表示这是一条边的信息，即 a_i 和 b_i 是亲戚关系；k_i 为 0 时表示这是一个提问，根据此行以前所得到的信息，判断 a_i 和 b_i 是否亲戚，对于每条提问回答"Yes"或者"No"。

这个问题比原问题更加复杂，需要在任何时候回答提问的两个人的关系，并且对于信息提示还要能立即合并两个连通块。采用连通图思想在实现上就有困难了，因为要表示人与人之间的动态关系。我们用集合的思路来分析，对于每个人建立一个集合，开始的时候集合元素是这个人本身，表示开始时不知道任何人是他的亲戚。以后每次给出一个亲戚关系时，就将所属的两个集合合并。这样就实时地得到了在当前状态下的集合关系。如果有提问，就在当前得到的状态中看两个元素是否属于同一集合。样例数据的解释如下所示：

输入关系	分离集合
初始状态	{1}{2}{3}{4}{5}{6}{7}{8}{9}{10}
(2,4)	{1}{2,4}{3}{5}{6}{7}{8}{9}{10}
(5,7)	{1}{2,4}{3}{5,7}{6}{8}{9}{10}
(1,3)	{1,3}{2,4}{5,7}{6}{8}{9}{10}
(8,9)	{1,3}{2,4}{5,7}{6}{8,9}{10}
(1,2)	{1,2,3,4}{5,7}{6}{8,9}{10}
(5,6)	{1,2,3,4}{5,6,7}{8,9}{10}
(2,3)	{1,2,3,4}{5,6,7}{8,9}{10}

由此可以看出,操作是在集合的基础上进行的,没有必要保存所有的边,而且每一步得到的划分方式是动态的。所以,本题合理的做法就是采用并查集实现,下面给出3种实现程序。

[参考程序]

```
//数组实现
#include <bits/stdc++.h>
#definemaxn 20020
using namespacestd;
struct eletype{
    int rank,father;
};
eletype opt[maxn];

void init(){
    freopen("relation.in","r",stdin);
    freopen("relation.out","w",stdout);
}

void endit(){
    fclose(stdin);fclose(stdout);
}

void mdf(int r1,int r2){
    int path[maxn];
    int k=0;
    do{
        k++;path[k]=r1;
        r1=opt[r1].father;
    }while(r1! =opt[r1].father);//查找 r1 所属集合的代表
    for(int i=1;i<k-1;++i)
      opt[path[i]].father=r1;//路径压缩优化,把这个路径上的点全部指向根结点
    k=0;
    do{
```

```
        k++;path[k]=r2;
        r2=opt[r2].father;
    }while(r2!=opt[r2].father);
    for(int i=1;i<k-1;++i)
        opt[path[i]].father=r2;
    if(r1==r2) return;//r1 和 r2 已属于同一集合,则退出;否则做合并操作
    if(opt[r1].rank<opt[r2].rank){//采用按秩合并
        opt[r1].father=r2;
        opt[r2].rank+=opt[r1].rank;
    }else{
        opt[r2].father=r1;
        opt[r1].rank+=opt[r2].rank;
    }
}

void work(){
    int m,n,x,y,q;
    scanf("%d%d",&n,&m);
    for(int i=1;i<=n;++i){//初始化
        opt[i].father=i;
        opt[i].rank=1;
    }
    for(int i=1;i<=m;++i){
        scanf("%d%d",&x,&y);
        mdf(x,y);//建立关联
    }
    scanf("%d",&q);
    for(int i=1;i<=q;++i){
        scanf("%d%d",&x,&y);
        do
            x=opt[x].father;
        while(x!=opt[x].father);//查找 x 所属集合的代表
        do
            y=opt[y].father;
        while(y!=opt[y].father);//查找 y 所属集合的代表
        if(opt[x].father==opt[y].father)
        printf("Yes\\n");else printf("No\\n");
    }
}
```

```
int main(){
    init();
    work();
    endit();
    return 0;
}

//链表实现
#include <bits/stdc++.h>
#define maxn 20020
using namespace std;
struct rec{
    int next,head,tail,num;
}a[maxn];
int h1,h2,m,n,x,y,Q;
void init(){
    freopen("relation.in","r",stdin);
    freopen("relation.out","w",stdout);
}

void endit(){
    fclose(stdin);fclose(stdout);
}

void makeset(int x){
    a[x].next=0;a[x].head=x;a[x].tail=x;a[x].num=1;
}

int findhead(int x){
    return a[x].head;
}

void merge(int h1,int h2){
    int p;
    a[a[h1].tail].next=h2;
    a[h1].tail=a[h2].tail;
    a[h1].num=a[h1].num+a[h2].num;
    a[h2].head=h1;a[h2].tail=0;a[h2].num=0;
    p=a[h2].next;
    while (p){
        a[p].head=h1;p=a[p].next;
```

```
        }
}
int main(){
    init();
    scanf("%d%d",&n,&m);
    for(int i=1;i<=n;++i) makeset(i);
    for(int i=1;i<=m;++i){
        scanf("%d%d",&x,&y);
        h1=findhead(x);
        h2=findhead(y);
        if(h1! =h2)
            if(a[h1]. num>a[h2]. num) merge(h1,h2);
            else merge(h2,h1);
    }
    scanf("%d",&Q);
    for(int i=1;i<=Q;++i){
        scanf("%d%d",&x,&y);
        if (findhead(x)==findhead(y)) printf("Yes\\n");
        else printf("No\\n");
    }
    endit();
    return 0;
}
//树实现
#include <bits/stdc++. h>
#definemaxn 20020
using namespacestd;
int a[maxn];
int r1,r2,m,n,x,y,Q;
void init(){
    freopen("relation. in","r",stdin);
    freopen("relation. out","w",stdout);
}
void endit(){
    fclose(stdin);fclose(stdout);
}
```

```
int findroot(int x){
    int path[maxn];
    int k=0;
    int root=x;
    while(a[root]! =root){
        path[++k]=root;
        root=a[root];
    }
    for(int i=1;i<k;++i) a[path[i]]=root;
    return root;
}
void merge(int r1,int r2){
    a[r2]=r1;
}
int main(){
    init();
    scanf("%d%d",&n,&m);
    for(int i=1;i<=n;++i) a[i]=i;
    for(int i=1;i<=m;++i){
        scanf("%d%d",&x,&y);
        r1=findroot(x);
        r2=findroot(y);
        if(r1! =r2) merge(r1,r2);
    }
    scanf("%d",&Q);
    for(int i=1;i<=Q;++i){
        scanf("%d%d",&x,&y);
        if(findroot(x)==findroot(y))
        printf("Yes\\n");else printf("No\\n");
    }
    endit();
    return 0;
}
```

例 4 - 2 食物链(eat. ???)

[问题描述]

　　动物王国中有三类动物 A,B,C,这三类动物的食物链构成了有趣的环形:A 吃 B,B 吃 C,C 吃 A。

现在有 n 个动物,以 1~n 编号。每个动物都是 A,B,C 中的一种,但是我们并不知道它到底是哪一种。有人用 2 种说法对这 N 个动物所构成的食物链关系进行描述:

第一种说法是"1 X Y",表示 X 和 Y 是同类。

第二种说法是"2 X Y",表示 X 吃 Y。

此人对 n 个动物,用上述两种说法,一句接一句地说出 k 句话,这 k 句话有的是真的,有的是假的。

你从头开始,一句一句地读入这 k 句话。当你读到的话满足下列 3 条之一时,这句话就是假的,否则就是真的。

（1）当前的话与前面的某句真话冲突;

（2）当前的话中 X 或 Y 比 n 大;

（3）当前的话表示 X 吃 X。

你的任务是根据给定的 n(1≤n≤50000)和 k 个条件(0≤k≤100000),输出假话的总数。

[输入格式]

输入文件的第一行是两个整数 n 和 k,以一个空格分隔。

以下 k 行,每行是 3 个正整数 D,X,Y,之间用一个空格隔开,其中 D 表示说法的种类,若 D=1,X 和 Y 是同类;若 D=2,X 吃 Y。

[输出格式]

输出一行一个整数,表示假话的数目。

[输入样例及说明]

```
100 7
1 101 1    //假
2 1 2      //真
2 2 3      //真
2 3 3      //假
1 1 3      //假
2 3 1      //真
1 5 5      //真
```

[输出样例]

3

[问题分析]

本题中共有 3 类动物,我们给每个动物一个权值,同一类的动物对 3 同余。如图 4-8 所示,箭头表示被吃的关系(如 1 吃 3),图中数字是对 3 的余数。

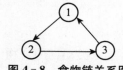

图 4-8　食物链关系图

我们发现有这样一个特性:如果知道 A 和 B 的关系、B 和 C 的关系,那么可以推出 A 和 C 的关系。也就是说,对于已知相互关系的动物集合 S_1,S_2,我们只要知道其中 a 属于 S_1,b 属于 S_2,那么 S_1,S_2 中任意两个元素的关系就可以推出来了。由此,我们可以使用带权的并查集来维护他们之间的关系。

1. 对于给定的一组关系(a,b),且 a 和 b 属于不同的集合,那么首先算出 a 的根 R_a 和 b 的根 R_b 的相互关系:

(1) 若 R_a 和 R_b 同类,那么 R_a 指向 R_b,权值为 0;

(2) 若 R_a 吃 R_b,那么 R_b 指向 R_a,权值为 1;

(3) 若 R_a 被 R_b 吃,那么 R_b 指向 R_a,权值为 2。

2. 对于查询 a 和 b 的关系,若 a 和 b 在同一集合,我们可以算出它们到根的距离 F_a 和 F_b:

(1) 若 $F_a \bmod 3 = F_b \bmod 3$,则表示它们是同类;

(2) 若 $F_a \bmod 3 = (F_b + 1) \bmod 3$,则表示 b 被 a 吃;

(3) 若 $(F_a + 1) \bmod 3 = F_b \bmod 3$,则表示 a 被 b 吃。

[参考程序]

```cpp
#include<bits/stdc++.h>
using namespace std;
int set[50100] , value[50100] , n , k , x , y , d , cnt;

int fa(int id){
    if (id ! = set[id]){
        int tmp = set[id];
        set[id] = fa(set[id]);
        value[id] = (value[id] + value[tmp]) % 3;
    }
    return set[id];
}

int main(){
    freopen("eat.in","r",stdin);
    freopen("eat.out","w",stdout);
    scanf("%d %d" , &n , &k);
    for (int i = 1 ; i<= n ; i++)
        set[i] = i;
    for (int i = 0 ; i< k ; i++){
        scanf("%d %d %d" , &d , &x , &y);
        if (x > n || y > n){ cnt++; continue; }
        if (d == 1){
            if (fa(x) == fa(y))
                if (value[x] ! = value[y])
```

```
            cnt++;
        else;
    else {
        value[set[x]] = (value[y] − value[x] + 3) % 3;
        set[set[x]] = set[y];
        }
    }
    else {
        if (x == y){ cnt++; continue; }
        if (fa(x)== fa(y))
            if (value[x] ! = (value[y] + 1) % 3)
                cnt ++;
        else;
        else{
            value[set[x]] = (value[y] − value[x] + 4) % 3;
            set[set[x]] = set[y];
        }
    }
}
for (int i = 1 ; i<= 10 ; i++)
    fa(i);
cout<<cnt<<endl;
fclose(stdin);fclose(stdout);
return 0;
}
```

例 4-3 最近公共祖先问题(LCA. ???)

[问题描述]

给定一棵有根树,询问树中某两个结点的公共祖先中离根最远的一个的编号。例如,图 4-9 所示的例子,若询问结点 4 和 9 ,则回答 2。

图 4-9 LCA 问题的样例

[输入格式]

第一行一个整数 n,表示树的结点数。

接下来 n 行,每行一个整数 f_i,第 i+1 行的数表示 i 结点的父结点编号。父结点编号为 0 的结点为根。

第 n+2 行一个整数 m,表示问题数。

接下来 m 行,每行两个数 x_i 和 y_i,表示询问 x_i 和 y_i 的公共祖先中离根最远的一个的编号。

[输出格式]

输出 m 行,按输入顺序给出询问的答案。

[输入样例]

9
0
1
1
2
2
3
3
5
5
1
4 9

[输出样例]

2

[数据及时间和空间限制]

数据保证:m+n≤100000。

时间限制为 1 秒,空间限制为 256MB。

[问题分析]

首先想到的方法是:每次询问的时候找到询问的结点到根的路径,比较路径中相同的点,从中得到答案,时间复杂度为 $O(H \times Q)$,其中 H 为树的深度,Q 为问题的数量。

其实,解决本题有专门的算法:Tarjan 算法。它可以在 $O(\alpha(n) + Q)$ 的时间复杂度内求得问题的答案,其中 n 为树的结点数,$\alpha(n)$ 是单变量阿克曼函数的逆函数。

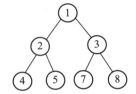

图 4-10 Tarjan 算法举例

算法的核心思想是一遍深度优先搜索,我们来看图 4-10 中结点 7 和结点 5 的例子。

如果我们对这棵树进行深度优先搜索,我们可以得到如下搜索序列(其中下划线结点表示回溯到的结点):1 2 4 2 5 2 1 3 7 3 8 3 1。当我们搜索完 5 之后,回溯到 2,再回溯到 1,接着搜索 3,然后搜索到了 7。这个问题的答案是 1。不难发现,在这个过程中回溯到的最远的结点就是 1。事实上,如果我们把这一过程中涉及的结点单独取出来画成一棵子树,会很直观地看出子树的根就是回溯到的最近的结点,也就是问题的答案(如图 4 - 11 所示)。

图 4 - 11　回溯算法涉及的结点

现在要解决的问题是,对于每次给定的两个结点,如何快速得到回溯到的最远的点。Tarjan 算法如下:

对每个结点 x 记录一个 f[x]值,表示搜索时曾经从 x 点回溯到 f[x]点,初始时设 f[x]＝x。接下来开始深度优先遍历,当遍历完一个结点的所有子树时,更新 f[x]值为它的父结点,然后回溯到它的父结点继续遍历。当遍历到的当前结点被某个问题涉及时,如果这个问题涉及的另外一个结点 x 没有被遍历到,则继续遍历;否则,进行如下操作:"while(x!＝f[x]) x＝f[x];",循环结束时的 x 值就是问题的答案。因为 f[x]表示曾经从 x 回溯到 f[x],那么,这个操作就是寻找回溯到的最远的那个结点。

同时,引入并查集的思想对 f[x]进行路径压缩。这样一遍深度优先遍历后,就得到了所有问题的答案。因为每个结点最多被遍历到一次,每个问题最多被涉及两次,加上使用了路径压缩,所以算法的时间复杂度为 O(α(n)＋Q)。

[参考程序]

```
#include<bits/stdc++.h>
#definemaxn 150015
#definemaxm 150015
using namespacestd;
struct node{
    int code,data;
    node * next;
}a[maxn],question[maxn];
int x,y,n,m,root,f[maxn],ans[maxm];
bool visited[maxn];

void push(int x,int y){
    node * p＝new node;
    p->data＝y;
```

```
        p—>next=a[x].next;
        a[x].next=p;
        a[x].data++;
}

void addque(int x,int y,int z){
        node *p=new node;
        p—>data=y;
        p—>next=question[x].next;
        p—>code=z;
        question[x].next=p;
        question[x].data++;
}

int find(int x){
     if (f[x]! =x) f[x]=find(f[x]);
     return f[x];
}

void search(int x){
        node *p;
        visited[x]=true;
        p=question[x].next;
        for(int i=1;i<=question[x].data;++i){
            if (visited[p—>data]) ans[p—>code]=find(f[p—>data]);
            p=p—>next;
        }
        p=a[x].next;
        for(int i=1;i<=(a[x].data);++i){
            search(p—>data);
            f[p—>data]=x;
            p=p—>next;
        }
}

int main(){
     freopen("lca.in","r",stdin);
     freopen("lca.out","w",stdout);
     scanf("%d",&n);
     for(int i=1;i<=n;++i){
         a[i].data=0;
```

```
        a[i].next=NULL;
    }
    for(int i=1;i<=n;++i){
        scanf("%d",&x);
        if (x) push(x,i);else root=i;
    }
    for(int i=1;i<=n;++i){
        question[i].data=0;
        question[i].next=NULL;
    }
    scanf("%d",&m);
    for(int i=1;i<=m;++i){
        scanf("%d%d",&x,&y);
        addque(x,y,i);
        addque(y,x,i);
    }
    memset(visited,0,sizeof(visited));
    for(int i=1;i<=n;++i) f[i]=i;
    search(root);
    for(int i=1;i<=m;++i) printf("%d\\n",ans[i]);
    fclose(stdin);fclose(stdout);
    return 0;
}
```

4.4　本章习题

4-1　道路(span.???)

[问题描述]

某国有 n 个村子,m 条道路,为了实现"村村通"工程,现在要"油漆"n-1 条道路(因为某些人总是说该国所有的项目全是从国外进口来的,所以此次是漆上本国的油漆)。因为"和谐"是此国最大的目标和追求,以至于对于最小造价什么的都不在乎了,只希望你所选出来的最长边与最短边的差越小越好。

[输入格式]

第一行给出一个整数 tot,代表有多少组数据。

对于每组数据,首先给出 n 和 m。

下面 m 行,每行 3 个数 a,b,c,代表 a 村与 b 村的道路距离为 c。

[输出格式]

对于每组测试数据输出一行一个最小差值,如果无解输出"-1"。

[输入样例]

```
1
4 5
1 2 3
1 3 5
1 4 6
2 4 6
3 4 7
```

[输出样例]

```
1
```

[样例说明]

选择 1—4,2—4,3—4 这 3 条边。

[数据及时间和空间限制]

tot≤6,2≤n≤100,0≤m≤n×(n−1)/2,每条边的权值小于等于 10000。

保证没有自环,没有重边。

时间限制为 1 秒,空间限制为 64MB。

4−2 家谱(gen.???)

[问题描述]

现代人对于本家族血统越来越感兴趣,现在给出充足的父子关系,请你编写程序找到某个人的最早的祖先。

时间限制为 2 秒,空间限制为 256MB。

[输入格式]

输入文件由多行组成,首先是一系列有关父子关系的描述,其中每一组父子关系由两行组成,用♯name 的形式描写一组父子关系中的父亲的名字,用＋name 的形式描写一组父子关系中的儿子的名字;接下来用? name 的形式表示要求该人的最早的祖先;最后用单独的一个 $ 表示文件结束。

规定每个人的名字都有且只有 6 个字符,而且首字母大写,没有任意两个人名字相同。最多可能有 1000 组父子关系,总人数最多可能达到 50000 人,家谱中的记载不超过 30 代。

[输出格式]

按照输入文件要求的顺序,求出每一个要找祖先的人的祖先,格式:本人的名字＋一个空格＋祖先的名字＋回车。

[输入样例]

```
♯George
＋Rodney
```

　　♯Arthur

　　＋Gareth

　　＋Walter

　　♯Gareth

　　＋Edward

　　? Edward

　　? Walter

　　? Rodney

　　? Arthur

　　$

〔输出样例〕

Edward Arthur

Walter Arthur

Rodney George

Arthur Arthur

4-3　团伙(group. ???)

〔问题描述〕

在某个城市里住着 n 个人,任何两个认识的人不是朋友就是敌人,而且满足:

(1) 我朋友的朋友是我的朋友;

(2) 我敌人的敌人是我的朋友。

所有是朋友的人组成一个团伙。

告诉你关于这 n 个人的 m 条信息,即某两个人是朋友,或者某两个人是敌人,请你编写一个程序,计算出这个城市最多可能有多少个团伙?

〔输入格式〕

第一行为 n 和 m,1<n<1000,1≤m≤100000。

接下来 m 行描述 m 条信息,内容为以下两者之一:"F X Y"表示 X 与 Y 是朋友;"E X Y"表示 X 与 Y 是敌人。

〔输出格式〕

输出一行一个整数,表示这 n 个人最多可能有几个团伙。

时间限制为 2 秒,空间限制为 256MB。

〔输入样例〕

6 4

E 1 4

F 3 5

F 4 6

E 1 2

[输出样例]

3

4 - 4　连通(connect. ???)

[问题描述]

给定一个无向图,请编写一个程序实现以下两种操作:

(1) D x y,从原图中删除连接 x 和 y 顶点的边。

(2) Q x y,询问 x 和 y 顶点是否连通。

[输入格式]

第一行两个数 n,m(5≤n,m≤500000),分别表示顶点数和边数。

接下来 m 行,每行一对整数 x 和 y,表示 x 和 y 之间有边相连,保证没有重复的边。

接下来一行一个整数 q(q≤500000)。

以下 q 行,每行一种操作,保证不会有非法删除。

[输出格式]

按询问次序输出所有 Q 操作的回答,连通的回答"C",不连通的回答"D"。

[输入样例]

3 3
1 2
1 3
2 3
5
Q 1 2
D 1 2
Q 1 2
D 3 2
Q 1 2

[输出样例]

C
C
D

[数据及时间和空间限制]

对于 20％的数据,有 m,q≤1000;

对于 50％的数据,有 m,q≤100000;

对于 100％的数据,有 m,q≤500000。

时间限制为 3 秒,空间限制为 256MB。

4-5 相同字符串(same. ???)

[问题描述]

n 张写有字符串的卡片,已知第 i 张卡片上的字符串长度为 a_i。某人两次从 n 张卡片中随机抽取 k_1,k_2 张卡片,方法如下:其随意抽出一张卡片,并记下卡上的字符串,再将卡放回原处,这样抽出 k_i 张卡后,将每次抽出的字符串顺序排列起来,就得到一个长度为 k_i 次抽取的字符串总长的新字符串。

如果我们把每张卡片上的字符串都用规定长度的小写英文字符串来表示,该人两次抽取得到的新字符串相等,那么我们就称这些小写英文字符串为方程的一个解。

编程任务:给定 n 张卡片、每张卡上字符串的长度及该人两次抽出的卡片编号,求使两次抽取所得字符串相等的方案数。

[输入格式]

输入数据有多组,最后一行以数字 0 结束。

每组测试数据项的第一行有 3 个整数 n,k_1,k_2,$0 < n \leqslant 50$。第二行有 n 个整数 a_i。第三行有 k_1 个整数,为第一次抽取的卡片编号。第四行有 k_2 个整数,为第二次抽取的卡片编号。

[输出格式]

对于每组测试数据输出满足条件的方案数。

[输入样例]

```
3 2 2
1 1 1
1 2
1 3
0
```

[输出样例]

```
576
```

4-6 银河英雄传说(galaxy. ???)

[问题描述]

公元 5801 年,地球居民迁移至金牛座 α 第二行星,在那里发表银河联邦创立宣言,同年改元为宇宙历元年,并开始向银河系深处拓展。

宇宙历 799 年,银河系的两大军事集团在巴米利恩星域爆发战争。泰山压顶集团派宇宙舰队司令莱因哈特率领 10 万余艘战舰出征,气吞山河集团点名将杨威利组织麾下 3 万艘战舰迎敌。

杨威利擅长排兵布阵,巧妙运用各种战术屡次以少胜多,难免恣生骄气。在这次决战中,他将巴米利恩星域战场划分成 30000 列,每列依次编号为 1,2,…,30000。之后,他把自己的战舰也依次编号为 1,2,…,30000,让第 i 号战舰处于第 i 列(i=1,2,…,30000),形成一字长蛇阵,诱敌深入。这是初始阵形。当进犯之敌到达时,杨威利会多次发布合并指令,将大部分战舰集中在某几列上,实施密集攻击。合并指令为"M i j",含义为让第 i 号战舰所在的整个战舰队列,作为一个整体(头在前尾在后)接至第 j 号战舰所在的战舰队列的尾部。显然战舰队列是由处于同一列的一艘或多艘战舰组成的。合并指令的执行结果会使队列增大。

然而,老谋深算的莱因哈特早已在战略上取得了主动。在交战中,他可以通过庞大的情报网络随时监听杨威利的舰队调动指令。

在杨威利发布指令调动舰队的同时,莱因哈特为了及时了解当前杨威利的战舰分布情况,也会发出一些询问指令"C i j"。该指令意思是询问电脑,杨威利的第 i 号战舰与第 j 号战舰当前是否在同一列中,如果在同一列中,那么它们之间布置有多少战舰。

作为一个资深的高级程序设计员,你被要求编写程序分析杨威利的指令,并回答莱因哈特的询问。

最终的决战已经展开,银河系的历史又翻过了一页……

[输入文件]

输入文件 galaxy.in 的第一行有一个整数 t($1 \leqslant t \leqslant 500000$),表示总共有 t 条指令。

下面的 t 行,每行有一条指令。指令有两种格式:

(1) M i j:i 和 j 是两个整数($1 \leqslant i, j \leqslant 30000$),表示指令涉及的战舰编号,该指令是莱因哈特窃听到的杨威利发布的舰队调动指令,并且保证第 i 号战舰与第 j 号战舰不在同一列;

(2) C i j:i 和 j 是两个整数($1 \leqslant i, j \leqslant 30000$),表示指令涉及的战舰编号,该指令是莱因哈特发布的询问指令。

[输出文件]

输出文件为 galaxy.out。你的程序应当依次对输入的每一条指令进行分析和处理:如果是杨威利发布的舰队调动指令,则表示舰队排列发生了变化,你的程序要注意到这一点,但是不要输出任何信息;如果是莱因哈特发布的询问指令,你的程序要输出一行,仅包含一个整数,表示在同一列上,第 i 号战舰与第 j 号战舰之间布置的战舰数目,如果第 i 号战舰与第 j 号战舰当前不在同一列上,则输出"−1"。

[输入样例]

```
4
M 2 3
C 1 2
M 2 4
C 4 2
```

[输出样例]

```
−1
1
```

[样例说明]

战舰位置排列如下:其中阿拉伯数字表示战舰编号。

	第一列	第二列	第三列	第四列	……
初始时	1	2	3	4	……
M 2 3	1		3 2	4	……
C 1 2	1号战舰与2号战舰不在同一列,因此输出－1				
M 2 4	1			4 3 2	……
C 4 2	4号战舰与2号战舰之间仅布置了一艘战舰,编号为3,输出1				

第 5 章 线 段 树

在前面的章节中,我们已经学习了二叉排序树等一些树型数据结构。这些树型数据结构的基本思想是对数据进行某种方式的划分,以便对所处理的问题分而治之。但是,之前学到的这些树结构中,树中结点所代表的一般是单个元素。本章,我们将一起研究一种根据索引信息(例如元素下标)来对元素进行划分的数据结构——线段树。

5.1 线段树的应用背景

在信息学竞赛中,经常会遇到这样一类问题:它们通常可以建模成数轴上的问题或数列的问题,具体的操作一般是每次对数轴上的一个区间或数列中的连续若干个数进行一种相同的处理。我们先来看一个简单的例题(问题 1),这个例题将贯穿本章的前半部分内容,并且随着内容的深入我们将逐步对该问题进行扩展(问题 2、问题 3)。

问题 1 有一列长度为 n 的数,刚开始全是 0。现在执行 m 次操作,每次可以执行以下两种操作之一:

(1) 将数列中的某个数加上某个数值;

(2) 询问给定区间中所有数的和。

我们很容易想到一种简单朴素的模拟算法。由于每次修改花费 $O(1)$ 的时间,而每次查询却需要 $O(n)$ 的时间,因此总的时间复杂度为 $O(nm)$。当 n 和 m 规模较大的时候其效率往往不能令人满意。

这个算法低效的一个重要原因就是所有的维护都是针对元素的,而题目中所用到的查询是针对区间的。所以,我们的优化也就应该从这里着手。假如我们设计一种数据结构,能够直接维护所需处理的区间,那么就能更加有效地解决这个问题了。线段树就是这样一种数据结构,它能够将我们需要处理的区间不相交地分成若干个小区间,每次维护都可以在这样一些分解后的区间上进行,并且查询的时候,我们也能够根据这些被分解了的区间上的信息合并出整个询问区间上的查询结果。

5.2 线段树的初步实现

5.2.1 线段树的结构

线段树是一棵二叉树,通过之后的学习我们还可以发现,它是一棵平衡二叉树。图 5-1 所示的例子对应了问题 1 中 n 为 9 的线段树。下面先给出一些线段树中用到的基本概念。

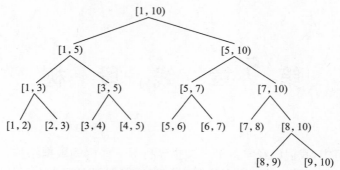

图 5-1　线段树结构示例

区间:我们用一对数 a 和 b 代表一个前闭后开的区间[a,b)。当然,读者可以根据自己的习惯对区间表示进行修改。

线段树结点 T(a,b):代表该结点维护了原数列中区间[a,b)的信息,其中 a 和 b 为整数且 a < b。

内部结点:如果对于结点 T(a,b),有 b−a>1,那么 T(a,(a+b)/2)为 T(a,b)的左孩子结点,T((a+b)/2,b)为 T(a,b)的右孩子,其中"/"为下取整的整除,T(a,b)为内部结点。

叶结点:如果对于结点 T(a,b),有 b−a=1,那么该结点就是叶结点。

由以上定义可知,线段树结构是递归定义的,其中根结点为 T(1,n+1)(就 5.1 节提出的问题 1 而言),每个叶结点上有 a+1=b,代表一个初等区间。

5.2.2　线段树的性质

结点数:假设该线段树处理的数列长度为 n,即根结点的区间为[1,n+1),那么总结点个数不超过 2n 个。(简要证明:由定义可知,线段树叶结点的个数为 n。当线段树为一棵满二叉树的时候,其结点个数最多,为 n+n/2+n/4+…,约为 2n,其中"/"为下取整的整除。)

深度:由于线段树可以近似看做一棵满二叉树,所以不难得出线段树的深度不超过 $\log_2(n-1)+1$。

线段分解数量级:线段树把区间上的任意一条长度为 L 的线段都分成了不超过 $2\log_2 L$ 条线段。这条性质使得大多数查询能够在 $O(\log_2 n)$ 的时间内解决。

综上所述,线段树的存储空间消耗为 O(n),而其深度的性质使得它在许多问题上有着较高的效率。

5.2.3　线段树的存储

根据实现难易程度以及个人编程习惯的不同,本节介绍 4 种常见的线段树存储方式。

1. 链表存储

将每个结点看做一个个体并维护结点之间的关系,这同时也是常用的树的存储方式。我们可以用如下的方式定义一个结点:

```
struct Node{
    int Left，Right;
    Node ＊LeftChild，＊RightChild;
}
```

其中,Left 和 Right 用来标注该结点所代表的区间,每个结点同时维护两个孩子指针。这种表示方法的缺点是由于指针的动态申请以及寻址的不连续导致速度有所下降。同时,相比后面介绍的一些方法,这种表示方法在空间消耗上也较大。不过为了方便,本章将用这种表示方法来介绍线段树的相关算法。一些示例代码将配合这种表示方法用 C++实现,当然,对 C++不是很熟悉的但是具有一定编程基础的读者也能读懂。

2. 数组模拟链表

这种方法本质上和链表存储的原理相同。用数组模拟链表是一种常见的技巧,我们可以用 4 个 int 类型数组 Left[]、Right[]、LeftChild[]、RightChild[]来存储结点信息。这种存储方法的好处是一定程度上避免了指针动态申请以及寻址的速度损失。不过由于是用静态数组存储信息,所以在一开始就需要对问题规模有较全面的把握,并且内存占用也较大。

3. 堆结构存储

由线段树的定义可以知道,线段树去除了最底层之后是一棵满二叉树,因此可以用类似于堆的存储方式。此时,根结点存储在 1 号位置,对于存储在 i 号位置的结点而言,其左孩子存储在 2i 号位置,右孩子存储在 2i+1 号位置。这种存储方法省去了前面两种方法中每个结点需要存储的左孩子指针和右孩子指针,因此节约了内存。

4. 更紧凑的存储方式

上面第三种类似于堆的存储方式有一个缺陷:由于线段树并非等价于完全二叉树或者满二叉树,所以线段树最底一层的结点可能很空,但是这些空结点所占的数量却可能达到总的结点数的一半左右,所以使用堆结构的存储方式某种意义上是对空间的极大浪费。一种改进方式是改变编号方案:对于结点区间为[l,r)的结点,我们将其存储在(l+r−1) bitwise_or diff(l, r−1),其中 diff 为判断两个数是否不同的函数,如果两个数不相等返回 1,否则返回 0,bitwise_or 为按位或运算。这种方式可以将每个结点不重复且不遗漏地映射到[0, 2n−2]中。

5.2.4 线段树的常用操作

为了实现线段树强大的功能,除了在 5.2.3 节中介绍的维护树的结构信息之外,我们还需要维护额外的信息来达到解决问题的目的。以下操作将用问题 1 引入,故在这里,每个结点需要额外维护的信息为对应区间的和,用 sum 表示。

5.2.4.1 线段树的构造

线段树的构造过程是自顶向下的,即从根结点开始递归构建。根据线段树的定义,如果当前结点代表的区间不是初等区间,那么它必然有两个孩子结点,故将当前区间从中间分成左右两部分,分别递归构建;如果当前结点代表的区间是初等区间,那么我们到达了叶结点,故到达了递归构建的边界。线段树的一些初始化工作也将在构造过程中顺便执行,所以在问题 1 中,我们要将每个结点的 sum 值设为初始状态,即 0。

以下是构建过程的 C++代码:

```cpp
void build(Node * cur, int l, int r){
    cur->Left = l;        //区间左端点
    cur->Right = r;       //区间右端点
    cur->sum = 0;
```

```
    if (l + 1 < r){                    //如果不是初等区间,那么继续递归构建
        cur->LeftChild = new Node;
        cur->RightChild = new Node;
        build(cur->LeftChild, l, (l + r) / 2);
        build(cur->RightChild, (l + r) / 2, r);
    }
    else cur->LeftChild = cur->RightChild = NULL;
}
```

在调用 build 函数之前,需要先创建一个根结点作为 build 的第一个参数。

5.2.4.2 线段树的查询

问题 1 中,我们只需要知道某个区间的和就行了。以下 C++代码展示的是求区间和的过程:

```
int query(Node * cur, int l, int r){
    if (l <= cur->Left && cur->Right <= r)//如果查询区间覆盖了当前结点
        return cur->sum;
        else{
        int ans = 0;
        if (l < (cur->Left + cur->Right) / 2) //如果查询到了当前结点的左孩子
            ans += query(cur->LeftChild, l, r);
        if (r > (cur->Left + cur->Right) / 2)
            ans += query(cur->RightChild, l, r);
        return ans;
    }
}
```

query 函数的后面两个参数代表的是查询的区间[l, r]。执行查询时,我们将根结点作为第一个参数传入 query 函数。

如果查询区间覆盖了当前结点代表的区间,那么当前结点代表的区间中的数都需要被累计进答案,所以直接返回 cur->sum;否则,需要对当前区间进行细分,即在其左右子树中继续查询。在左子树中进行查询的条件是查询区间与当前结点的左孩子代表的区间有交集,右子树同理。由线段树性质可以知道,查询的时间复杂度为 $O(\log_2 n)$。

5.2.4.3 线段树的修改

针对问题 1 中的单个元素的修改,我们要设计一个同样有效的方法维护线段树。修改操作与查询操作类似,通过递归执行的方式查找要修改的位置并进行修改。以下 C++代码给出了问题 1 中的修改操作:

```
void change(Node * cur, int x, int delta){
    if (cur->Left + 1 == cur->Right)        //找到了要修改的位置
        cur->sum += delta;
```

```
  else{
    if (x <= (cur->Left + cur->Right) / 2)
      change(cur->LeftChild, x, delta);
    if (x > (cur->Left + cur->Right) / 2)
            change(cur->RightChild, x, delta);
    cur->sum = cur->LeftChild->sum + cur->RightChild->sum;
    //递归结束后需要用子树的信息来更新当前结点
  }
}
```

由于是修改的单个元素,所以最终一定会查找到某个叶结点进行更新。注意上述代码的最后一个赋值语句是用子树的信息更新当前结点,因为 sum 的修改首先是在当前结点的子树中进行的。

至此,问题 1 便得到了完美解决,接下来我们将对问题 1 进行扩展。

问题 2 有一列长度为 n 的数,刚开始全是 0。现在执行 m 次操作,每次可以执行以下两种操作之一:

(1) 将数列中某个区间中的所有数加上某个数值;

(2) 询问给定区间中所有数的和。

注意问题 2 与问题 1 的区别:问题 2 的修改操作是针对区间而言的,是对问题 1 的扩展,下面我们就来看看如何解决该问题。

5.2.4.4　线段树的延迟修改

如果直接用 5.2.4.3 一节中的方法维护修改操作的话,由于对单个元素的修改操作的时间复杂度为 $O(\log_2 n)$,故区间修改需要花费 $O(n\log_2 n)$ 的时间——甚至比模拟算法还慢!

有一种可行的方法是对上面的维护操作进行修改。为了保证每次修改操作的时间复杂度仍然为 $O(n\log_2 n)$,在递归过程中,如果发现修改的区间已经覆盖了当前结点,那么就要停止继续递归(参考查询操作)。由于没能实际更新到区间中每个元素,也就是叶结点,所以在下次查询的时候为了能够得到足够的信息,我们需要在这些区间上进行标记。但是与前面介绍的情况不同,这里的这个标记不仅仅是一个结点的性质,它是作用于整个子树的。设想如果我们的另一个查询区间分解后包括一个在当前区间子孙中的区间,那么这个标记显然也要对之后的查询产生影响。

事实上,从根结点开始到当前结点路径上所有结点上的标记都会对当前结点产生影响。我们可以在递归的过程中累计这种影响,但是处理起来比较麻烦,有的时候甚至是不能处理的。

我们前面的针对元素修改的操作之所以简单就是因为它的修改都是在叶结点完成的,不会再对后续的结点产生影响了。这里我们可不可以类比这种思想呢? 于是一种被称为 lazy-tag 的技术应运而生。

lazy-tag 的思想就是希望把这种标记全部标注在叶结点上,这样查询起来就会很轻松。但是如果每次维护都将这种标记真实地标注在叶结点上,那么显然与我们使用线段树的初衷相违背。于是我们还是按照最初的设计将标记标注在区间上。但是如果在之后的维护或查询过程中,需要对这个结点进行递归处理,就当场将这个标记分解,传递给它的两个孩子结点,这样就不需要考虑自根结点开始的影响了。并且这种在需要的时候才进行分解传递的态度导致了我们整体处理的时间复杂度仍然维持在 $O(\log_2 n)$。以下为这项技术在引例中的具体应用。

为了维护这种延迟修改,我们给 Node 添加一个 delta 域,代表该区间延迟修改量,于是change 函数可以改写如下:

```cpp
void change(Node * cur, int l, int r, int delta){
    if (l <=cur->Left && cur->Right <= r){ //如果被修改区间覆盖了当前结点
        cur->sum += delta * (cur->Right - cur->Left); //更新 sum
        cur->delta += delta;                          //累计修改
    }
    else{
        if (cur->delta ! = 0)          //如果有待下传的累计
            update(cur);
        if (l <(cur->Left + cur->Right) / 2)
            change(cur->LeftChild, l, r, delta);
        if (r >(cur->Left + cur->Right) / 2)
            change(cur->RightChild, l, r, delta);
        cur->sum = cur->LeftChild->sum + cur->RightChild->sum;
    }
}
```

其中,延迟信息下传的方法 update 可以这么写:

```cpp
void update(Node * cur){
    cur->LeftChild->sum +=cur->delta * (cur->LeftChild->Right-
    cur->LeftChild->Left);
    cur->RightChild->sum += cur->delta * (cur->RightChild->Right-
    cur->RightChild->Left);
    cur->LeftChild->delta += cur->delta;
    cur->RightChild->delta += cur->delta;
    cur->delta = 0;
}
```

注意上面 update 方法对 cur 的两个子结点的更新过程,相当于在 change 函数中把修改量 delta 继续往下传递,亦即 Node 的 delta 域起到了延迟修改的作用,而这种延迟修改保证了更新操作的高效。事实上,这种延迟技术在很多领域都有应用。

当然,查询过程也需要进行相应的修改:

```cpp
int query(Node * cur, int l, int r){
    if (l <= cur->Left && cur->Right <= r)
        return cur->sum;
    else{
```

```
        if (cur->delta ! = 0)
          update(cur);
        int ans = 0;
        if (l < (cur->Left + cur->Right) / 2)
          ans += query(cur->LeftChild, l, r);
        if (r > (cur->Left + cur->Right) / 2)
          ans += query(cur->RightChild, l, r);
        return ans;
      }
    }
```

　　这项技术在线段树中有着广泛的应用,有了这项技术,线段树能够处理的问题范围大大增加,我们可以将问题 2 再扩展到问题 3。

　　问题 3　有一列长度为 n 的数,刚开始全是 0。现在执行 m 次操作,每次可以执行以下几种操作之一:

　　(1) 将数列中某个区间中的所有数加上某个数值;

　　(2) 将数列中某个区间中的所有数都改成某个数值;

　　(3) 询问给定区间中所有数的和;

　　(4) 询问给定区间中的最大值/最小值;

　　……

　　前面介绍的维护 sum 的模板易于直接进行扩展,从而处理这些问题。以下是一个一般化的过程,读者不妨根据该过程自行思考一下问题 3 的维护方法:

　　　　对于当前区间[l, r)

　　　if 达到某种边界条件(如叶结点或被整个区间完全包含)

　　　　　then 对维护或询问作相应处理

　　　else

　　　　　将第二类标记传递下去(注意,在查询过程中也要处理)

　　　　　根据区间的关系,对两个孩子结点递归处理

　　　　　利用递推关系,根据孩子结点的情况维护第一类信息

5.3　线段树在一些经典问题中的应用

　　这一节,我们将介绍一些经典问题如何用线段树来解决。期望通过本节内容,读者能够基本掌握线段树的一些操作,同时在这些经典问题上形成与一些传统算法的对比,以体会线段树的一些优势。

5.3.1　逆序对问题

例 5 - 1　*数列*(queue.???)

[问题描述]

　　一个简单的数列问题:给定一个长度为 n 的数列,求这样的三个元素 a_i, a_j, a_k 的个数,满

足 $a_i < a_j > a_k$,且 i < j < k。

[输入格式]

第一行是一个整数 n($1 \leqslant n \leqslant 50000$)。

接下来 n 行,每行一个元素 a_i($0 \leqslant a_i \leqslant 32767$)。

[输出格式]

一个数,满足 $a_i < a_j > a_k$(i < j < k)的个数。

[输入样例]

```
5
1
2
3
4
1
```

[输出样例]

```
6
```

[数据及时间和空间限制]

对于 30% 的输入数据,有 n≤200;

对于 80% 的输入数据,有 n≤10000。

时间限制为 1 秒,空间限制为 256MB。

[问题分析]

设 f(j)为数列中 a_j 前方小于 a_j 的数字个数。同理,设 g(j)为 a_j 后方小于 a_j 的数字个数。那么根据乘法原理,我们要求的答案就是:

$$\sum_{j=1}^{N} f(j) * g(j)$$

那么,如何快速地求出函数 f 和 g 呢?这里只说明 f 的计算方法,同理可以得出 g。

建立一棵线段树,维护一个有序的数列。刚开始线段树中数的个数为 0,随着 j 的枚举,逐步将 a_j 添加进线段树。那么每次统计 f(j)的时候,只需要知道,在 a_j 对应线段树中位置的左边一共有了多少个数(等价于当前比 a_j 小的有多少个数)。由于本题数字范围比较小,故可以直接将数字对应到线段树中的位置,否则,可以事先用排序算法对数列进行离散化,从而将每个数字映射到 1 到 n 的数中来建立线段树。

事实上,上述过程就是大家所熟知的统计"逆序对"的过程。逆序对的计算有很多经典的算法,其中有一些也非常方便,如基于排序的算法,或者是用其他高级数据结构维护的算法等等。用线段树处理逆序对问题比较直观,并且同样有着不俗的时间复杂度表现。本书后面的"树状数组"一章中还将出现逆序对的例子,读者可以通过同一种问题不同的解法分析,来体会各种数据结构的不同优势。

[参考程序]

```cpp
#include <bits/stdc++.h>
#define LL long long
#define INF 1 << 30
#define MAXN 60000
#define MAXM 32767
using namespace std;
struct Node{
    int l, r, lc, rc, v;
};

class SegmentTree{
public:
    int root, z;
    Node p[11 * MAXM];

    void set(){
        root = z = -1;
    }

    void build(int &k, int l, int r){
        k = ++z;
        p[k].l = l; p[k].r = r;
        p[k].lc = p[k].rc = -1;
        p[k].v = 0;
        if (l ! = r){
            build(p[k].lc, l, (l + r) / 2);
            build(p[k].rc, (l + r) / 2 + 1, r);
        }
    }

    void insert(int &k, int tag){
        p[k].v++;
        if (p[k].lc == -1) return;
        if (tag <= p[p[k].lc].r)
            insert(p[k].lc, tag);
        else
            insert(p[k].rc, tag);
    }

    int search(int &k, int tag){
```

```cpp
            if (tag == p[k].r) return p[k].v;
            if (tag > p[p[k].lc].r)
                return p[p[k].lc].v + search(p[k].rc, tag);
            else
                return search(p[k].lc, tag);
        }
};

int a[MAXN];
SegmentTree t;
int l[MAXN], r[MAXN];
int main(){
    freopen("queue.in", "r", stdin);
    freopen("queue.out", "w", stdout);
    int n;
    scanf("%d", &n);
    t.set();
    t.build(t.root, 0, MAXM);
    for (int i = 1; i <= n; ++i){
        scanf("%d", &a[i]);
        if (a[i] != 0)
            l[i] = t.search(t.root, a[i] - 1);
        t.insert(t.root, a[i]);
    }
    t.set();
    t.build(t.root, 0, MAXM);
    for (int i = n; i >= 1; --i){
        if (a[i] != 0)
            r[i] = t.search(t.root, a[i] - 1);
        t.insert(t.root, a[i]);
    }
    LL ans = 0;
    for (int i = 1; i <= n; ++i)
        ans += (LL)l[i] * r[i];
    cout << ans << endl;
    return 0;
}
```

5.3.2 矩形覆盖问题

例 5 - 2 火星探险(mars. ???)

[问题描述]

在 2051 年,若干火星探险队探索了这颗红色行星的不同区域并且制作了这些区域的地图。现在,Baltic 空间机构有一个雄心勃勃的计划:他们想制作一张整个行星的地图。为了考虑必要的工作,他们需要知道地图上已经存在的全部区域的大小。你的任务是写一个计算这个区域大小的程序。

具体任务要求为:

(1) 从输入文件 mars. in 读取地图形状的描述;

(2) 计算地图覆盖的全部的区域;

(3) 输出到文件 mars. out 中。

[输入格式]

输入文件的第一行包含一个整数 $n(1 \leqslant n \leqslant 10000)$,表示可得到的地图数目。

以下 n 行,每行描述一张地图。每行包含 4 个整数 x_1, y_1, x_2 和 $y_2(0 \leqslant x_1 < x_2 \leqslant 30000, 0 \leqslant y_1 < y_2 \leqslant 30000)$。数值$(x_1, y_1)$和$(x_2, y_2)$是坐标,分别表示绘制区域的左上角和右下角坐标。每张地图是矩形的,并且它的边是平行于 x 坐标轴或 y 坐标轴的。

[输出格式]

输出文件包含一个整数,表示探索区域的总面积(即所有矩形的公共面积)。

[输入样例]

2

10 10 20 20

15 15 25 30

[输出样例]

225

[时间和空间限制]

时间限制为 1 秒,空间限制为 256MB。

[问题分析]

求矩形覆盖最后的面积也是比较经典的题目。一般的模拟算法的时间复杂度可以达到 $O(n^3)$,是个不算很理想的算法。当坐标范围过大的时候,可以用离散化将坐标范围映射到一个可以处理的范围。

现在,我们来考虑如何用线段树解决该问题。首先,我们同样需要将坐标离散化以约简坐标规模,如图 5 - 2 所示,竖线就是对 x 坐标的离散化过程。

我们在 x 轴方向上维护一棵线段树。该线段树的模型是区间覆盖,即应对像某个区间有没有被覆盖这样的查询,以及添加覆盖和删除覆盖这样的操作——也就是将矩形的上下两边界看做对 x 轴的覆盖来处理。我们将所有矩形的上下边界按照其 y 坐标升序排序。每个矩形的下边界执行对 x 轴的覆盖操作,而上边界执行对 x 轴的删除覆盖操作。

每次处理一条线段的同时,我们首先统计线段树中已经被覆盖的总长度。由于上一次处理到这一次处理,矩形的 x 轴方向覆盖长度不变,而 y 轴方向仍然连续,所以上一次到这一次的过程中扫描出来的面积已知——delta × T—>sum,其中 delta 为两次操作 y 轴的变化量,T—>sum 为线段树中总的被覆盖的长度,从图 5-3 中可以获得更直观的认识。其中,上面的长虚线为删除操作,下面的短虚线为添加操作。相邻两个横线之间的部分面积可以直接算得。因此,总时间复杂度为 O(nlog₂n),包括最开始离散化的时间复杂度。当然,本题坐标范围比较小,读者可以不用离散化直接做。在本章习题中,我们将会面对求矩形覆盖周长的问题。

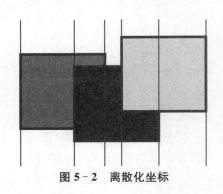
图 5-2　离散化坐标

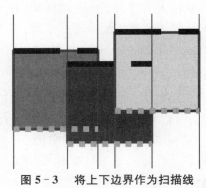
图 5-3　将上下边界作为扫描线

[参考程序]

```
#include<bits/stdc++.h>
using namespace std;
const int maxsize = 80010;
struct node{
    int st, ed, c;    //c 为区间被覆盖的层数, m 为区间的测度
    int m;
} ST[maxsize];

struct line{
    int x, y1, y2;
    //纵方向直线, x 为直线横坐标,y1 和 y2 为直线上的下面与上面的两个纵坐标
    bool s;          //s=1 表示直线为矩形的左边,s=0 表示直线为矩形的右边
} Line[maxsize];

int y[maxsize], ty[maxsize];
//y[]为整数与浮点数的对应数组,ty[]为用来求 y[]的辅助数组

void build(int root, int st, int ed){
    ST[root].st = st;
    ST[root].ed = ed;
```

```
    ST[root].c = 0;
    ST[root].m = 0;
    if(ed - st > 1){
        int mid = (st+ed)/2;
        build(root * 2, st, mid);
        build(root * 2+1, mid, ed);
    }
}

inline void update(int root){
    if(ST[root].c > 0)
        //将线段树上区间的端点分别映射到 y[]数组所对应的浮点数上,由此计算出测度
        ST[root].m = y[ST[root].ed-1] - y[ST[root].st-1];
    else if(ST[root].ed - ST[root].st == 1)
        ST[root].m = 0;
    else ST[root].m = ST[root * 2].m + ST[root * 2+1].m;
}

void insert(int root, int st, int ed){
    if(st <= ST[root].st && ST[root].ed <= ed){
        ST[root].c++;
        update(root);
        return ;
    }
    int mid = (ST[root].ed + ST[root].st)/2;
    if(st < mid) insert(root * 2, st, ed);
    if(ed > mid) insert(root * 2+1, st, ed);
    update(root);
}

void Delete(int root, int st, int ed){
    if(st <= ST[root].st && ST[root].ed <= ed){
        ST[root].c--; update(root);
        return ;
    }
    int mid = (ST[root].st + ST[root].ed)/2;
    if(st < mid) Delete(root * 2, st, ed);
    if(ed > mid) Delete(root * 2+1, st, ed);
    update(root);
}
```

```
int indexs[30010];
bool cmp(line l1，line l2){
    return l1. x < l2. x;
}

int main(){
    freopen("mars. in"，"r"，stdin);
    freopen("mars. out"，"w"，stdout);
    int n,num;
    scanf("%d"，&n);
    for(int i = 0; i < n; ++i){
        int x1, x2, y1, y2;
        scanf("%d%d%d%d"，&x1，&y1，&x2，&y2);
        Line[2 * i]. x = x1; Line[2 * i]. y1 = y1;
        Line[2 * i]. y2 = y2; Line[2 * i]. s = 1;
        Line[2 * i+1]. x = x2; Line[2 * i+1]. y1 = y1;
        Line[2 * i+1]. y2 = y2; Line[2 * i+1]. s = 0;
        ty[2 * i] = y1; ty[2 * i+1] = y2;
    }
    n <<= 1;
    sort(Line，Line+n, cmp);
    sort(ty, ty+n);
    y[0] = ty[0];
    //处理数组 ty[]使之不含重复元素,得到新的数组存放到数组 y[]中
    for(int i = num = 1; i < n; ++i)
        if(ty[i] ! = ty[i-1])
            y[num++] = ty[i];
    for (int i = 0; i < num; ++i)
        indexs[y[i]] = i;
    build(1, 1, num);
    //树的叶结点与数组 y[]中的元素个数相同,以便建立一一对应的关系
    long long area = 0;
    for(int i = 0; i < n-1; ++i){
        int l = indexs[Line[i]. y1] + 1, r = indexs[Line[i]. y2] + 1;
        if(Line[i]. s)    //插入矩形的左边
            insert(1, l, r);
        else              //删除矩形的右边
            Delete(1, l, r);
        area += (long long)ST[1]. m * (long long)(Line[i+1]. x - Line[i]. x);
```

```
    }
    cout << area << endl;
    return 0;
}
```

5.4　线段树的扩展

随着信息学竞赛的普及,题目的难度也逐渐上升,比赛中的题目或者将模型隐藏得很深,或者需要多种算法与数据结构相结合,又或者需要对现有的数据结构进行修改,才能圆满地解决问题,很少有题目纯粹考一种数据结构了。因此,本节将重点介绍一些线段树在实战中的应用,并对线段树的多维扩展以及与其他数据结构的结合作一些介绍。

5.4.1　用线段树优化动态规划

动态规划问题在竞赛中经常出现,它是一种高效的解决问题的利器。不过,经常碰到的情形是,当推导出了动态规划的转移方程后,却发现转移的代价太高导致不能在规定时间内得到解。针对转移的优化手段有很多,有一类手段专注于分析动态规划转移方程的冗余,利用一些性质来进行剪枝,譬如凸完全单调性等。基于此,便有了许多诸如单调队列、Splay 等与动态规划结合的方法。用线段树优化动态规划,一般也是优化其转移过程的时间复杂度。接下来,我们将通过一个例题让读者获得一定的认识。

例 5 - 3　栅栏(fence. ???)

[问题描述]

Farmer John 为奶牛们设置了一个障碍赛。障碍赛中有 n 个(n≤50000)各种长度的栅栏,每个都与 x 轴平行,其中第 i 个栅栏的 y 坐标为 i。

终点在坐标原点(0,0),起点在(s,n)。如下所示,×为终点,s 为起点。

```
    +－s－+－+－+            (fence ♯n)
  +－+－+－+－+              (fence ♯n－1)
  ...                       ...
    +－+－+－+            (fence ♯2)
      +－+－+－+          (fence ♯1)
=|=|=|=|=×=|=|=|          (barn)
－3－2－1  0  1  2  3
```

奶牛们很笨拙,它们都是绕过栅栏而不是跳过去的。也就是说它们会沿着栅栏走直到走到栅栏头,然后向着 x 轴奔跑,直到碰到下一个栅栏拦住去路,然后再绕过去……

如果按照这种方法,奶牛从起点到终点需要走的最短距离是多少呢?(当然,平行于 y 轴的距离就不用计算了,因为这个数总是等于 n。)

[输入格式]

输入数据的第一行是两个整数 n 和 s,其中 s 的绝对值不超过 100000。

接下来 n 行,每行两个整数 a_i 和 b_i,代表第 i 个栅栏的两个端点的横坐标。其中,

$-100000 \leqslant a_i < b_i \leqslant 100000, a_n \leqslant s \leqslant b_n$。

[输出格式]

输出仅一个整数,代表 x 轴方向所需要走的最短距离。

[输入样例]

4 0

−2 1

−1 2

−3 0

−2 1

[输出样例]

4

[时间和空间限制]

时间限制为 1 秒,空间限制为 256MB。

[问题分析]

本题是一类常见的动态规划模型。通过分析,不难得到如下的状态转移方程:

$$f[i,k] = min\{f[j,t] + cost(i,j,k,t) \mid i < j \leqslant n\}$$

其中 k 和 t 代表每个栅栏不同的端点,cost 函数是一个容易计算的转移代价,只要计算两个端点之间的距离即可。在转移过程中还需要判断栅栏 j 是否能够直接到达栅栏 i,如图 5-4 所示,图中栅栏 4 的右端点不能直接到达栅栏 1 的右端点。上述方程虽然是一维的状态,不过转移要花费 O(n) 的时间,总时间复杂度为 $O(n^2)$。在 n 较大的时候便不能承受了,我们考虑用线段树对转移进行优化。

事实上,我们并不关心从哪个栅栏转移到了当前栅栏(当然,通过记录状态可以得到这个信息),只是关心转移到当前栅栏的当前端点(左端点或者右端点)的那个状态最优

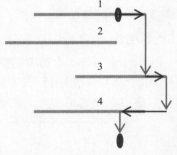

图 5-4 一个状态转移的例子

值是多少。例如,在第 i 个栅栏的左端点 a[i],假设是通过栅栏 j 转移过来的,那么有:

$$f[i,0] = min\{f[j,0] + abs(a[i] - a[j]), f[j,1] + abs(b[j] - a[i])\}$$

我们反过来考虑,状态 f[j,0] 或者 f[j,1] 计算出来了后能够更新之后的哪些栅栏?上述方程中的绝对值不利于计算,我们把它展开后,将只与 j 有关的符号放在一起。也就是说,如果用 f[j,0] 去更新第 i 个栅栏的左端点,如果 a[j] 在 a[i] 的左边,那么插入到线段树中的值为 f[j,0]−a[j],否则为 f[j,1]+a[j]。这样处理之后,当计算 f[i,0] 时,便在线段树的 [0,a[i]] 区间查询最优值,以及在 [a[i], rightmost] 区间查询。这种查询方式保证了查询区间中的值一定是绝对值展开方式的正确的值。

最后要注意的一点是,第 j 条栅栏添加之后,端点被第 j 条栅栏包含的那些栅栏都不能直接去更新 j 之后的栅栏了,所以需要直接将这个区间赋值为无穷大,以防止后面的状态在

这里进行转移,总的时间复杂度为 $O(n\log_2 n)$。

[参考程序]

```cpp
#include <bits/stdc++.h>
using namespace std;
const int maxn = 50005;
const int inf = 2147483647/2;
struct node{
    int f[2];
    int l, r;
    bool lazy;
    node * lch, * rch;
};

node * T;
int a[maxn], b[maxn];
void build(node * p, int l, int r){
    p->l = l; p->r = r; p->f[0] = p->f[1] = inf; p->lazy = false;
    if (r - l > 1){
        p->lch = new node;
        build(p->lch, l, (l + r) / 2);
        p->rch = new node;
        build(p->rch, (l + r) / 2, r);
    }else p->lch = p->rch = 0;
}

void update(node * p){
    p->lazy = false; p->lch->lazy = p->rch->lazy = true;
    for (int i = 0; i < 2; ++i)
        p->lch->f[i] = p->rch->f[i] = p->f[i];
}

void insert(node * p, int l, int r, int tmp, int data, bool brute){
    if (l <= p->l && p->r <= r){
        if (data < p->f[tmp] || brute){
            p->f[tmp] = data; p->lazy = true;
        }
    } else{
        if (p->lazy) update(p);
        if (l < (p->l + p->r) / 2)
```

```
                insert(p->lch, l, r, tmp, data, brute);
            if (r > (p->l + p->r) / 2)
                insert(p->rch, l, r, tmp, data, brute);
            p->f[tmp] = min(p->lch->f[tmp], p->rch->f[tmp]);
        }
}

int find(node * p, int l, int r, int tmp){
    if (l <= p->l && p->r <= r)
        return p->f[tmp];
    else{
        int t1 = inf, t2 = inf;
        if (p->lazy) update(p);
        if (l < (p->l + p->r) / 2)
            t1 = find(p->lch, l, r, tmp);
        if (r > (p->l + p->r) / 2)
            t2 = find(p->rch, l, r, tmp);
        return min(t1, t2);
    }
}

int main() {
    freopen("fence.in", "r", stdin);
    freopen("fence.out", "w", stdout);
    int l = inf, r = -inf;
    int n, s;
    scanf("%d %d", &n, &s);
    for (int i = n; i >= 1; --i){
        scanf("%d %d", &a[i], &b[i]);
        if (a[i] < l) l = a[i];
        if (b[i] > r) r = b[i];
    }
    T = new node;
    build(T, l, r + 1);
    insert(T, s, s + 1, 0, -s, false);
    insert(T, s, s + 1, 1, s, false);
    for (int i = 1; i <= n; ++i){
        int t1 = find(T, l, a[i] + 1, 0), t2 = find(T, a[i], r + 1, 1);
        int k = min(t1 + a[i], t2 - a[i]);
```

```
insert(T, a[i], a[i] + 1, 0, k − a[i], false);
insert(T, a[i], a[i] + 1, 1, k+a[i], false);
t1 = find(T, l, b[i] + 1, 0); t2 = find(T, b[i], r + 1, 1);
k = min(t1 + b[i], t2 − b[i]);
insert(T, b[i], b[i] + 1, 0, k − b[i], false);
insert(T, b[i], b[i] + 1, 1, k + b[i], false);
if (a[i] + 1 < b[i]){
    insert(T, a[i] + 1, b[i], 0, inf, true);
    insert(T, a[i] + 1, b[i], 1, inf, true);
}
}
int t1 = find(T, l, 1, 0);
int t2 = find(T, 0, r + 1, 1);
printf("%d\\n", min(t1, t2));
return 0;
}
```

5.4.2 将线段树扩展到高维

以上我们探讨的问题都是针对一维的情形,即数列或直线,或者可以归约到一维情形下处理。然而在有些情况下,我们面对的是二维甚至更高维度的数据维护问题,譬如多维数组的局部和、最值维护问题。那么,在高维情形下,线段树应该如何实现和维护呢?

一种直观的方式是对划分方案进行变化。考虑到在一维情形下,可以将线段一分为二,分成两部分进行递归处理,于是在二维平面中,我们可以将平面分成4个部分,即左上、左下、右上、右下。在二维中,每个结点就代表了一个矩形,如果不是初等矩形(即面积为1的矩形),那么需要有4个子结点分别对应那4个部分。由于其结构特殊,这种树常常被称为"四分树"。类似地,在三维空间中,有对应的"八叉树"。然而,这种树结构看似优美(如图5-5所示),但是其时间复杂度难以保证。譬如查询的矩形为整个矩形的第一行,那么,四分树的查询将查找到每一个第一行的初等矩形,所以单次查询的时间复杂度上界不是$O(\log_2 n)$,而是$O(n)$了。这种退化往往是不能接受的,所以我们需要另外一种实现方式。

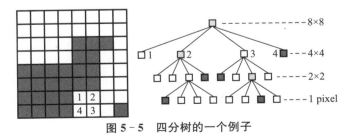

图 5-5 四分树的一个例子

另外一种实现方式基于树的嵌套,即所谓的"树套树"。在这种实现方式中,对于每一维度都需要用一类线段树来维护。我们不妨借助二维线段树来窥其一二,图5-6展示的是一个二维矩阵，x 方向和 y 方向的坐标已经在图上标明。

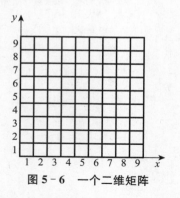

图 5-6　一个二维矩阵

二维线段树的嵌套需要写两类线段树，不妨记为 T_1 和 T_2，其中 T_1 维护 x 方向的信息，而 T_2 维护 y 方向的信息。对于 T_1 中的结点 $T_1(a, b)$ 而言，它包含的不再是一维的区间 $[a, b)$，而是 x 坐标在 $[a, b)$ 范围内的所有格子，如图 5-7 所示。该结点同时维护指向一个第二类线段树的指针，也就是说，第二类线段树是依托于第一类线段树而存在的。对于 $T_1(a, b)$ 指向的树 T_2 来说，它的每一个结点 $T_2(c, d)$ 代表的范围是 x 坐标在 $[a, b)$ 内并且 y 坐标在 $[c, d)$ 内的那些格子，如图 5-8 所示。

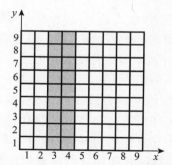

图 5-7　$T_1(3, 5)$ 的例子（阴影部分）

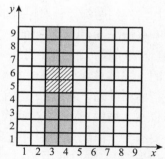

图 5-8　$T_1(3, 5)$ 下 $T_2(5, 7)$ 的例子（斜线部分）

不难发现，在二维情形下一共有 $O(n)$ 个第一类线段树结点，每个结点又有一个大小为 $O(n)$ 的第二类线段树，故总的空间复杂度为 $O(n^2)$。一般情况下，这种线段树的单次操作的时间复杂度为 $O((\log_2 n)^2)$。以下通过具体例子来进一步探讨二维线段树的维护。

例 5-4　3D 方块（tet.???）

［问题描述］

"俄罗斯方块"游戏的作者想做一个新的三维的版本。在这个版本中长方块会掉到一个矩形的平台上。这些块按照一定顺序分开落下，就像在二维的游戏中一样。一个块会一直往下掉直到它遇到障碍，比如平台或者另外的已经停下的块，然后这个块会停在当前位置直到游戏结束。

然而，游戏的作者们想改变这个游戏的本质，把它从一个简单的街机游戏变成更有迷惑性的游戏。当知道方块落下的顺序和它们的下落路线后，玩家的任务是在所有块落下停住以后给出最高点的高度。所有的块都是垂直落下的而且在落下的过程中不旋转。为了把问题简单化,我们给平台建立直角坐标系,坐标系的原点在平台的某个角上,轴平行于平台的边。

写一个程序满足下列要求:

(1) 从输入中读入接连下落的块的描述;

(2) 得出所有块下落停止后最高点的高度;

(3) 输出答案。

[输入格式]

第一行有 3 个整数 D,S 和 N($1 \leqslant N \leqslant 20000, 1 \leqslant D, S \leqslant 1000$),用一个空格分开,分别表示平台的长度和深度以及下落块的个数。

下面 N 行分别描述这 N 个块。每个块的描述包括 5 个数字:d,s,w,x 和 y($1 \leqslant d, 0 \leqslant x, d+x \leqslant D, 1 \leqslant s, 0 \leqslant y, s+y \leqslant S, 1 \leqslant w \leqslant 100000$),表示一个长度为 d、深度为 s、高度为 w 的块,这个块掉下时以 d×s 的面为底,并且两边分别与平台两边平行。这样,这个块的顶点在平台上的投影为(x,y),(x+d,y),(x,y+s)和(x+d,y+s)。

[输出格式]

输出有且仅有一个整数,表示最高点的高度。

[输入样例]

```
7 5 4
4 3 2 0 0
3 3 1 3 0
7 1 2 0 3
2 3 3 2 2
```

[输出样例]

```
6
```

[时间和空间限制]

时间限制为 1 秒,空间限制为 256MB。

[问题分析]

本题主要维护如下两种操作:

(1) 查询,询问某个矩形区域的最大值;

(2) 置数,将某个矩形区域的数都设置为某个数。

在一维情形下,该操作能够用上文中讲到的延迟处理的方式简单维护。不过在二维情形下,这种技术要实现就显得有些困难了。

我们采用树套树的方式构建二维线段树。在一维情形中,每个结点除了维护该区间最大值之外,还要有一个域用来标注延迟信息,不妨记为 cover,设置 cover 的时机是当某次修改完全覆盖当前区间而不继续进行递归的时候。对应到二维的情形,第一类线段树仍然维护 x 轴的信息。每个第一类线段树的结点维护两个第二类线段树,分别对应区间最大值以及延迟信息 cover;而在第二类线段树中,每个结点同样存放区间最大值以及延迟信息。

考虑一维情形:当查询的区间覆盖了当前结点时,直接返回当前结点的最大值;否则,先比较当前结点的延迟置数信息,然后继续在子树中查询。那么回归到二维情形,在第一类线段树中,当查询的矩形 x 方向覆盖了当前结点时,返回在当前结点指向的记录最大值的第二类线段树中查询最大值的结果;否则,先比较当前结点指向的记录延迟信息的第二类线段树的查询结果,然后再在子树中继续查询,在第二类线段树中的查询就和一维情形下差不多了。具体实现可以参考下面的代码。

[参考程序]

```cpp
#include <cstdio>
using namespace std;
const int MaxN = 1002;

struct SegmentTree{
    struct node{
        int l, r, lch, rch;
        int cover, val;
    }lt[MaxN<<1];

    int tot;
    void create(int L, int R){
        int p = tot++;
        lt[p].l = L; lt[p].r = R;
        lt[p].cover = lt[p].val = 0;
        if(L + 1 == R){
            lt[p].lch = lt[p].rch = -1;
            return;
        }
        lt[p].lch = tot; create(L, (L + R) >> 1);
        lt[p].rch = tot; create((L + R) >> 1, R);
    }

    inline void setit(int N){
        tot = 0;
        create(0, N);
    }

    int get(int p, int L, int R){
        if(L <= lt[p].l && lt[p].r <= R)
            return lt[p].val;
        int ret = lt[p].cover, m = (lt[p].l + lt[p].r) >> 1;
```

```
        int tmp;
        if(L < m){
            tmp = get(lt[p].lch, L, R);
        if (tmp > ret) ret = tmp;
        }
        if(R > m){
                tmp = get(lt[p].rch, L, R);
                if (tmp > ret) ret = tmp;
        }
        return ret;
    }
    int query(int L, int R){
        return get(0, L, R);
    }

    void add(int p, int L, int R, int h){
        if (h > lt[p].val) lt[p].val = h;
        if(L <= lt[p].l && lt[p].r<=R){
                if (h > lt[p].cover)
                    lt[p].cover = h;
                return;
        }
        int m = (lt[p].l + lt[p].r) >> 1;
        if(L < m) add(lt[p].lch, L, R, h);
        if(R > m) add(lt[p].rch, L, R, h);
    }
    void cover(int L, int R, int H){
        add(0, L, R, H);
    }
};
struct SegmentTree2D{
    struct node{
        int l, r, lch, rch;
        SegmentTree cover, val;
    }lt[MaxN<<1];

    int tot;
    void create(int L, int R, int M){
```

```
        int p = tot++;
        lt[p].l = L; lt[p].r = R;
        lt[p].cover.setit(M);
        lt[p].val.setit(M);
        if(L + 1 == R){
            lt[p].lch = lt[p].rch = -1;
            return;
        }
        lt[p].lch = tot; create(L, (L + R) >> 1, M);
        lt[p].rch = tot; create((L + R) >> 1, R, M);
    }
inline void setit(int N, int M){
        tot = 0;
        create(0, N, M);
    }
int get(int p, int x1, int x2, int y1, int y2){
        if (x1 <= lt[p].l && lt[p].r <= x2)
            return lt[p].val.query(y1, y2);
        int ret = lt[p].cover.query(y1, y2), m = (lt[p].l + lt[p].r) >> 1;
        int tmp;
        if(x1 < m){
            tmp = get(lt[p].lch, x1, x2, y1, y2);
            if (tmp > ret) ret = tmp;
        }
        if(x2 > m){
            tmp = get(lt[p].rch, x1, x2, y1, y2);
            if (tmp > ret) ret = tmp;
        }
        return ret;
    }
int query(int x1, int x2, int y1, int y2){
        return get(0, x1, x2, y1, y2);
    }
void add(int p, int x1,int x2,int y1,int y2, int h){
        lt[p].val.cover(y1, y2, h);
        if(x1 <= lt[p].l && lt[p].r <= x2){
            lt[p].cover.cover(y1, y2, h);
```

```
            return;
        }
        int m = (lt[p].l + lt[p].r) >> 1;
        if (x1 < m)
            add(lt[p].lch, x1, x2, y1, y2, h);
        if (x2 > m)
            add(lt[p].rch, x1, x2, y1, y2, h);
    }
    void cover(int x1, int x2,int y1,int y2,int H){
        add(0, x1, x2, y1, y2, H);
    }
}T;

int N, M, Q;

int main() {
    freopen("tet.in","r",stdin);
    freopen("tet.out","w",stdout);
    scanf("%d %d %d", &N, &M, &Q);
    T.setit(N,M);
    int x1, x2, y1, y2, d,s,w,h;
    while(Q--) {
        scanf("%d %d %d %d %d", &d, &s, &w, &x1, &y1);
        x2 = d + x1;
        y2 = s + y1;
        h = T.query(x1, x2, y1, y2);
        T.cover(x1, x2, y1, y2, h + w);
    }
    printf("%d\\n", T.query(0, N, 0, M));
}
```

以上算法的空间复杂度为 $O(n^2)$，单次操作的时间复杂度为 $O((\log_2 n)^2)$。由代码可见，两类线段树极其相似，但是却又不能省略，并且在高维线段树中一些数据的维护情况也并不是很容易扩展。下一章介绍树状数组时，我们还会讨论到这个问题。

5.4.3　线段树与平衡树的结合

上一节中，我们通过线段树与线段树的嵌套，比较完美地解决了线段树在二维情形下的扩展。基于这种"树套树"的思想，我们甚至可以更换嵌套的树的种类！在这一节，我们就来看看，如果一棵线段树中每个结点额外维护一棵平衡树，将会获得怎样的功能。（平衡树是后面章节的内容，对该内容不熟悉的读者可以先阅读后面的章节，然后再回来看这一节，相信会有不一样的收获。）

例 5－5 动态排名(ranking.???)

[问题描述]

对于一个长度为 n 的数列 a,你需要高效地维护如下两种操作:

(1) 修改,将某个数 a[i]改为指定的值 t;

(2) 查询,询问区间[i,j]中第 k 小的数字是多少。

[输入格式]

输入数据第一行包含两个整数 n 和 m,其中 $1 \leqslant n \leqslant 50000, 1 \leqslant m \leqslant 10000$,分别代表数列的长度以及指令数。

接下来一行 n 个数,代表这个数列。

接下来 m 行,每行代表一个操作。如果是查询操作,那么会以"Q i j k"的形式给出;如果是修改操作,那么会以"C i t"的形式给出。

[输出格式]

对于每个查询,输出一行一个整数,对应查询的结果。

[输入样例]

```
5 3
3 2 1 4 7
Q 1 4 3
C 2 6
Q 2 5 3
```

[输出样例]

```
3
6
```

[数据及时间和空间限制]

有 20% 的数据,n 和 m 均不超过 1000。

时间限制为 2 秒,空间限制为 256MB。

[问题分析]

首先我们考虑简化的情况——没有修改。这种情况相当于我们可以事先对数列进行排序,可以采用线段树加上一个有序的数组来维护该操作。

对于线段树中的结点 T(a,b),该结点除了维护孩子结点指针外,还需要维护一个大小为 b-a 的数组,代表原数列中区间[a,b)中的数,同时,该数组还应该是排好序的。

由于直接找答案不是很方便,于是考虑二分答案加检验的形式,即二分最后的答案,将问题转化为判定性问题,在线段树中该区间查找比该答案小的数的个数。如果发现该个数恰为 k-1,那么我们就找到了一个合适的答案,为了保证答案在原数列中,只需要取最小的这样的合适的答案即可。由于线段树中每个结点都维护了一个有序数组,所以在查询过程中只需要额外对该数组进行二分查找,计算该数组中比当前答案小的数的个数,最后合并进答案即可。

　　该静态问题还有一点要说明的就是构造过程。实际上,我们如果采用递归处理,当构造完孩子结点之后,孩子结点维护的数组已经是有序的了,所以对于父结点来说,只需要执行一次归并排序就得到了自身的有序数组了。综上所述,没有修改的版本中,我们花费了 $O(n\log_2 n)$ 的空间,使得每次查询的代价为 $O((\log_2 n)^2)$。

　　现在回到带修改的问题。我们发现要同时满足修改以及有序,二叉排序树是一个非常不错的选择。为了保证我们的效率,采用平衡树实现。查询的步骤仍然与上面的情况类似,只是换成了在平衡树中进行查询。修改的时候,要在平衡树中找到对应修改的位置,将该结点删去后重新赋予新的值并添加进平衡树。为了方便,这里可以采用 Splay 实现。时间复杂度和空间复杂度与静态情形一样。

[参考程序]

```
#include <iostream>
#include <cstdio>
using namespace std;
struct splaytree{
    int data, num, lnum;
    splaytree * lch, * rch, * father;
};
struct segmentnode{
    int l, r;
    splaytree * link;
    segmentnode * lch, * rch;
};
const int maxn = 50005;
int a[maxn];
segmentnode * T;
void leftrotate(splaytree * x){
    splaytree * y = x->father;
    x->lnum = x->lnum + y->lnum + y->num;
    y->rch = x->lch;
    if (x->lch)
        x->lch->father = y;
    x->father = y->father;
    if (y->father){
        if (y == y->father->lch)
            y->father->lch = x;
        else y->father->rch = x;
```

```
    }
    y->father = x;
    x->lch = y;
}
void rightrotate(splaytree * x){
    splaytree * y = x->father;
    y->lnum = y->lnum-x->num-x->lnum;
    y->lch = x->rch;
    if (x->rch)
        x->rch->father = y;
    x->father = y->father;
    if (y->father){
        if (y == y->father->lch)
            y->father->lch = x;
        else y->father->rch = x;
    }
    y->father = x;
    x->rch = y;
}
void splay(segmentnode * p, splaytree * x){
    while (x->father){
        splaytree * y = x->father;
        if (y->father == 0){
            if (x == y->lch)
                rightrotate(x);
            else leftrotate(x);
        }
        else{
            if (y == y->father->lch){
                if (x == y->lch){
                    rightrotate(y);
                    rightrotate(x);
                }
                else {
                    leftrotate(x);
                    rightrotate(x);
                }
```

```
        }
        else{
            if (x == y->rch){
                leftrotate(y);
                leftrotate(x);
            }
            else{
                rightrotate(x);
                leftrotate(x);
            }
        }
    }
}
p->link = x;
}

void make(segmentnode * p, int k){
    splaytree *x = p->link, *y = 0;
    if (x == 0){
        x = new splaytree;
        x->data = k; x->num = 1; x->lnum = 0; x->lch = 0; x->rch =
        0; x->father = 0;
        p->link = x;
    }
    else{
        while (x){
            y = x;
            if (k < x->data){
                x->lnum = x->lnum+1; x = x->lch;
            }
            else if (k == x->data){
                x->num = x->num+1; break;
            }
            else x = x->rch;
        }
        if (x == 0){
            x = new splaytree;
            x->data = k; x->num = 1; x->lnum = 0; x->lch = 0; x->rch = 0;
            x->father = y;
```

```
                    if (k < y->data)
                        y->lch = x;
                    else y->rch = x;
                }
            splay(p,x);
        }
}

void build(segmentnode * p, int l, int r){
    p->l = l; p->r = r; p->link = 0;
    if (r - l > 1){
        p->lch = new segmentnode;
        build(p->lch,l,(l+r) / 2);
        p->rch = new segmentnode;
        build(p->rch,(l+r) / 2,r);
        for (int i = l; i < r; ++i)
            make(p,a[i]);
    }
    else{
        p->lch = 0; p->rch = 0; make(p,a[l]);
    }
}

int count(splaytree * x, int k){
    int num = 0;
    while (x){
        if (x->data<k){
            num = num+x->lnum+x->num;
            x = x->rch;
        } else x = x->lch;
    }
    return num;
}

int ask(segmentnode * p, int l, int r, int k){
    if (l<=p->l && p->r<=r)
        return count(p->link,k);
    else {
        int t1 = 0, t2 = 0;
        if (l<(p->l+p->r) / 2)
```

```
            t1 = ask(p->lch,l,r,k);
        if (r>(p->l+p->r) / 2)
            t2 = ask(p->rch,l,r,k);
        return t1+t2;
    }
}

splaytree * max(splaytree * x){
    while (x->rch)
        x = x->rch;
    return x;
};

splaytree * find(splaytree * x, int k){
    while (x){
        if (k < x->data)
            x = x->lch;
        else if (k == x->data)
            return x;
        else x = x->rch;
    }
    return 0;
}

void del(segmentnode * p, int l, int r, int k){
    splaytree * x = find(p->link,k);
    splay(p,x);
    if (x->num>1)
        x->num = x->num-1;
    else{
        if (x->lch == 0){
            p->link = x->rch;
            if (p->link)
                p->link->father = 0;
        }
        else{
            x->lch->father = 0;
            splaytree * y = max(x->lch);
            splay(p,y);
            y->rch = x->rch;
```

```
                if (x->rch)
                    x->rch->father = y;
                p->link = y;
            }
        }
        if (l<=p->l && p->r<=r) return;
        if (l<(p->l+p->r) / 2)
            del(p->lch,l,r,k);
        if (r>(p->l+p->r) / 2)
            del(p->rch,l,r,k);
}
void insert(segmentnode * p, int l, int r, int k){
        make(p,k);
        if (l<=p->l && p->r<=r) return;
        if (l<(p->l+p->r) / 2)
            insert(p->lch,l,r,k);
        if (r>(p->l+p->r) / 2)
            insert(p->rch,l,r,k);
}
void clear(splaytree * x){
        if (x->lch)
            clear(x->lch);
        if (x->rch)
                clear(x->rch);
        delete x;
}
void clean(segmentnode * p){
        if (p->lch)
            clean(p->lch);
        if (p->rch)
            clean(p->rch);
        clear(p->link);
        delete p;
}
int main() {
        freopen("ranking.in", "r", stdin);
        freopen("ranking.out", "w", stdout);
```

```
int t2;
scanf("%d", &t2);
for (int t1 = 1; t1 <= t2; ++t1){
    int n, m;
    scanf("%d %d", &n, &m);
    for (int i = 1; i <= n; ++i)
        scanf("%d", &a[i]);
    scanf("\\n");
    T = new segmentnode;
    build(T,1,n+1);
    for (int i = 1; i <= m; ++i){
        char ch;
        scanf("%c", &ch);
        if (ch == 'Q'){
            int x, y, k;
            scanf("%d %d %d\\n", &x, &y, &k);
            int l = 0, r = 1000000000, mid;
            while (l <= r){
                mid = (l+r) / 2;
                int s1 = ask(T,x,y+1,mid), s2 = ask(T,x,y+1,mid+1);
                if (s2 < k)
                    l = mid+1;
                else if (s1<k && s2>=k)
                        break;
                else r = mid-1;
            }
            printf("%d\\n", mid);
        } else {
            int x, k;
            scanf("%d %d\\n", &x, &k);
            del(T,x,x+1,a[x]);
            a[x] = k;
            insert(T,x,x+1,k);
        }
    }
    clean(T);
}
return 0;
```

```
}
```

5.5 线段树与其他数据结构的比较

线段树与其他一些二叉树形式的高级数据结构之间存在着一定的联系,当然也有着明显的区别。这一节我们不妨对其进行一定程度的比较,使读者对数据结构的选择以及对线段树本身有更深的认识。

一种是同样处理区间问题的树状数组。需要指出的是,实际上树状数组的功能在某种意义上可以算是线段树功能的子集,但是树状数组有着代码简单等其他方面的优势。在下一章对树状数组的介绍中将进行更详细的比较,这里就不再赘述了。

另外一种常见的二叉树就是平衡二叉树了。一般情况下,线段树与平衡树解决的是不同方面的问题。不过,有些题目可以通过适当地建模,使得这两种数据结构都能予以解决(譬如 NOI2007 的"necklace"一题,用线段树和平衡树都能解决,但是平衡树的编码复杂度要比线段树大很多)。通常情况下,线段树的效率会优于平衡树。但是线段树有一点局限性:尽管我们能够在区间上进行修改操作,但是我们不能插入或者删除区间。这种插入与删除操作却是平衡树的基本操作之一。因此对于区间问题,如果我们的操作只涉及对区间上的值进行修改,那么可以使用线段树,但是如果区间需要频繁地插入、删除、分裂、合并,可能平衡树就是一个比较好的选择了。

5.6 线段树的应用举例

例 5 - 6 买票(ticket. ???)

[问题描述]

排队买票是一件令人很焦躁的事情。售票窗口前排了一列长队,而且不断有人往前插队。由于天太黑了,人们并不知道有人插队。但是每个人身上有一个标记(不同的人的标记可能相同)Val_i,并且知道第 i 个人来了队伍之后会走到第 Pos_i 个人的后面。售票窗口记为第 0 个人,所以走到第 0 个人的后面意味着插到队伍首端了。

现在,给出以上信息,你能求出最后的 Val 的序列吗?

[输入格式]

输入数据第一行包含一个整数 $n(1 \leqslant n \leqslant 200000)$,代表总人数。

接下来 n 行,每行两个整数 Pos_i 和 Val_i,意义见问题描述。其中 $Pos_i \in [0, i-1]$,$Val_i \in [0, 32767]$。

[输出格式]

输出一行共 n 个整数,代表最后的 Val 的序列。

[输入样例]

```
4
0 20523
```

1 19243

1 3890

0 31492

〔输出样例〕

31492 20523 3890 19243

〔数据及时间和空间限制〕

有 20% 的数据, n 不超过 2000。

时间限制为 1 秒, 空间限制为 256MB。

〔问题分析〕

　　本题如果直接模拟, 那么可以用平衡树高效地处理。不过在这里用线段树做, 可以大大降低编程复杂度, 同时在运行时间效率上也会有所提升。

　　首先, 我们很容易知道最后一个来的人最后的位置。那么, 我们不妨顺着这个思路来考虑, 即倒过来插队, 先让最后一个人插入, 然后是最后第二个……不难发现, 对于最后第 i 个人, 他要求排在第 p_i 个人的后面, 也就是说前面有 p_i 个空位, 并且是恰好 p_i 个。这样, 我们便可以用线段树来维护空位的信息了。用线段树维护区间内的空位数目, 每次查找一个最靠左的位置, 使得它前面有 p_i 个空位, 该位置就是当前这个人最后所在的位置了。同时, 将当前位置占掉, 并更新线段树。

　　线段树维护起来就很简单了, 本题主要的难点在于想法。想得多一些, 最后得到的算法也就会精简、漂亮一些。时间复杂度为 $O(n\log_2 n)$。

〔参考程序〕

```
#include <cstdio>
using namespace std;
const int maxn = 400005;
int ans[maxn],data[maxn],pos[maxn];
int lch[maxn],rch[maxn],l[maxn],r[maxn],empty[maxn];
int T,top;
void build(int p,int l_lable,int r_lable){
    l[p] = l_lable; r[p] = r_lable; empty[p] = r[p] - l[p];
    if (r[p] - l[p] > 1){
        lch[p] = ++top;
        build(lch[p],l[p],(l[p]+r[p])/2);
        rch[p] = ++top;
        build(rch[p],(l[p]+r[p])/2,r[p]);
    } else {
        lch[p] = 0; rch[p] = 0;
    }
```

```
}
int insert(int p,int pos){
    empty[p]—;
    if (l[p] + 1 == r[p])
        return l[p];
    if (empty[lch[p]] > pos)
        return insert(lch[p],pos);
    else return insert(rch[p],pos — empty[lch[p]]);
}
int main(){
    freopen("ticket.in", "r", stdin);
    freopen("ticket.out", "w", stdout);
    int n;
    scanf("%d", &n);
        top = 0;
        T = ++top;
        build(T,1,n+1);
        for (int i=1; i<=n; ++i)
            scanf("%d %d",&pos[i],&data[i]);
        for (int i=n; i>=1; —i)
            ans[insert(T,pos[i])] = data[i];
        for (int i=1; i<n; ++i)
            printf("%d ",ans[i]);
        printf("%d\\n",ans[n]);
}
```

例 5-7 取牌游戏(mousetrap. ???)

[问题描述]

　　Mousetrap 是一个简单的牌类游戏。游戏刚开始有 K 张牌,每个牌具有唯一的在 1 到 K 之间的标号。牌朝下放置。游戏过程中,你将从顶部取出一张牌,然后放到底部;与此同时,你将记录取的牌的数量(包括顶部的牌)。如果发现取的牌的数量与顶部的那张牌的点数一样,那么顶部的牌就可以被取走了,此时需要重置你的计数为 0。

　　现在的问题是,请你安排一种方案,使得标记为 i 的牌是第 i 个被取走的。不过由于问题规模太大,你只需要告诉我一些我关心的牌放在哪个位置就可以了。

[输入格式]

　　输入第一行包含一个整数 k($1 \leqslant k \leqslant 1000000$),代表牌的数量。

　　第二行的第一个数为整数 n($1 \leqslant n \leqslant 100$),代表询问的次数;

接下来的 n 个数,每个数 d_i 都是在 1 到 k 之间,代表询问的标号。

[输出格式]

输出仅一行,共 n 个整数。第 i 个数代表询问的牌 d_i 应该在哪个位置。

[输入样例]

```
5
5 1 2 3 4 5
```

[输出样例]

```
1 3 2 5 4
```

[数据及时间和空间限制]

有 30％的数据,k 不超过 5000。

时间限制为 2 秒,空间限制为 256MB。

[问题分析]

先模拟 k = 5 的过程。第一个拿出的牌为 1,那么 1 一定是在 1 号位置,要使得 2 是第二个拿出,那么在拿完 1 之后隔一张牌需要是 2,即 2 在 3 号位置,3 需要和 2 隔两个位置,即 4 号位置和 5 号位置为其他牌,3 在 2 号位置。4 需要和 3 隔 3 个位置,因为一共剩下了 2 个位置,将 3 模 2 得到 1,即 4 和 3 隔开 1 个位置,所以 4 在 5 号位置,而 5 则在 4 号位置。

通过模拟这个过程,我们可以发现,实际上这只是一个机械性的填数字的过程。给出一个 K,我们就能在 $O(k^2)$ 的时间内将所有数字所处的位置确定下来。然而这个 $O(k^2)$ 的复杂度大了一些,我们考虑能否将其减小至 $O(k\log_2 k)$。

为了叙述方便,我们记 rest[i][j] 为从 i 到 j 中有多少个位置空着没有放数字。position[i] 为牌 i 的位置。假设我们已经确定了 1 至 p−1 的位置,现在需要确定 p 的位置。p 应该和 p−1 隔开 p−1 个空位,那么也就是需要和 1 隔开 t = p−1 + rest[1][position[p−1]] 个空位。于是题目就转化为找到一个位置,使得从 1 到该位置间有 t 个空位。显而易见的是,空位个数是随着位置向后推而单调增加的,所以思路就会自然而然地转到二分查找。我们再来模拟一下这个二分查找的过程。

还是以 k = 5 为例,一开始 1 在 1 号位置,考虑牌 2,t = 1。首先在区间[1,5],看 2 应该是在区间[1,3]中还是区间[4,5]中。rest[1][3] = 1 >= 1,所以 2 应该在区间[1,3]中。再看是在[1,2]中还是[3,3]中。rest[1][2] = 0 < 1,所以 2 应该在区间[3,3]中。所以 2 的位置定下来了,为 3 号位置。更新 rest 数组之后,同理可以得出牌 3、4、5 的位置。

这时候我们发现,刚才的模拟过程实际上就是在一棵线段树中走了一遍。那么一定可以用线段树来解决这题。使用线段树可以轻松地维护 rest 数组,只需要在每到达区间[l,r]时将 rest[l][r] 减 1,当 l = r 时,position 就定下为 r。而 t 的计算就是求一个前段的和,也是线段树的基本操作。至此,此题的 $O(k\log_2 k)$ 时间复杂度的算法便得出了。

[参考程序]

```
#include <bits/stdc++.h>

#define FF(i, a, b) for (int i=a; i<=b; i++)
```

```cpp
#define FI(i, a, b) for (int i=a; i>=b; i--)
#define MS(f, x) memset(f, x, sizeof(f))
#define LL long long
#define INF 1 << 30
#define MAXN 1200000

using namespace std;

struct node{
    int l, r, lc, rc, v;
};

class line_tree{
public:
    int root, z;
    node p[11 × MAXN];
    void set(){
        root = z = -1;
    }

    void build(int &k, int l, int r){
        k = ++z;
        p[k].l = l; p[k].r = r;
        p[k].lc = p[k].rc = -1;
        p[k].v = r - l + 1;
        if (l ! = r){
            build(p[k].lc, l, (l + r) / 2);
            build(p[k].rc, (l + r) / 2 + 1, r);
        }
    }

    int left(int &k, int tag){
        if (tag == p[k].r) return p[k].v;
        if (tag <= p[p[k].lc].r)
            return left(p[k].lc, tag);
        else
            return p[p[k].lc].v + left(p[k].rc, tag);
    }

    int insert(int &k, int tag){
        p[k].v--;
        if (p[k].l == p[k].r) return p[k].r;
```

```
        if (tag > p[p[k].lc].v)
            return insert(p[k].rc, tag - p[p[k].lc].v);
        else
            return insert(p[k].lc, tag);
    }
};

int ans[MAXN];
line_tree t;

int main(){
    freopen("mousetrap.in", "r", stdin);
    freopen("mousetrap.out", "w", stdout);
    int ttt;
    scanf("%d", &ttt);
    FF(tt, 1, ttt){
        int k, n;
        scanf("%d", &k);
        t.set();
        t.build(t.root, 1, k);
        ans[t.insert(t.root, 1)] = 1;
        int last = 1;
        FF(i, 2, k){
            int left = t.left(t.root, last);
            last = t.insert(t.root, (i + left - 1) % (k - i + 1) + 1);
            ans[last] = i;
            printf("%d : %d %d\\n", i, left, last);
        }
        printf("\\n");
        scanf("%d", &n);
        printf("Case #%d:", tt);
        FF(i, 1, n){
            int x;
            scanf("%d", &x);
            printf(" %d", ans[x]);
        }
        printf("\\n");
    }
    return 0;
```

）

例 5 - 8 旅馆预订(hotel. ???)

[问题描述]

奶牛们最近的旅游计划是到苏必利尔湖畔,享受那里的湖光山色以及明媚的阳光。作为整个旅游的策划者和负责人,贝茜选择在湖边的一家著名的旅馆住宿。这家巨大的旅馆一共有 n (1 ≤ n ≤ 50000) 间客房,它们在同一层楼中顺次一字排开,在任何一个房间里,只需要拉开窗帘,就能见到波光粼粼的湖面。

贝茜一行以及其他慕名而来的旅游者,都是一批批地来到旅馆的服务台,希望能订到 d_i (1 ≤ d_i ≤ n) 间连续的房间。服务台的接待工作也很简单:如果存在 r 满足编号为 r ~ r+d_i-1 的房间均空着,他就将这一批顾客安排到这些房间入住;如果没有满足条件的 r,他会道歉说没有足够的空房间,请顾客们另找一家宾馆。如果有多个满足条件的 r,服务员会选择其中最小的一个。

旅馆的退房服务也是批量进行的。每一个退房请求由两个数字 x_i,d_i 描述,表示编号为 x_i ~ x_i+d_i-1 (1 ≤ x_i ≤ n-d_i+1) 房间中的客人全部离开。退房前,请求退掉的房间中的一些,甚至是所有,可能本来就无人入住。

你的工作就是写一个程序,帮服务员为旅客安排房间。你的程序一共需要处理 m (1 ≤ m < 50000) 个按输入次序到来的住店或退房的请求。第一个请求到来前,旅馆中所有房间都是空闲的。

[输入格式]

输入第一行包含两个用空格隔开的整数 n 和 m。

接下来 m 行,第 i+1 行描述了第 i 个请求。如果它是一个订房请求,则用 2 个数字 1 和 d_i 描述,数字间用空格隔开;如果它是一个退房请求,用 3 个以空格隔开的数字 2、x_i、d_i 描述。

[输出格式]

对于每个订房请求,输出一个独占一行的数字:如果请求能被满足,输出满足条件的最小的 r;如果请求无法被满足,输出 0。

[输入样例]

```
10 6
1 3
1 3
1 3
1 3
2 5 5
1 6
```

[输出样例]

```
1
4
```

7

0

5

[时间和空间限制]

时间限制为 1 秒,空间限制为 256MB。

[问题分析]

简而言之,本题可以抽象成如下问题。

给定一个只包含 0 和 1 的数组,刚开始全是 0。维护如下两个操作:

(1) 找到第一处连续 k 个 0 的地方,并且都标记为 1;

(2) 将某个范围都标记为 0。

该问题实际上用平衡树等其他方法处理会更为方便,不过在这里,用线段树维护就更直截了当,虽然在维护许多数据的情况下,编码不一定会简单。

这里介绍的方法没有用本章介绍的延迟修改,而是用另外一种累计标记。读者可以通过程序来体会这两者之间的差别。

线段树中每个结点除了必须要维护的几个域之外,还需要额外维护这么几个域:区间内最大连续空白是多大,当前区间最左边一个覆盖点以及最右边一个覆盖点。同时累计标记用时间戳来维护,即记录每个区间的最后更新时间和最后清空、最后覆盖时间。

如果能够维护前面三个信息,那么在查询的时候可以这样进行:

(1) 如果当前区间的最大空白不够所要求的,那么直接返回;

(2) 如果左孩子的最大空白满足要求,那么返回左孩子的查询结果;

(3) 考察是否有可能所要找的位置横跨了左右子树(通过最左/最右覆盖点来检验),如果有,那么要找的位置就是左孩子的最右覆盖点后面。

维护的方法与之前的一些题目类似,而累计的作用主要是根据最新修改的时间戳来确定信息的更新,这种方法在编写代码时就会显得略微麻烦,通过阅读以下程序,读者可以用延迟修改的技术重新实现一种更简便的方法。

[参考程序]

```
#include <iostream>
#include <cstdio>
using namespace std;
struct tree{
    int l,r,max,left,right,last,clear,cover;
    tree * lch, * rch;
};

tree * T;
int len, n, m, time;

void build(tree * p, int l, int r){
```

```
        p->l = l; p->r = r; p->last = 0; p->clear = 0; p->cover = 0;
        p->left = 0; p->right = 0; p->max = r-l;
        if (r-l>1){
            p->lch = new tree;
            build(p->lch,l,(l+r) / 2);
            p->rch = new tree;
            build(p->rch,(l+r) / 2,r);
        }
        else {
                p->lch = 0; p->rch = 0;
        }
}

void update(tree * p,int state,int date){
    p->last = date;
    switch (state){
        case 0:p->clear = date; p->max = p->r-p->l; p->left = 0; p->
right = 0; break;
        case 1:p->cover = date; p->max = 0; p->left = p->l; p->right =
p->r-l; break;
    }
}

void change(int &state, int &date, tree * p){
    if (p->clear>date || p->cover>date){
        if (p->clear>p->cover){
            state = 0; date = p->clear;
        }
        else{
            state = 1; date = p->cover;
        }
    }
}

int find(tree * p, int state, int date){
    int tl, tr;
    if (p->left == 0)
        return p->l;
    else {
        change(state,date,p);
```

```
        if (p->lch->last<date)
            update(p->lch,state,date);
        if (p->rch->last<date)
            update(p->rch,state,date);
        if (p->lch->max>=len)
            return find(p->lch,state,date);
        if (p->lch->right==0)
            tl = p->l-1;
        else tl = p->lch->right;
        if (p->rch->left==0)
            tr = p->r;
        else tr = p->rch->left;
        if (tr-tl-1>=len)
            return tl + 1;
        if (p->rch->max>=len)
            return find(p->rch,state,date);
    }
}

void insert(tree *p,int l, int r, int state, int date, int tmp){
    int tl, tr;
    if (l<=p->l && p->r<=r){
        p->last = time;
        switch (tmp){
            case 1:p->max = 0; p->left = p->l; p->right = p->r-1; p-
            >cover = time; break;
            case 0:p->max = p->r-p->l; p->left = 0; p->right = 0; p-
            >clear = time; break;
        }
    }
    else{
        p->last = time;
        change(state,date,p);
        if (p->lch->last<date)
            update(p->lch,state,date);
        if (p->rch->last<date)
            update(p->rch,state,date);
        if (l<(p->l+p->r) / 2)
            insert(p->lch,l,r,state,date,tmp);
```

```
        if (r>(p->l+p->r) / 2)
            insert(p->rch,l,r,state,date,tmp);
        p->left = p->lch->left;
        if (p->rch->left ! = 0){
            if (p->left==0 || p->rch->left<p->left)
                p->left = p->rch->left;
        }
        p->right = p->rch->right;
        if (p->lch->right ! = 0){
        if (p->right==0 || p->lch->right>p->right)
            p->right = p->lch->right;
        }
        if (p->right<p->left)
            p->right = p->left;
        if (p->left ! = 0 || p->right ! = 0){
            if (p->left == 0)
                p->left = p->right;
            if (p->right == 0)
                p->right = p->left;
        }
        p->max = p->lch->max;
        if (p->rch->max>p->max)
            p->max = p->rch->max;
        if (p->lch->right == 0)
            tl = p->l-1;
        else tl = p->lch->right;
        if (p->rch->left==0)
            tr = p->r;
        else tr = p->rch->left;
        if (tr-tl-1>p->max)
            p->max = tr-tl-1;
    }
}

int main() {
    freopen("hotel. in", "r", stdin);
    freopen("hotel. out", "w", stdout);
    scanf("%d %d", &n, &m);
    T = new tree;
```

```
build(T,1,n+1);
for (time = 1; time <= m; ++time){
    int tmp;
    scanf("%d", &tmp);
    if (tmp==1){
        int x;
        scanf("%d", &len);
        if (T->max<len)
            x = 0;
        else x = find(T,0,0);
        printf("%d\\n", x);
        if (x)
            insert(T,x,x+len,0,0,1);
    }
    else{
        int x;
        scanf("%d %d", &x, &len);
        insert(T,x,x+len,0,0,0);
    }
}
return 0;
}
```

5.7 本章习题

5-1 周长统计(picture.???)

[问题描述]

有一系列的矩形平铺在桌面上。每个矩形的边界都与坐标轴平行或者垂直。每个矩形都可以有某一部分或者全部被另外一个矩形覆盖。现在,你需要求出最后得到的整体的轮廓长度,即周长。注意内部形成的空洞也要计算周长(如图 5-9 所示)。

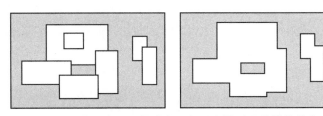

图 5-9 若干个矩形叠放在一起以及最后要计算的轮廓

[输入格式]

输入第一行包含一个整数 $n(n \leqslant 5000)$,代表矩形的数量。

接下来 n 行,每行 4 个整数,分别代表矩形的左下角和右上角坐标。坐标的绝对值不超过 10000,并且保证每个矩形都有大于 0 的面积,即不会退化成直线。

[输出格式]

输出仅一个整数,代表最后得到的轮廓长度。

[输入样例]

```
7
—15 0 5 10
—5 8 20 25
15 —4 24 14
0 —6 16 4
2 15 10 22
30 10 36 20
34 0 40 16
```

[输出样例]

```
228
```

[数据及时间和空间限制]

有 30% 的数据,n 不超过 300。

时间限制为 10 秒,空间限制为 256MB。

5 - 2 数星星(stars. ???)

[问题描述]

夜空中有 n 颗星星,每颗星星都有各自的亮度,没有两颗星星会在同一个位置。你有一个大小为 w×h 的窗户,那么,你可能看到最亮的天空有多亮呢? 看到的天空的亮度等于在窗户内可以看到的星星亮度总和。注意在窗户边框上的星星不算被看到。

为了方便,星星的位置已经在和窗户同一平面上用坐标表示出来了。

[输入格式]

输入第一行包含 3 个整数 n,W,H,其中 $n \leqslant 10000$,并且 $1 \leqslant w, h \leqslant 1000000$。

接下来 n 行,每行 3 个非负整数 x_i, y_i 和 c_i,代表第 i 颗星星的位置坐标以及亮度,范围都在 2^{31} 以内。

[输出格式]

输出仅一个整数,代表可能看到的最大亮度。

[输入样例]

```
3 5 4
```

```
1 2 3
2 3 2
5 3 1
```

[输出样例]

6

[数据及时间和空间限制]

有 20% 的数据，n 不超过 1000。

时间限制为 1 秒，空间限制为 256MB。

第6章 树 状 数 组

在有些数列问题中,我们需要动态查询部分和以及修改某个元素的值,其朴素算法的时间复杂度、空间复杂度往往让人难以接受。此时,我们需要使用一些数据结构来让算法变得更加高效,树状数组就是处理这类问题的一个利器。

6.1 树状数组的问题模型

树状数组(Binary Indexed Tree)是在 1994 年由 Peter M. Fenwick 在其论文《A New Data Structure for Cumulative Frequency Tables》中率先提出的,所以又称为"Fenwick Tree"。其处理的问题模型一般都可以抽象描述成如下形式:

定义一个数组 a[1..n],并维护以下两种操作:(1) 修改,给 a[i]加上一个增量 delta;(2) 查询,询问某个前缀 a[1..index]的和,即 $\sum_{i=1}^{index} a[i]$。

显然,朴素的算法能够在 O(1)的时间内处理修改操作,但是每次查询操作需要 O(n)的时间复杂度,这在查询次数较多的情况下是接受不了的。接下来,我们将会看到树状数组是如何来解决这个问题的。

6.2 树状数组的基本思想

我们知道,每个整数都可以表示为若干个 2 的幂次之和。类似地,对于每次求前缀和,我们也希望能够将其分解为一系列恰当的、不相交的"子集",进而求出它们的和。举例来说,整数 7 可以分解为 2^2、2^1、2^0 这三个数的和,那么求前缀和 $\sum_{i=1}^{7} a[i]$,我们也希望能够将其分解为三个子集的和。一般地,如果前缀下标 index 的二进制表示中具有 m 个"1",我们就希望将其分解为 m 个子集之和。基于这种"类比"思想,我们构造如下一张表格(表 6-1)。

表 6-1 子集划分

下标	1	2	3	4	5	6	7	8	9	10	11	12
内容	1	1..2	3	1..4	5	5..6	7	1..8	9	9..10	11	9..12

其中,下标代表每个"子集"的编号,而内容代表该"子集"所包含的 a 数组的元素。例如,下标为 8 的子集就包含了 a[1..8],而下标为 5 的子集只包含了 a[5]。这样划分的用意何在呢?我们先来看一个实际的例子(表 6-2)。

表 6-2 前缀和及子集和

下标	1	2	3	4	5	6	7	8	9	10	11	12
a 数组	2	0	1	1	0	2	3	0	1	0	2	1
前缀和	2	2	3	4	4	6	9	9	10	10	12	13
子集和 sum	2	2	1	4	0	2	3	9	1	1	2	4

这里不妨用 sum 数组来代表这个子集和,接下来,我们检验这种求和方案是否满足一开始提出来的类比思想。比如,求前缀和 $\sum_{i=1}^{7} a[i]$,我们只需要计算 sum[7]、sum[6] 和 sum[4] 这三项的和,即 $3+2+4=9$;而求前缀和 $\sum_{i=1}^{8} a[i]$,我们只需要计算 sum[8] 这一项的和,即 9。所以,经过初步的检验,我们发现,这种类比方法是成立的!

下面,我们不妨用如下一张图更直观地理解"子集和"的含义。

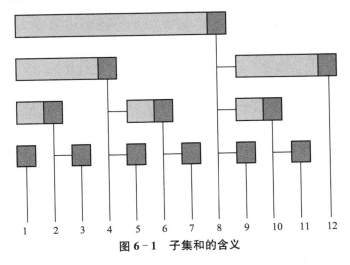

图 6-1 子集和的含义

图中每条长方形代表每个子集对应的部分和,深色代表自己下标对应的值 a[index],浅色代表还需要维护的别的下标对应的值 a[k .. index-1]。对于每个查询,我们如果顺着黑色的直线依次走下去,就可以得到其对应的前缀和了。为了更直观地展示查询的过程,我们用更一般的形式——"查询树",将其展现出来,如图 6-2 所示。

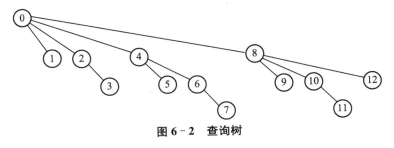

图 6-2 查询树

对于每个查询,我们找到树中对应标号的结点,顺着父边往根结点方向走直到走到 0,依次累加每个标号对应的子集和,到根结点的时候,我们就得到了所需查询的部分和。观察这棵查询树发现,其中每个结点的深度代表了对应查询所需要累加的子集个数,也就是对应数字的二进制表示中"1"的个数。另外,还有一个非常重要的规律:除了那个虚拟的根结点 0 外,其他每个结点的孩子个数都等于其二进制表示中末尾 0 的个数。基于这种树结构以及与二进制表示的密切关系,"Binary Indexed Tree"这个名字由此诞生。

6.3   树状数组的实现

6.3.1   子集的划分方法

现在留给我们的疑惑就是这种子集划分是如何进行的。表 6-3 给出了子集以及与其包含的元素个数之间的关系。

表 6-3   子集划分与其包含的元素个数之间的关系

下标	1	2	3	4	5	6	7	8
下标的二进制表示	1	10	11	100	101	110	111	1000
元素个数 C	1	2	1	4	1	2	1	8
C 的二进制表示	1	10	1	100	1	10	1	1000

通过分析表 6-3,我们发现元素个数的二进制表示就是下标的二进制表示中最低位的 1 所在的位置对应的数,比如子集 5(二进制表示为 101)的元素个数就是 1(二进制表示也是 1),而子集 6(二进制表示为 110)的元素个数为 2(二进制表示为 10)。那么,如何求出这个"最低非 0 位的权"呢? 最朴素的方法是线性扫描每个下标对应的二进制表示,其时间复杂度为 $O(\log_2 index)$。当然,也可以使用递推等方法使算法的时间复杂度达到线性,不过算法不是很漂亮。

下面,介绍树状数组最重要的一个技术——低位技术(Lowbit)。借助于位运算,我们能够得到许多功能强大的 Lowbit 函数。

1. C(index)= index—(index and (index—1))

通过模拟不难发现,index and (index—1)将 index 最低位的 1 及其之后所有的 0 都变为了 0。这样之后再被 index 减去后,便得到了我们想要的数了。这种方法只需要三次运算,与此类似的函数还有 index and (index xor(index—1)),其原理相信大家思考后也能很快发现。

2. C(index)= index and —index

首先,这里的 index 需要用有符号的整型数存储。其次,我们知道计算机存储整数是用补码的形式,正数的补码就是其本身的二进制码,而其相反数则是用其反码加 1 来表示的。假设 index 的二进制可以表示为 $\overline{x1y}$ 的形式,其中 y 为若干个 0,"1"即是其最低位的 1,那么—index 则是$(\sim x)\overline{1y}$,其中~x 表示对 x 取非,这样两者做 and 运算后便得到了 1y,即我们想要的数。

6.3.2 查询前缀和

前面已经根据"查询树"归纳出了查询的方法。下面用伪代码详细描述了这一过程:

```
Function Query(index)
    ans ←0
    While (index > 0) do
        ans ←ans + sum[index]
        x ←x − C(x)
    End while
    return ans
```

对于下标为 index 的前缀和的查询,我们需要相加的项的个数为 index 的二进制表示中所包含的"1"的个数,而这个数至多不超过 trunc($\log_2$ index)＋ 1 ,所以查询操作的时间复杂度就是 O($\log_2$ n)。

6.3.3 修改子集和

我们需要维护的"修改"是针对 a 的单个元素的,所以我们关心的是哪些子集包含了这个需要被修改的元素。观察图 6-1 不难发现,每个深色正方形上方的那些长方形都代表了包含该元素的子集,我们要更新的就是这些子集。为了更直观地表现这一关系,我们使用图 6-3 所示的"更新树",该树就是查询树的"镜像"。为了更直观一些,我们新加入了几个结点。

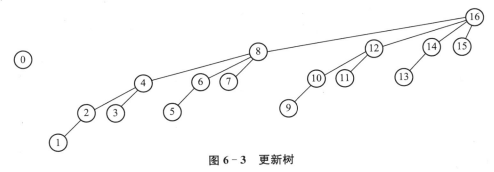

图 6-3 更新树

通过该树,我们可以归纳出:当一个元素改变的时候,该元素在树中对应结点的所有祖先结点都需要做相应的更改。那么,如何找到当前下标 index 对应结点的父结点的下标呢?很简单,只要加上 C(index)即可,下面的伪代码进一步说明了这一过程。由于树的深度至多是 $\log_2$ n,所以,修改操作的时间复杂度也是 O($\log_2$ n)。

```
void change(int index,int delta){
    while (index<=n){
        sum[index]+=delta;
        index+=C(index);
    }
}
```

6.4 树状数组的常用技巧

6.4.1 查询任意区间和

如果需要查询一个区间的和 $a[x..y]$,该如何处理呢?借鉴部分和维护的思想,我们很快就可以得到如下式子: $a[x] + a[x+1] + \cdots + a[y] = Query(y) - Query(x-1)$。

6.4.2 利用 sum 数组求出原数组 a 的某个元素值

如果要查询 $a[index]$ 的值,只要采用以下公式: $Query(index) - Query(index-1)$。不过利用查询树,我们可以得到更优秀的算法。观察该树,会发现如下结论:

$$a[index] = sum[index] - (Query(index-1) - Query(LCA(index, index-1)))$$

其中,LCA 为最近公共祖先。整个操作相当于只进行了一次查询,用伪代码表示如下:

```
int getvalue(int index){
    int ans=sum[index];
    lca=index-C(index);
    index--;
    while (index! =lca){
        ans=ans-sum[index];
        index-=C(index);
    }
    return ans;
}
```

6.4.3 找到某个前缀和对应的前缀下标 index

如果元素非负,那么前缀和随着下标单调不降。于是,就可以用二分查找来解决这个问题,时间复杂度为 $O((\log_2 n)^2)$。利用查询树,我们可以进行进一步的优化。

根据低位技术发现,下标为 2 的幂次的子集包含了从最开始的元素到自己的所有元素。所以,可以通过一种修改过的二分查找来处理这一过程,这种方法通过二分步长 Mask 来进行二分查找,可以发现其至多执行 $\log_2 n$ 次。算法实现的伪代码如下:

```
int getindex(int value){
    index=0;
    int Mask=log2(n);
    while (Mask! =lca){
        TestIx=index+Mask;
        if (value >= sum[TestIx]){
            index=TestIx;
            value-=sum[TestIx];
        }
        Mask/=2;
```

```
    }
    return index;
}
```

6.4.4　成倍扩张/缩减

如果要让原数组 a 中所有元素都变为原来的一半，怎样做呢？一种方法是将 a 数组修改之后重新构建一个树状数组。另一种方法就是按照以下思路实现原地修改：如果直接对树状数组中所有值除以 2，由于取整的原因会造成不连续，不过，如果倒序修改，就会比较漂亮地解决这个问题了，伪代码如下：

```
for (int i＝n；i＞＝1；－－i)
    change(i，－getvalue(i)/2)；
```

6.4.5　初始化树状数组

大多数情况下 a 数组一开始不全是 0，如何初始化树状数组呢？一种显而易见的方法就是将 a 中的元素一个一个地添加进树状数组，不过这样的预处理时间复杂度为 $O(n\log_2 n)$。下面的算法更加优美，因为我们已经知道树状数组中：sum[index] ＝ a[index－C(index)+1] ＋ … ＋ a[index]，所以只需要一开始再维护一个前缀和的数组 pre[x] ＝ a[1] ＋ a[2] ＋ … ＋ a[x]，这样 sum 数组就可以如下初始化了：sum[index] ＝ pre[index] － pre[index－C(index)]。特别地，如果 a 数组一开始全是 1，那么 sum[index] 的值就是 C(index)。

6.5　树状数组与线段树的比较

很显然，树状数组能够处理的问题一般都可以用线段树来解决，并且它们具有相同的查询和修改时间复杂度。但是，树状数组相比线段树处理起这类问题来，至少有如下三个优点：

(1) 节约空间：树状数组的规模为 n，而线段树至少有 2n 个结点，再算上其需要维护的数据域，空间一般会比树状数组大 10 倍左右；

(2) 易于编码：线段树的编码复杂度比树状数组要高许多，这一点要大家自己编程体会；

(3) 时间效率更高：线段树由于需要维护的数据域很多，每次操作的时间复杂度系数会比树状数组大。另外，通过上面的技巧学习，许多树状数组的操作有着更优秀的表现。

那么，树状数组如此优秀，是否可以代替线段树呢？答案显然是否定的。树状数组由于其处理前缀和的特点使它可以处理区间和查询，这是因为区间和具有"可加性"。但是如果要处理区间最值问题，树状数组就无能为力了。

6.6　树状数组扩展到高维的情形

树状数组另一大优点就是非常容易扩展到高维。我们先来定义二维情形下的问题，类似地，大家可以自行定义更高维的情况。

定义一个二维数组 a[1..n,1..n]，并维护以下两种操作：

(1) 修改：给 a[i,j] 加上一个增量 delta；

(2) 查询：询问左上角 a[1..x,1..y] 的和，即 $\sum\limits_{i=1}^{x}\sum\limits_{j=1}^{y}a[i,j]$。

我们同样用一个二维数组 sum 维护被分割的"子集"之和,模仿一维情形下的定义,将二维的 sum 数组定义如下: $sum[x,y] = \sum\limits_{i=x-c(x)+1}^{x} \sum\limits_{j=y-c(y)+1}^{y} a[i,j]$。

不妨作这样的类比:当 sum 数组第一维行坐标固定了之后,sum 数组又可以看做一维的情形,只是这个一维数组是记录的二维数组 a 对应行的若干列合并之后的部分和。

下面给出二维情形下的查询和修改的伪代码:

```
int query(int indexX,int indexY){
    ans=0;
    while (indexX > 0){
        tindexY=indexY;
        while (tindexY > 0){
            ans+=sum[indexX][tindexY];
            tindexY-=C(tindexY);
        }
        indexX-=C(indexX);
    }
    return ans;
}
void change(int indexX,int indexY,int delta){
    while (indexX <= n){
        tindexY=indexY;
        while (tindexY <= n){
            sum[indexX][tindexY]+=delta;
            tindexY+=C(tindexY);
        }
        indexX+=C(indexX);
    }
}
```

不难发现,每一重 while 循环至多执行 $\log_2 n$ 次,故二维情形下的单次查询和修改的时间复杂度为 $O((\log_2 n)^2)$。

如果扩展到 k 维,我们的查询和修改函数就有 k 重循环,故单次查询和修改的时间复杂度为 $O((\log_2 n)^k)$,而且,树状数组占用的空间是 n^k。所以,相比难以扩展到高维的线段树而言,树状数组又多了一个巨大的优势。

6.7 树状数组的应用举例

例 6-1 *逆序对*(inversions. ???)

[问题描述]

给你 n 个整数,每个数 a[i] 都是不超过 10^9 的非负整数。求其中逆序对的个数,即所有这样的数对(i, j)满足 1≤i＜j≤n 且 a[i]＞a[j]。

[**输入格式**]

第一行一个正整数 n(1≤n≤100000),代表数字的个数。

接下来一行 n 个整数,代表待处理的数列。

[**输出格式**]

一行一个整数,代表逆序对的个数。

[**输入样例**]

5

2 3 1 5 4

[**输出样例**]

3

[**数据及时间和空间限制**]

有 20％的数据,n 不超过 2000。

时间限制为 1 秒,空间限制为 256MB。

[**问题分析**]

本题是一个经典的算法问题,通过一些高级数据结构的学习,相信大家都有各自的高招。下面分析如何用树状数组来解决本题。

首先,由于我们只关心两个数之间的大小关系,其具体数值并不重要,所以为了处理方便,我们将输入的 n 个数进行离散化,即按照大小关系把 a[1]到 a[n]映射到 1 到 Num 之间的数,保证仍然满足原有的大小关系,其中 Num 为不同数字的个数。

这样,本题就可以换一种等价的表述方式:对于 a[i],在 a[i]后面的数中有多少比 a[i]小呢? 于是,一个经典的树状数组模型就出来了:我们从第 n 个数开始倒序处理,用树状数组的方法维护一个 cnt 数组,其前缀和 Query(x)代表到当前处理的第 i 个数为止,映射后值在 1 到 x 之间的数字一共有多少个,假设 a[i]映射后的值为 y,那么比 a[i]小的数的个数就等于 Query(y − 1)。对于维护,只需要在该次查询结束之后在 y 这个位置执行树状数组的修改操作即可,即 Change(y,1)。

整个算法的时间复杂度为 O(nlog₂n)。

[**参考程序**]

```cpp
#include<bits/stdc++.h>
const int MAXN = 100000;
using namespace std;

struct node{
    long long v;
    int id;
    bool operator<(const node&p)const{return v<p.v;}
};
```

```cpp
node a[MAXN+10];
long long c[MAXN+10];
long long b[MAXN+10];
int n;
inline int lowbit(int x){
    return x & -x;
}

long long Query(int x){
    long long ans = 0;
    while(x){
        ans += c[x];
        x -= lowbit(x);
    }
    return ans;
}

void Change(int x){
    while(x <= n){
        c[x]++;
        x += lowbit(x);
    }
}

int main(void){
    freopen("inversions.in", "r", stdin);
    freopen("inversions.out", "w", stdout);
    scanf("%d", &n);
    memset(a,0,sizeof(a));
    memset(c,0,sizeof(c));
    memset(b,0,sizeof(b));
    for(int i = 1;i <= n;i++){
        scanf("%lld",&(a[i].v));
        a[i].id=i;
    }
    sort(a + 1, a + n + 1);
    int pre = -1;
    int prevalue = 0;
    for(int i = 1;i <= n;i++){
        if(pre ! = a[i].v){
```

```
            pre = a[i]. v;
            a[i]. v = ++prevalue;
        }
        else a[i]. v=prevalue;
    }
    for(int i = 1;i <= n;i++)
        b[a[i]. id] = a[i]. v;
    long long s = 0;
    for(int i = n;i >= 1;i--){
        Change(b[i]);
        s+=Query(b[i]-1);
    }
    printf("%I64d\\n",s);
    return 0;
}
```

例 6 - 2　矩阵操作(matrix. ???)

[问题描述]

给定一个 n×n 的矩阵 A,其中每个元素不是 0 就是 1。A[i,j]表示在第 i 行、第 j 列的数,初始时,A[i,j] = 0(1≤i,j≤n)。

我们可以按照如下方式改变矩阵:给定一个左上角在(x1,y1)、右下角在(x2,y2)的矩形,通过使用"not"操作改变这个矩形内的所有元素值(元素 0 变成 1,元素 1 变成 0)。为了维护矩阵的信息,你需要写个程序来接收并且执行以下两个操作:

(1) C x1 y1 x2 y2(1≤x1≤x2≤n,1≤y1≤y2≤n),代表改变左上角为(x1,y1)、右下角为(x2,y2)的矩形区域的值;

(2) Q x y(1≤x,y≤n),代表询问 A[x,y]的值。

[输入格式]

第一行两个整数 n 和 T(2≤n≤1000,1≤T≤50000),分别代表矩阵的尺寸和操作数。

接下来 T 行,每行包含一个指令,以"C x1 y1 x2 y2"或者"Q x y"的形式给出,具体描述如上。

[输出格式]

对于每个询问操作,输出一行一个整数,代表对应格子的值。

[输入样例]

```
2 10
C 2 1 2 2
Q 2 2
C 2 1 2 1
```

Q 1 1
C 1 1 2 1
C 1 2 1 2
C 1 1 2 2
Q 1 1
C 1 1 2 1
Q 2 1

[输出样例]

1

0

0

1

[数据及时间和空间限制]

有 20% 的数据,保证 n≤100 且 T≤100。

时间限制为 1 秒,空间限制为 256MB。

[问题分析]

本题和一般的树状数组处理的情况有点不同,普通的树状数组擅长处理查询一个区间、修改一个点,而本题中要处理的是查询一个点、修改一个区间。

我们不妨先考虑一维情形下如何做。一维情形可以看成:有 n 个硬币排成一列,每次可以对下标在[i,j]之间的硬币执行翻转操作,或者询问第 i 个硬币的正反面情况。一般的解决思路是:用 sum 数组记录每个硬币各被翻转了几次,这样查询操作可以在 O(1) 的时间内处理,但是修改操作的时间复杂度是 O(n)。

其实,我们不妨换一种构造 sum 数组的方式。假想一个辅助数组 a,用来重新构造 sum 数组:$sum[i] = a[1] + a[2] + \cdots + a[i]$。那么,如果给 sum 数组在区间[i,j]内都加上 1,我们只需要将 a[i]加上 1 而 a[j+1]减去 1,这样,维护 sum 数组只需要两次对"点"的操作,很自然就想到用树状数组维护了。

现在,我们再来考虑二维的情形。同样,我们用一个二维数组 sum 表示每个点被翻转的次数。$sum[i,j] = a[1,1] + a[1,2] + \cdots + a[1,j] + a[2,1] + \cdots + a[i,j]$,于是,针对矩形⟨(x1,y1),(x2,y2)⟩的修改就可以给 a[x1,y1]、a[x1,y2+1]、a[x2+1,y1]、a[x2+1,y2+1]都加上 1(由于只关心奇偶性,所以加 1、减 1 效果一样)。至此,本题得到了完美解决。整个算法的时间复杂度为 $O(T(\log_2 n)^2)$,其中 T 为操作次数。

[参考程序]

```cpp
#include <iostream>
#include <cstdio>
#include <cstring>
using namespace std;
const int maxn = 1005;
```

```
int sum[maxn][maxn], n;
inline int lowbit(int x){
    return (x & -x);
}

void Change(int x,int y, int delta){
    int ty = y;
    while (x <= n){
        y = ty;
        while (y <= n){
            sum[x][y] += delta;
            y += lowbit(y);
        }
        x += lowbit(x);
    }
}

int Query(int x,int y){
    int ty = y,ans = 0;
    while (x){
        y = ty;
        while (y){
            ans += sum[x][y];
            y -= lowbit(y);
        }
        x -= lowbit(x);
    }
    return ans;
}

int main(){
    freopen("matrix.in","r",stdin);
    freopen("matrix.out","w",stdout);
    int T;
    scanf("%d %d\\n",&n,&T);
    memset(sum, 0, sizeof(sum));
    for (int i=1; i<=T; ++i){
        char ch;
        int x1,y1,x2,y2;
        scanf("%c",&ch);
```

```
        if (ch == 'C'){
            scanf("%d %d %d %d\\n",&x1,&y1,&x2,&y2);
            Change(x1, y1, 1);
            Change(x1, y2 + 1, 1);
            Change(x2 + 1, y1, 1);
            Change(x2 + 1, y2 + 1, 1);
        } else {
            scanf("%d %d\\n",&x1,&y1);
            printf("%d\\n",Query(x1,y1) & 1);
        }
    }
    return 0;
}
```

例 6 - 3 奶牛狂欢节(moofest. ???)

[**问题描述**]

每年，Farmer John 的 n 头奶牛都会参加它们盛大的节日"MooFest"。由于节日里气氛太热烈了，奶牛们的叫声使得节日结束后一些奶牛的听力受到了影响。

现在有 n 头奶牛，第 i 头奶牛的听力阈值为 $v(i)(1 \leqslant v(i) \leqslant 20000)$，即如果其他奶牛想让这只奶牛听到它的声音，那么至少得发出 $v(i)$ 乘上它们之间距离这么大的音量。所以如果第 i 头奶牛和第 j 头奶牛交谈，那么发出的音量大小至少是它们之间的距离乘上它们两个阈值中的最大值，即 $\max(v(i), v(j))$。

现在这 n 头奶牛站在了一条直线上，每头奶牛都站在唯一的坐标上（在 1 到 20000 之间），并且每对奶牛交谈都尽可能降低音量。那么请你计算出这 $n \times (n-1)/2$ 对奶牛交谈产生的最小总音量大小。

[**输入格式**]

输入数据第一行包含一个整数 $n(1 \leqslant n \leqslant 20000)$，代表奶牛的头数。

接下来 n 行，第 i 行两个数，第一个数代表奶牛的听力阈值 $v(i)$，第二个数代表该奶牛所站的坐标。

[**输出格式**]

一行一个整数，代表最小的总音量。

[**输入样例**]

```
4
3 1
2 5
2 6
4 3
```

[输出样例]

57

[数据及时间和空间限制]

有 30% 的数据，n 不超过 2000。

时间限制为 1 秒，空间限制为 256MB。

[问题分析]

分析题目，我们发现比较麻烦的环节一个是距离，也就是二者坐标差的绝对值，另外一个就是最大值。所以，在这两个变量中，至少有一个需要保证有序，这样能使得问题处理起来变得简单。我们不妨采取让听力阈值变得有序的方法，即首先将奶牛们按照其听力阈值从小到大排序。

我们按照顺序从前往后处理，假设当前处理到了第 i 头奶牛。由于排序简化了原问题，所以现在我们要求的就是前 i−1 头奶牛和第 i 头奶牛产生的音量和。音量由两个变量相乘得到，第一个变量是听力阈值的最大值，现在就是第 i 头奶牛的音量阈值。我们要求的只剩下第 i 头奶牛与其他 i−1 头奶牛的距离之和。拆开绝对值的符号，我们得到如下两种情况：

(1) 奶牛 k 的坐标比奶牛 i 的坐标要小，那么距离为 x(i)−x(k)；

(2) 奶牛 t 的坐标比奶牛 i 的坐标要大，那么距离为 x(t)−x(i)。

假设坐标比第 i 头奶牛坐标小的奶牛数量为 N_1，那么坐标比它大的数量即为 i−1−N_1。所以距离和为：$\sum_{j=1}^{i-1-N_1} x(t_j) - \sum_{j=1}^{N_1} x(k_j) + N_1 \times x(i) - (i-1-N_1) \times x(i)$。

上面式子中共有 4 项。前两项我们可以用一个树状数组求出来：首先将奶牛的坐标离散化，每处理完一头奶牛后就给其坐标离散化后的位置加上其坐标值，这样就能很简单地求出比坐标 x(i) 大的坐标和以及比 x(i) 小的坐标和，于是前两项迎刃而解。后两项只要我们求出了 N_1 也就很简单了。如何求 N_1？再用另外一个树状数组维护，具体的方法与前两项的方法类似，这里就不再赘述了。

这样，使用离散化和两个树状数组就可以完美地解决本题了，整个算法的时间复杂度为 $O(n\log_2 n)$。

[参考程序]

```cpp
#include <bits/stdc++.h>
using namespace std;
const int MAXN = 20000;

struct cow{
    int volumn, loc;
};

cow c[MAXN + 10];
long long sum[MAXN + 10], cnt[MAXN + 10];
int n;
```

```
inline int lowbit(int x){
    return (x & -x);
}

void Change(int x, long long delta, long long (&a)[MAXN + 10]){
    while (x <= MAXN){
        a[x] += delta;
        x += lowbit(x);
    }
}

long long Query(int x, long long (&a)[MAXN + 10]){
    long long ans = 0;
    while (x){
        ans += a[x];
        x -= lowbit(x);
    }
    return ans;
}

bool cmp(const cow& i, const cow& j){
    return (i.volumn < j.volumn);
}

int main() {
    freopen("moofest.in", "r", stdin);
    freopen("moofest.out", "w", stdout);
    memset(sum, 0, sizeof(sum));
    memset(cnt, 0, sizeof(cnt));
    scanf("%d", &n);
    for (int i = 1; i <= n; ++i)
        scanf("%d %d", &c[i].volumn, &c[i].loc);
    sort(c + 1, c + n + 1, cmp);
    long long total = 0, ans = 0;
    for (int i = 1; i <= n; ++i){
        long long cnt1 = Query(c[i].loc, cnt), sum1 = Query(c[i].loc, sum);
        long long cnt2 = i - 1 - cnt1, sum2 = total - sum1;
        ans += c[i].volumn * (cnt1 * c[i].loc - sum1 + sum2 - cnt2 * c[i].loc);
        total += c[i].loc;
        Change(c[i].loc, c[i].loc, sum);
        Change(c[i].loc, 1, cnt);
```

```
    }
    cout << ans << endl;
    return 0;
}
```

例 6-4　数星星(stars. ???)

[问题描述]

在一个二维平面中有 n 颗星星,任意两颗星星的坐标不同。现在 Stan 和 Ollie 决定玩如下一个游戏:Stan 首先画一条垂直于 x 轴的直线,这条直线必须至少经过一颗星星,当然也可能会经过几颗星星(它们都有同样的 x 坐标)。接下来,Ollie 画一条垂直于 y 轴的直线,这条直线必须经过一颗被 Stan 所画直线经过的星星。这样,平面就会被划分为如图 6-4 所示的 4 个部分。

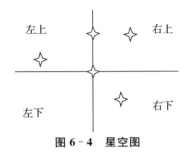

图 6-4　星空图

其中,右上和左下的星星数是 Stan 的得分,而左上和右下部分的星星数是 Ollie 的得分。注意,被两条线经过的点都不计算在内。

两个人都尽可能想要获得高分。Stan 想要最大化自己可能的最小得分。这种方案可能不止一个,对于每种方案,Ollie 当然也想得到最大的得分。所以你同时也得求出 Ollie 可能的得分。

[输入格式]

第一行一个整数 n(1≤n≤200000),代表星星的颗数。

接下来 n 行,每行两个整数 x_i 和 y_i 代表第 i 颗星星的坐标。坐标绝对值不超过 10^9。

[输出格式]

输出一行若干个整数。

第一个整数代表 Stan 最大化的最小得分。接下来若干个整数,代表满足题目中条件的 Ollie 可能获得的分数。分数升序输出,并且相邻两个整数之间用一个空格隔开。

[输入样例]

11

3 2

3 3

3 4

```
3  6
2  −2
1  −3
0  0
−3  −3
−3  −2
−3  −4
3  −7
```

[输出样例]

　　7 2 3

[数据及时间和空间限制]

　　有 30％的数据，n 不超过 2000。

　　时间限制为 1 秒，空间限制为 256MB。

[问题分析]

　　本题的难度比较高，但是只要细心分析，便会找到突破口。

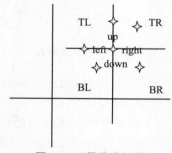

图 6‐5　得分分析图

　　我们先观察和分析图 6‐5，Stan 的得分为 TR＋BL，Ollie 的得分为 TL ＋ BR。为了求出最后的答案，我们需要知道以每个点为中心点的时候，这 4 个数的值。

　　left 为与当前中心点 Center 有相同纵坐标并且其横坐标小于 Center 的横坐标的点数。类似地，我们可以定义 right、up、down。同时，我们还需要知道 Center 的左半边的点数 xsmall——即比 Center 的横坐标要小的点数。同样，我们可以定义出 xlarge、ysmall、ylarge。这些变量的求解非常简单，只需要通过两关键字排序后线性扫描即可，具体实现参见程序。那么，这些变量有什么用呢？其实，有了上述的变量，如果我们知道 BL 的值，那么 TL、TR、BR 的值都可以通过这些变量的代数运算得到，即 TL ＝ xsmall － BL － left；TR ＝ ylarge －TL － up；BR ＝ ysmall － BL － down。大家可以自行验算一下。

　　接下来，我们只需要考虑 BL 的求法：我们将所有点按照横坐标为第一关键字、纵坐标为第二关键字从小到大排序，然后依次将每个点作为 Center 处理出 4 个值。所以，BL 的值即为当前比 Center 的纵坐标小的点数减去 down 的值，第二个值我们已经预处理出来了，第一个值现在应该很熟悉了——用树状数组维护，具体的维护方法见参考程序。

当然为了处理方便,坐标首先需要离散化。这样,整个算法的时间复杂度为 $O(n\log_2 n)$。

[参考程序]

```cpp
#include <bits/stdc++.h>
using namespace std;
const int MAXN = 200005;
struct star{
    int x, y;
    int left, right, up, down;
    int xsmall, xlarge, ysmall, ylarge;
    int TL, TR, BL, BR;
};

star a[MAXN];
int X[MAXN], Y[MAXN], xnum[MAXN], ynum[MAXN], xsum[MAXN], ysum
[MAXN];
int cnt[MAXN];
set<int> list;
int n;
void Prepare(int &size, int (&x)[MAXN]){
    size = 1;
    sort(x + 1, x + n + 1);
    for (int i = 2; i <= n; ++i)
        if (x[i] != x[i - 1])
            x[++size] = x[i];
}

int Rank(int k, int size, int (&a)[MAXN]){
    int l = 1, r = size;
    while (l <= r){
        int mid = (l + r) / 2;
        if (a[mid] == k) return mid;
        if (a[mid] < k) l = mid + 1; else r = mid - 1;
    }
    return 0;
}

bool cmp2(const star& i, const star& j){
    return (i.x < j.x || (i.x == j.x && i.y < j.y));
}
```

```cpp
bool cmp1(const star& i, const star& j){
    return (i.y < j.y || (i.y == j.y && i.x < j.x));
}

inline int lowbit(int x){
    return (x & -x);
}

void Change(int x, int delta, int size){
    while (x <= size){
        cnt[x] += delta;
        x += lowbit(x);
    }
}

int Query(int x){
    int ans = 0;
    while (x){
        ans += cnt[x];
        x -= lowbit(x);
    }
    return ans;
}

int main() {
    freopen("stars.in", "r", stdin);
    freopen("stars.out", "w", stdout);
    scanf("%d", &n);
    a[0].x = a[0].y = a[n + 1].x = a[n + 1].y = -1;
    for (int i = 1; i <= n; ++i){
        scanf("%d %d", &a[i].x, &a[i].y);
        X[i] = a[i].x; Y[i] = a[i].y;
    }
    int xSize, ySize;
    Prepare(xSize, X);
    Prepare(ySize, Y);
    memset(xnum, 0, sizeof(xnum));
    memset(ynum, 0, sizeof(ynum));
    for (int i = 1; i <= n; ++i){
        a[i].x = Rank(a[i].x, xSize, X);
        a[i].y = Rank(a[i].y, ySize, Y);
```

```
        xnum[a[i]. x]++; ynum[a[i]. y]++;
}

xsum[0] = ysum[0] = 0;
for (int i = 1; i <= n; ++i){
    xsum[i] = xsum[i - 1] + xnum[i];
    ysum[i] = ysum[i - 1] + ynum[i];
}

for (int i = 1; i <= n; ++i){
    a[i]. xsmall = xsum[a[i]. x - 1];
    a[i]. xlarge = n - a[i]. xsmall - xnum[a[i]. x];
    a[i]. ysmall = ysum[a[i]. y - 1];
    a[i]. ylarge = n - a[i]. ysmall - ynum[a[i]. y];
}

sort(a + 1, a + n + 1, cmp1);
for (int i = 1; i <= n; ++i){
    if (a[i - 1]. y ! = a[i]. y)
        a[i]. left = 0;
    else a[i]. left = a[i - 1]. left + 1;
    a[i]. right = ynum[a[i]. y] - 1 - a[i]. left;
}
sort(a + 1, a + n + 1, cmp2);
for (int i = 1; i <= n; ++i){
    if (a[i - 1]. x ! = a[i]. x)
        a[i]. down = 0;
    else a[i]. down = a[i - 1]. down + 1;
    a[i]. up = xnum[a[i]. x] - 1 - a[i]. down;
}

memset(cnt, 0, sizeof(cnt));
for (int i = 1; i <= n; ++i){
    a[i]. BL = Query(a[i]. y - 1) - a[i]. down;
    a[i]. TL = a[i]. xsmall - a[i]. BL - a[i]. left;
    a[i]. TR = a[i]. ylarge - a[i]. TL - a[i]. up;
    a[i]. BR = a[i]. ysmall - a[i]. BL - a[i]. down;
    Change(a[i]. y, 1, ySize);
}

int ans = 0, pre = 1;
```

```
        list. clear();
        for (int i = 1; i <= n; ++i)
            if (a[i]. x ! = a[i + 1]. x){
                int stan = n + 1, ollie = 0;
                for (int j = pre; j <= i; ++j){
                    stan = min(stan, a[j]. TR + a[j]. BL);
                    ollie = max(ollie, a[j]. TL + a[j]. BR);
                }
                if (stan >= ans){
                    if (stan > ans){
                        ans = stan;
                        list. clear();
                    }
                    list. insert(ollie);
                }
            pre = i + 1;
            }
        printf("%d", ans);
            for (set<int>::iterator it = list. begin(); it ! = list. end(); ++it)
                printf(" %d", * it);
            printf("\\n");
    return 0;
}
```

6.8　本章习题

6-1　苹果树(apple. ???)

[问题描述]

在卡卡的家门前有一棵苹果树,每个秋天都会结许多苹果。卡卡非常喜欢苹果,所以他总是悉心照料这棵大苹果树。

这棵树有 n 个分叉点,并且它们之间有树枝连接。卡卡将这些分叉点编号,并且树根的编号总是 1。苹果就长在这些分叉点上,当然一个分叉点不会长出两个及以上的苹果。卡卡想要知道一棵子树中有多少个苹果,以此来了解这棵苹果树的生产能力。

现在的麻烦是,有些时候,卡卡会从树上摘下苹果,而有些时候,一个没有苹果的分叉点上又会长出苹果。你能帮卡卡处理这个问题吗?

[输入格式]

输入文件的第一行是一个正整数 n(1≤n≤100000),代表苹果树的分叉点个数。

接下来 n-1 行,每行两个正整数 u 和 v,代表分叉点 u 和 v 之间有一根树枝相连。

第 n 行包含一个正整数 m($1 \leqslant m \leqslant 100000$),代表操作的数目。

接下来 m 行,每行代表一个操作。操作可以是以下两种之一:

(1)"C x"代表在分叉点 x 上的苹果状态被改变了。也就是说,如果之前分叉点 x 上有苹果,那么现在就被摘掉了;反之,如果以前没有苹果,那么现在就长出了一个苹果。

(2)"Q x"代表查询以分叉点 x 为根的子树中一共有多少个苹果(包括 x 上的苹果,如果分叉点 x 上有苹果的话)。

一开始,树上长满了苹果。

[输出格式]

对每个查询,输出一行一个整数,代表该子树上的苹果个数。

[输入样例]

```
3
1 2
1 3
3
Q 1
C 2
Q 1
```

[输出样例]

```
3
2
```

[数据及时间和空间限制]

有 20% 的数据,n 不超过 100;

有 40% 的数据,n 不超过 3000。

时间限制为 1 秒,空间限制为 256MB。

6-2 士兵排列(orders. ???)

[问题描述]

军士长 Johnny 手下一共有 n 个士兵,每个士兵按照身高从矮到高编号为 1 到 n。可惜这群士兵太笨了,第一次排好后现在又忘记怎么排了。站在 Johnny 面前的士兵虽然排成了一列,但是顺序就不一定是从 1 到 n 了。Johnny 想了如下的一个办法让他们排列整齐:从最前面的士兵开始,每个士兵一直往前排直到碰到一个编号比自己小的士兵(身高小于自己)为止,然后该士兵就站在这个位置。不一会儿,队伍调整好了。

Johnny 觉得很满意,不过为了提高效率,他要士兵们记住,这次调整的过程中,每个人各自往前走了几个人的位置。

现在给你这样一个任务:告诉你在排队过程中每个人往前走了几个人的位置,请你告诉我最初这个队伍的顺序是怎样的。

[输入格式]

输入第一行包含一个正整数 n(1≤n≤200000),代表士兵人数。

第二行一共 n 个整数,第 i 个数代表原来队伍中排在第 i 个位置的人在调整过程中往前走了几个人的位置。

[输出格式]

输出包含一行,共 n 个整数,从左往右第 i 个数代表最初在队伍中第 i 个人的编号。相邻两个整数用一个空格隔开。

[输入样例]

```
5
0 1 2 0 1
```

[输出样例]

```
3 2 1 5 4
```

[数据及时间和空间限制]

有 10% 的数据,n 不超过 10;

有 30% 的数据,n 不超过 1000。

时间限制为 1 秒,空间限制为 256MB。

6-3 反转素数(prime. ???)

[问题描述]

满足自身的反序数是不超过 10^6 的素数的七位数被称做"反转素数",例如 1000070、1000090 和 1000240 就是满足这样条件的前三个数。你首先需要找到所有的这样七位数的反转素数以及它们各自所包含的质因子个数。例如,24 可以被因数分解为 $2 \times 2 \times 2 \times 3$,所以它包含了 4 个质因子。

现在,你求出了所有这样的七位数后将它们从小到大排列,并进行一系列以下操作:

(1) 查询:形如"q i",你需要求出当前序列中第 0 个数到第 i 个数这 i 个数各自的质因子个数和。

(2) 删除:形如"d reverse_prime",你需要将给定的反转素数 reverse_prime 从序列中删除。注意这种操作会影响到你的查询。

数据保证 i 是一个合法的下标,并且 reverse_prime 一定是一个反转素数,所删除的 reverse_prime 不会重复。

至多会有 71000 个查询与 3500 个删除操作。

[输入格式]

你需要读入数据直到文件结束。每行数据是一个字母加上一个数字,格式详见样例。

[输出格式]

对于每个询问,输出一行一个整数,代表质因子个数和。

[输入样例]

```
q 0
```

q 1

q 2

d 1000070

d 1000090

q 0

d 1000240

q 0

q 1

[输出样例]

4

10

16

6

3

7

[数据及时间和空间限制]

有 30% 的数据,总操作数不超过 500。

时间限制为 1 秒,空间限制为 256MB。

第7章 伸 展 树

二叉排序树能够支持多种动态集合操作,它可以被用来表示有序集合,建立索引或优先队列等。因此,在信息学竞赛中,二叉排序树应用非常广泛。作用于二叉排序树上的基本操作,其时间复杂度均与树的高度成正比,对于一棵有 n 个结点的二叉树,这些操作在最优情况下运行时间为 $O(\log_2 n)$。但是,如果二叉排序树退化成了 n 个结点的线性链表,则这些操作在最坏情况下的运行时间为 $O(n)$。有些二叉排序树的变形,其基本操作的性能在最坏情况下依然很好,如平衡树(AVL)等。但是,它们需要额外的空间来存储平衡信息,且实现起来比较复杂。同时,如果访问模式不均匀,平衡树的效率就会受到影响,而伸展树却可以克服这些问题。

伸展树(Splay Tree),是由 Daniel Sleator 和 Robert Tarjan 创造,是对二叉排序树的一种改进。虽然它并不能保证树一直是"平衡"的,但对于它的一系列操作,可以证明其每一步操作的"平摊时间"复杂度都是 $O(\log_2 n)$。平摊时间是指在一系列最坏情况的操作序列中单次操作的平均时间。所以,从某种意义上说,伸展树也是一种平衡的二叉排序树。而在各种树型数据结构中,伸展树的空间复杂度(不需要记录用于平衡的冗余信息)和编程复杂度也都是很优秀的。

获得较好平摊效率的一种方法就是使用"自调整"的数据结构,与平衡结构或有明确限制的数据结构相比,自调整的数据结构有以下几个优点:

(1) 从平摊角度来说,它们忽略常量因子,因此绝对不会差于有明确限制的数据结构,而且由于它们可以根据具体使用情况进行调整,所以在使用模式不均匀的情况下更加有效;

(2) 由于无需存储平衡信息或者其他限制信息,所以所需的存储空间更小;

(3) 它们的查找和更新的算法与操作都很简单,易于实现。

当然,自调整的数据结构也有其潜在的缺点:

(1) 它们需要更多的局部调整,尤其是在查找期间,而那些有明确限制的数据结构仅需要在更新期间进行调整,查找期间则不需要;

(2) 一系列查找操作中的某一个可能会耗时较长,这在实时处理的应用程序中可能是一个不足之处。

7.1 伸展树的主要操作

伸展树是对二叉排序树的一种改进。与二叉排序树一样,伸展树也具有有序性,即伸展树中的每一个结点 x 都满足:该结点左子树中的每一个元素都小于 x,而其右子树中的每一个元素都大于 x。但是,与普通二叉排序树不同的是,伸展树可以"自我调整",这就要依靠伸展树的核心操作——伸展操作 Splay(x,S)。

7.1.1　伸展操作

伸展操作 Splay(x,S)是在保持伸展树有序的前提下,通过一系列旋转,将伸展树 S 中的元素 x 调整至树的根部。在调整的过程中,要分以下三种情况分别处理。

情况一:结点 x 的父结点 y 是根结点。这时,如果 x 是 y 的左孩子,则我们进行一次右旋操作 Zig(x);如果 x 是 y 的右孩子,则我们进行一次左旋操作 Zag(x)。经过旋转,使 x 成为二叉排序树 S 的根结点,且依然满足二叉排序树的性质。Zig 操作和 Zag 操作的效果如图 7-1 所示。

图 7-1　Zig 或 Zag 操作效果

情况二:结点 x 的父结点 y 不是根结点。则我们设 y 的父结点为 z,且 x 与 y 同时是各自父结点的左孩子,或者同时是各自父结点的右孩子。这时,我们进行一次 Zig-Zig 操作或 Zag-Zag 操作,如图 7-2 所示。

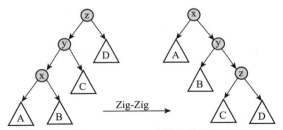

图 7-2　Zig-Zig 操作效果

情况三:结点 x 的父结点 y 不是根结点。则我们设 y 的父结点为 z,且 x 与 y 中的一个是其父结点的左孩子,而另一个是其父结点的右孩子。这时,我们进行一次 Zig-Zag 操作或 Zag-Zig 操作,如图 7-3 所示。

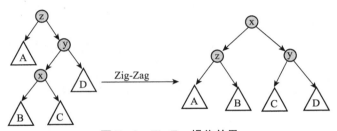

图 7-3　Zig-Zag 操作效果

下面举一个例子来体会上面的伸展操作。如图 7-4 所示,最左边的一个单链先执行

Splay(1,S),我们将元素 1 调整到了伸展树 S 的根部。如图 7-5 所示,再执行 Splay(2,S),将元素 2 调整到了伸展树 S 的根部。从直观上可以看出在经过调整后,伸展树比原来"平衡"了许多。而伸展操作 Splay 的实现并不复杂,只需要根据上述三种情况进行旋转就可以了。

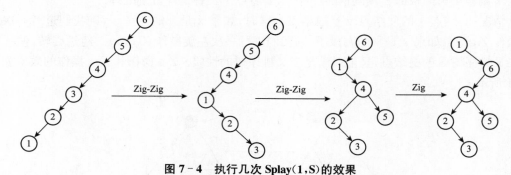

图 7-4 执行几次 Splay(1,S)的效果

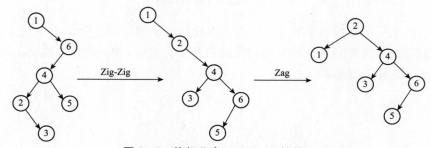

图 7-5 执行几次 Splay(2,S)的效果

7.1.2 伸展树的基本操作

利用伸展操作 Splay,我们可以在伸展树 S 上进行如下几种基本操作。

(1) Find(x,S):判断元素 x 是否在伸展树 S 表示的有序集中。

首先,与在二叉排序树中进行查找操作一样,在伸展树中查找元素 x。如果 x 在树中,则再执行 Splay(x,S)调整伸展树。

(2) Insert(x,S):将元素 x 插入到伸展树 S 表示的有序集中。

首先,与在二叉排序树中进行插入操作一样,将 x 插入到伸展树 S 中的相应位置,再执行 Splay(x,S) 调整伸展树。

(3) Join(S1,S2):将两棵伸展树 S1 与 S2 合并成为一棵伸展树。其中,S1 的所有元素都小于 S2 的所有元素。

首先,找到伸展树 S1 中最大的一个元素 x,再通过 Splay(x,S1)将 x 调整到伸展树 S1 的根部。然后将 S2 作为 x 结点的右子树插入,这样就得到了新的伸展树 S,如图 7-6 所示。

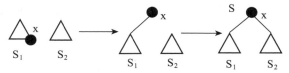

图7-6 Join(S1,S2)的两个步骤

(4) Delete(x,S):将元素 x 从伸展树 S 所表示的有序集中删除。

首先,执行 Find(x,S)将 x 调整为根,然后再对左右子树执行 Join(S1,S2)操作即可。

(5) Split(x,S):以 x 为界,将伸展树 S 分离为两棵伸展树 S1 和 S2,其中,S1 的所有元素都小于 x,S2 的所有元素都大于 x。

首先,执行 Find(x,S),将元素 x 调整为伸展树的根结点,则 x 的左子树就是 S1,而右子树就是 S2,如图 7-7 所示。

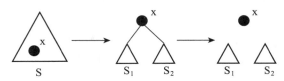

图7-7 Split(x,S)的两个步骤

除了上面介绍的 5 种基本操作外,伸展树还支持求最大值、求最小值、求前趋、求后继等多种操作,这些操作也都是建立在伸展操作 Splay 的基础之上的。

7.2 伸展树的算法实现

下面给出伸展树各种操作的算法实现,它们都是基于如下伸展树的类型定义:

```
class SplayNode{
public:
    SplayNode *L, *R, *F;      //左孩子,右孩子,父亲
    int key;                   //键值
    SplayNode(int k){
        key = k;
        L = R = F = NULL;
    }
    void leftrotate();
    void rightrotate();
    static void splay(SplayNode * x,SplayNode * S);
    SplayNode * find(int k);
    SplayNode * insert(int k);
    SplayNode * max();
```

```
    SplayNode * min();
    SplayNode * succ(int k);
    SplayNode * prev(int k);
    static SplayNode * join(SplayNode * x,SplayNode * y);
    static SplayNode * deleteNode(SplayNode * x,SplayNode * S);
    static void split(int k,SplayNode * S,SplayNode * &x,SplayNode * &y);
};
```

1. 左旋操作

```
void SplayNode::leftrotate(){
    SplayNode * y = F;
    F = y -> F;                              //把 x 的父亲设为 y 的父亲
    if (F ! = NULL){                          //如果 x 的父亲不为空指针的话
        if (F -> L == y) F -> L = this;       //若 y 是左孩子那么 x 就被置为左孩子
        else F -> R = this;                   //否则 x 被置为右孩子
    }
    if (R ! = NULL) R -> F = y;               //把右孩子的父亲置为 y
    y -> L = R;                               //把 y 的左孩子置为 x 的右孩子
    y -> F = this;                            //把 y 的父亲置为 x
    this -> R = y;                            //把 x 的右孩子置为 y
}
```

2. 右旋操作

```
void SplayNode::rightrotate(){
    SplayNode * y = F;
    F = y -> F;                              //把 x 的父亲设为 y 的父亲
    if (F ! = NULL){                          //如果 x 的父亲不为空指针的话
        if (F -> L == y) F -> L = this;       //若 y 是左孩子那么 x 就被置为左孩子
        else F -> R = this;                   //否则 x 被置为右孩子
    }
    if (L ! = NULL) L -> F = y;               //把左孩子的父亲置为 y
    y -> R = L;                               //把 y 的右孩子置为 x 的左孩子
    y -> F = this;                            //把 y 的父亲置为 x
    this -> L = y;                            //把 x 的左孩子置为 y
}
```

3. 伸展操作

```
void SplayNode::splay(SplayNode * x,SplayNode * S){
    SplayNode * SF = S -> F;
    while (x -> F ! = SF){
        SplayNode * y = x -> F;
```

```
        SplayNode *z = y -> F;
        if (z == SF){
            if (y -> L == x) x -> leftrotate();        //zig
            else x -> rightrotate();                   //zag
        }else {
            if (y -> L == x&&z -> L == y){
                y -> leftrotate();                     //zig-zig
                x -> leftrotate();
            }else if (y -> L == x&&z -> R == y){
                x -> leftrotate();                     //zig-zag
                x -> rightrotate();
            }else if (y -> R == x&&z -> R == y){
                y -> rightrotate();                    //zag-zag
                x -> rightrotate();
            }else {
                x -> rightrotate();                    //zag-zig
                x -> leftrotate();
            }
        }
    }
}
```

4. 查找

```
SplayNode * SplayNode∷find(int k){        //与普通二叉排序树相同,递归找到该结点
                                          //查找到节点之后要把该节点 splay 到根部
    if (k == key) return this;
    if (k < key){
        if (L == NULL) return NULL;
        return L -> find(k);
    }else {
        if (R == NULL) return NULL;
        return R -> find(k);
    }
}
```

5. 插入

```
SplayNode *SplayNode∷insert(int k){       //与普通二叉排序树相同,递归插入该元素
if (k <= key){                            //插入节点之后要把该节点 splay 到根部
    if (L == NULL){
        L = newSplayNode(k);
```

```
      L —> F = this;
      return L;
        }else return L —> insert(k);
    }else {
       if (R == NULL){
          R = newSplayNode(k);
          R —> F = this;
          return R;
        }else return R —> insert(k);
    }
}
```

6. 删除

```
SplayNode * SplayNode∷deleteNode(SplayNode * x,SplayNode * S){
    splay(x,S);                     //让 x 成为树根
    SplayNode * a = x —> L;
    SplayNode * b = x —> R;
    delete x;
    if (a ! = NULL) a —> F = NULL;
    if (b ! = NULL) b —> F = NULL;
    if (a == NULL) return b;
    if (b == NULL) return a;
    return join(a,b);               //join 操作见下文
}
```

7. 求最大值

```
SplayNode * SplayNode∷max(){
    if (R == NULL) return this;     //树最右下端就是最大值
    return R —> max();
}
```

8. 求最小值

```
SplayNode * SplayNode∷min(){
    if (L == NULL) return this;     //树最左下端就是最小值
    return L —> min();
}
```

9. 求前趋

```
SplayNode * SplayNode∷prev(int k){
    if (key <= k){                           //如果要找的值不小于当前值就在右子树里查找
       if (R == NULL) return this;    //如果右子树为空前驱就是自己
       SplayNode * tmp = R —> prev(k);
```

```
            if (tmp == NULL) return this;     //如果右子树中不存在该前驱则前驱就是自己
            return tmp;
        }else {
            if (L == NULL) return NULL;      //在左子树里查找前驱
            return L -> prev(k);
        }
}
```

10. 求后继

```
SplayNode * SplayNode::succ(int k){
        if (k <= key){                          //如果要找的值不大于当前值就在左子树里查找
            if (L == NULL) return this;       //如果左子树为空后继就是自己
            SplayNode * tmp = L -> succ(k);
            if (tmp == NULL) return this;     //如果左子树中不存在该后继则后继就是自己
            return tmp;
        }else {
            if (R == NULL) return NULL;      //在右子树里查找后继
            return R -> succ(k);
        }
}
```

11. 合并

```
SplayNode * SplayNode::join(SplayNode * x,SplayNode * y){
        SplayNode * p = x -> max();             //找到 x 中的最大值 p
        splay(p,x);
        p -> R = y;                             //让 y 成为 p 的右孩子
        y -> F = p;
        return p;
}
```

12. 分离

```
void SplayNode::split(int k,SplayNode * S,SplayNode * &x,SplayNode * &y){
        SplayNode * p = S -> find(k);           //将 p 调整为根
        splay(p,S);
        x = p -> L;//左孩子为 x
        y = p -> R;                             //右孩子为 y
}
```

7.3 伸展树的效率分析

由伸展树基本操作的程序实现可以看出，它们的时间效率完全取决于伸展操作 Splay 的时间复杂度。下面，我们就用会计方法分析一下 Splay 操作的平摊时间复杂度。首先，我们定义一些符号：S(x)表示以结点 x 为根的子树，|S| 表示伸展树 S 的结点个数。令 $\mu(S) = \lceil \log_2 |S| \rceil, \mu(x) = \mu(S(x))$，如图 7-8 所示。我们用 1 元钱表示单位代价(对于某个点的访问和旋转看做一个单位时间的代价)。定义伸展树的不变量：在任意时刻，伸展树中的任意结点 x 都至少有 $\mu(x)$ 元的存款。

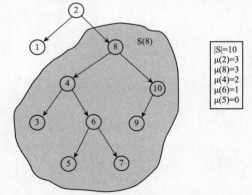

图 7-8 伸展树复杂度分析的符号定义

在 Splay 调整过程中，费用将会用在以下两个方面：

(1) 为使用的时间付费，也就是每一次单位时间的操作我们要支付 1 元钱；

(2) 当伸展树的形状调整时，我们需要加入一些钱或者重新分配原来树中每个结点的存款，以保持不变量继续成立。

下面我们给出关于 Splay 操作花费的定理。

定理：在每一次 Splay(x,S)操作中，调整树的结构与保持伸展树不变量的总花费不超过 $3\mu(S)+1$。

证明：用 $\mu(x)$ 和 $\mu'(x)$ 分别表示在进行一次 Zig、Zig-Zig 或 Zig-Zag 操作前后结点 x 处的存款。下面，我们还是分三种情况分析旋转操作的花费。

情况一：Zig

如图 7-9 所示，进行 Zig 操作或 Zag 操作时，为了保持伸展树不变量继续成立，我们需要花费：

$$
\begin{aligned}
\mu'(x) + \mu'(y) - \mu(x) - \mu(y) &= \mu'(y) - \mu(x) \\
&\leqslant \mu'(x) - \mu(x) \\
&\leqslant 3(\mu'(x) - \mu(x)) \\
&= 3(\mu(S) - \mu(x))
\end{aligned}
$$

此外，我们还要花费另外 1 元钱用来支付访问、旋转的基本操作。因此，一次 Zig 操作或 Zag 操作的花费至多为 $3(\mu(S) - \mu(x))$。

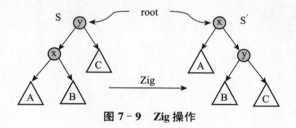

图 7-9 Zig 操作

情况二：Zig-Zig

如图 7-10 所示，进行 Zig-Zig 操作时，为了保持伸展树不变量，我们需要花费：

$$\mu'(x) + \mu'(y) + \mu'(z) - \mu(x) - \mu(y) - \mu(z)$$
$$= \mu'(y) + \mu'(z) - \mu(x) - \mu(y)$$
$$= (\mu'(y) - \mu(x)) + (\mu'(z) - \mu(y))$$
$$\leqslant (\mu'(x) - \mu(x)) + (\mu'(x) - \mu(x))$$
$$= 2(\mu'(x) - \mu(x))$$

与上一种情况一样，我们也需要花费另外的 1 元钱来支付单位时间的操作。

当 $\mu'(x) < \mu(x)$ 时，显然 $2(\mu'(x) - \mu(x)) + 1 \leqslant 3(\mu'(x) - \mu(x))$。也就是说进行 Zig-Zig 操作的花费不超过 $3(\mu'(x) - \mu(x))$。

当 $\mu'(x) = \mu(x)$ 时，我们可以证明 $\mu'(x) + \mu'(y) + \mu'(z) < \mu(x) + \mu(y) + \mu(z)$，也就是说我们不需要任何花费来保持伸展树的不变量，并且可以得到退回来的钱，用其中的 1 元支付访问、旋转等操作的费用。为了证明这一点，我们假设 $\mu'(x) + \mu'(y) + \mu'(z) > \mu(x) + \mu(y) + \mu(z)$。

联系图 7-9，我们有 $\mu(x) = \mu'(x) = \mu(z)$。

那么，显然 $\mu(x) = \mu(y) = \mu(z)$。

于是，可以得出 $\mu(x) = \mu'(z) = \mu(z)$。

令 $a = 1 + |A| + |B|$，$b = 1 + |C| + |D|$，那么就有：

$$[\log_2 a] = [\log_2 b] = [\log_2 (a+b+1)] \qquad ①$$

我们不妨设 $b \geqslant a$，则有：

$$[\log_2 (a+b+1)] \geqslant [\log_2 (2a)]$$
$$= 1 + [\log_2 a]$$
$$> [\log_2 a] \qquad ②$$

①与②矛盾，所以，我们可以得到 $\mu'(x) = \mu(x)$ 时，Zig-Zig 操作不需要任何花费，显然也不超过 $3(\mu'(x) - \mu(x))$。

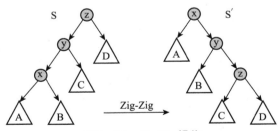

图 7-10　Zig-Zig 操作

情况三：Zig-Zag

与情况二类似，我们可以证明，每次 Zig-Zag 操作的花费也不超过 $3(\mu'(x) - \mu(x))$。

所以，综合以上三种情况，Zig 操作的花费最多为 $3(\mu(S) - \mu(x)) + 1$，Zig-Zig 或 Zig-Zag 操作最多花费 $3(\mu'(x) - \mu(x))$。那么，将旋转操作的花费依次累加，则一次 Splay(x, S) 操作的费用就不会超过 $3\mu(S) + 1$。也就是说，对于伸展树的各种以 Splay 操作为基础的基本操作，其平摊时间

复杂度都是 $O(\log_2 n)$。所以说,伸展树是一种时间复杂度非常优秀的数据结构。

7.4 伸展树的应用举例

伸展树作为一种时间复杂度低、空间要求不高、算法简单、编程容易的数据结构,在解题中大有用武之地。下面就通过几个例子说明伸展树的具体应用。

例 7-1 营业额统计(Turnover. ???)

[**问题描述**]

Tiger 最近被公司升任为营业部经理,他上任后接受公司交给的第一项任务便是统计并分析公司成立以来的营业情况。Tiger 拿出了公司的账本,账本上记录了公司成立以来每天的营业额。分析营业情况是一项相当复杂的工作。由于节假日、大减价或者是有其他情况的时候,营业额会出现一定的波动,当然一定的波动是能够接受的,但是在某些时候营业额突然变得很高或是很低,这就证明公司此时的经营状况出现了问题。经济管理学上定义了一种最小波动值来衡量这种情况:

该天的最小波动值 = min{|该天以前某一天的营业额-该天的营业额|}

当最小波动值越大时,就说明营业情况越不稳定。分析整个公司从成立到现在的营业情况是否稳定,只需要把每一天的最小波动值加起来就可以了。你的任务就是编写一个程序帮助 Tiger 来计算这个值。

约定:第一天的最小波动值为第一天的营业额。

数据范围:天数 $n \leqslant 32767$,每天的营业额 $a_i \leqslant 1000000$,最后的结果 $T \leqslant 2^{31}$。

[**问题分析**]

题目的意思已经非常明确,关键是要每次读入一个数,并且在前面输入的数中找到一个与该数相差最小的。我们很容易想到时间复杂度为 $O(n^2)$ 的算法:每次读入一个数,再将前面输入的数依次查找一遍,求出与当前数的最小差值,记入总结果 T。但由于本题中 n 很大,这样的算法是不可能在时限内出解的。

进一步分析本题,解题中涉及对于有序集的三种操作:插入、求前趋、求后继。而对于这三种操作,伸展树实现起来都非常方便,于是我们设计了如下算法:开始时,树 S 为空,总和 T 为零;每次读入一个数 p,执行 insert(p,S),将 p 插入伸展树 S,同时 p 也被调整到伸展树的根结点;这时,求出 p 点的左子树中的最右点和右子树中的最左点,这两个点分别是有序集中 p 的前趋和后继;然后求得最小差值,加入最后结果 T。

由于伸展树基本操作的平摊时间复杂度都是 $O(\log_2 n)$ 的,所以整个算法的时间复杂度是 $O(n\log_2 n)$。空间上,可以用数组模拟指针存储树状结构,这样,所用内存空间不超过 400KB。编程复杂度方面,伸展树算法非常简单,程序并不复杂。

虽然伸展树并不是解决本题的唯一数据结构,但是它与其他常用的数据结构相比还是有很多优势的,具体对比请参考表 7-1 的分析。

表 7-1　几种数据结构求解本题的复杂度比较

	顺序查找	线段树	AVL 树	伸展树
时间复杂度	$O(n^2)$	$O(n\log_2$ 数组 a 长度$)$	$O(n\log_2 n)$	$O(n\log_2 n)$
空间复杂度	$O(n)$	$O($数组 a 长度$)$	$O(n)$	$O(n)$
编程复杂度	很简单	较简单	较复杂	较简单

[参考程序]

```cpp
# include <bits/stdc++.h>
# define MAXN 40000
# define inf 10000000
using namespace std;
struct{
    int father,left,right,data;
}tree[MAXN];
//伸展树根、当前天数、当天营业额相同的、前趋、后继、最小差值、总天数
int root,now,same,prev,succ,mini,n;
voidleftrotate(int x){                              //左旋
    int y = tree[x].father;
    tree[x].father = tree[y].father;
    if (tree[y].father ! = 0)
        if (tree[tree[y].father].left == y) tree[tree[y].father].left = x;
        else tree[tree[y].father].right = x;
    int z = tree[x].right;
    if (z ! = 0) tree[z].father = y;
    tree[y].left = z;
    tree[x].right = y;
    tree[y].father = x;
}
void rightrotate(int x){                            //右旋
    int y = tree[x].father;
    tree[x].father = tree[y].father;
    if (tree[y].father ! = 0)
        if (tree[tree[y].father].left == y) tree[tree[y].father].left = x;
        else tree[tree[y].father].right = x;
    int z = tree[x].left;
```

```
        if (z ! = 0) tree[z]. father = y;
        tree[y]. right = z;
        tree[x]. left = y;
        tree[y]. father = x;
}

void splay(int x){                        //伸展操作
    while (tree[x]. father ! = 0){
        int y = tree[x]. father;
        int z = tree[y]. father;
        if (z == 0){
            if (tree[y]. left == x) leftrotate(x);
            else rightrotate(x);
        }else {
            if (tree[y]. left == x&&tree[z]. left == y){
                leftrotate(y);
                leftrotate(x);
            }else if (tree[y]. right == x&&tree[z]. right == y){
                rightrotate(y);
                rightrotate(x);
            }else if (tree[y]. right == x&&tree[z]. left == y){
                rightrotate(x);
                leftrotate(x);
            }else {
                leftrotate(x);
                rightrotate(x);
            }
        }
    }
    root = x;
}

void insert(){                                //插入
    int t = root;
    same = now;
    for (;;){
        if (tree[t]. data == tree[now]. data){
            same = t;
            mini = 0;
```

```
            return;
        }else if (tree[t]. data < tree[now]. data){
            if (tree[t]. right == 0){
                tree[t]. right = now;
                tree[now]. father = t;
                return;
            }else t = tree[t]. right;
        }else {
            if (tree[t]. left == 0){
                tree[t]. left = now;
                tree[now]. father = t;
                return;
            }else t = tree[t]. left;
        }
    }
}

void findprev(){                                      //找前趋
    for (prev = tree[root]. left;tree[prev]. right ! = 0;prev = tree[prev]. right);
}

void findsucc(){                                      //找后继
    for (succ = tree[root]. right;tree[succ]. left ! = 0;succ = tree[succ]. left);
}

void work(){
    cin >> n >> tree[1]. data;                        //初始化树,输入天数
    root = 1;
    int ans = tree[1]. data;
    for (now = 2;now <= n;now++){
        scanf("%d",&tree[now]. data);
        mini = inf;
        insert();                                     //插入
        splay(same);                                  //伸展操作
        findprev();                                   //求前驱
        findsucc();                                   //求后继
        if (mini == inf){
                                                      //求最小差值
            if (prev == 0) mini = tree[succ]. data-tree[same]. data;
```

```
        else if (succ == 0) mini = tree[same]. data−tree[prev]. data;
        else mini = min(tree[succ]. data−tree[same]. data,tree[same]. data−tree
        [prev]. data);
        ans += mini;
      }
    }
 cout << ans << endl;
}
int main(){
   freopen("turnover. in","r",stdin);
   freopen("turnover. out","w",stdout);
   work();
   return 0;
}
```

例 7 − 2 船舶停靠(berth. ???)

[问题描述]

有一个港口分为 m 个隔舱,每个隔舱都有固定的长度,一条船不能跨越一个或多个隔舱,即一条船只能在一个隔舱内,但每个隔舱能容纳多条船。每条船只占用 1 个单位长度,在隔舱内的船不能交叉或重叠。每条船都有自己的入港和出港时间,作为调度员你可以接受或者拒绝船只的停靠,你的任务是使得停靠的船只数量最多。

[输入格式]

第一行为两个整数 m,n(m≤10,1≤n≤100000),m 为隔舱的数量,n 为船的数量。

接下来 m 行,每行一个整数 r 表示隔舱的长度。

最后 n 行每行 3 个整数 s,e,sec(0≤s≤e,1≤sec≤m),分别表示入港时间、出港时间以及进入的隔舱。

[输出格式]

输出仅一行一个整数,表示最大可容纳的船只数量。

[输入样例]

1 3

2

1 3 1

2 6 1

2 8 1

[输出样例]

2

[样例说明]

如图 7 - 11 所示。

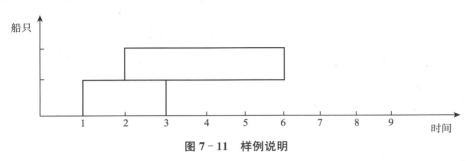

图 7 - 11 样例说明

[问题分析]

本题可以采用贪心算法。我们先只考虑一个隔舱,对于要进入此隔舱的船按出港时间升序排列,若出港时间相同则按入港时间降序排列。此隔舱的容量为 r,用 f[i] (1≤i≤r) 表示当前位置的船的最晚出港时间。对于当前操作的船,如果可以找到 f[i] 小于它的入港时间,则选择满足条件的 f[i] 中最大的那个位置停靠;若不存在 f[i] 小于它的入港时间,则舍弃该船。在查找 f[i] 的时候可以使用平衡树,这样可以把时间复杂度控制在 $O(n\log_2 n)$。

其实,根据以上分析,我们的目的就是要找出某个区间里满足 f[i]<k 的最大 i,并且每次修改某个 f[i],这可以用一个线段树来解决,线段树上保存一段区间的最小值,这样每次先尝试右子树,不行的话就尝试左子树。

[参考程序]

```
#include <bits/stdc++.h>
#define N 100010
using namespace std;
int cnt,r[N],ans;
class SplayNode{
public:
    SplayNode *L,*R,*F;
    int key;
    SplayNode(int k){
        key = k;
        L = R = F = NULL;
    }
    void leftrotate(){
        SplayNode *y = F;
        F = y -> F;
        if (F ! = NULL){
```

```
        if (F -> L == y) F -> L = this;
        else F -> R = this;
    }
    if (R ! = NULL) R -> F = y;
    y -> L = R;
    y -> F = this;
    this -> R = y;
}

void rightrotate(){
    SplayNode * y = F;
    F = y -> F;
    if (F ! = NULL){
        if (F -> L == y) F -> L = this;
        else F -> R = this;
    }
    if (L ! = NULL) L -> F = y;
    y -> R = L;
    y -> F = this;
    this -> L = y;
}

static void splay(SplayNode * x,SplayNode * S){
    SplayNode * SF = S -> F;
    while (x -> F ! = SF){
        SplayNode * y = x -> F;
        SplayNode * z = y -> F;
        if (z == SF){
            if (y -> L == x) x -> leftrotate();
            else x -> rightrotate();
        }else {
            if (y -> L == x&&z -> L == y){
                y -> leftrotate();
                x -> leftrotate();
            }else if (y -> L == x&&z -> R == y){
                x -> leftrotate();
                x -> rightrotate();
            }else if (y -> R == x&&z -> R == y){
```

```
                y -> rightrotate();
                x -> rightrotate();
            }else {
                x -> rightrotate();
                x -> leftrotate();
            }
        }
    }
}
SplayNode *insert(int k){
    if (k <= key){
        if (L == NULL){
            L = newSplayNode(k);
            L -> F = this;
            return L;
        }else return L -> insert(k);
    }else {
        if (R == NULL){
            R = newSplayNode(k);
            R -> F = this;
            return R;
        }else return R -> insert(k);
    }
}
SplayNode *max(){
    if (R == NULL) return this;
    return R -> max();
}
SplayNode *prev(int k){
    if (key <= k){
        if (R == NULL) return this;
        SplayNode *tmp = R -> prev(k);
        if (tmp == NULL) return this;
        return tmp;
    }else {
        if (L == NULL) return NULL;
        return L -> prev(k);
```

```
        }
    }
    static SplayNode * join(SplayNode * x, SplayNode * y){
        SplayNode * p = x -> max();
        splay(p, x);
        p -> R = y;
        y -> F = p;
        return p;
    }
    static SplayNode * deleteNode(SplayNode * x, SplayNode * S){
        splay(x, S);
        SplayNode * a = x -> L;
        SplayNode * b = x -> R;
        delete x;
        if (a ! = NULL) a -> F = NULL;
        if (b ! = NULL) b -> F = NULL;
        if (a == NULL) return b;
        if (b == NULL) return a;
        return join(a, b);
    }
};
struct boat{
    int s, e, sec;
}b[N];
int cmp(struct boat A, struct boat B){
    return (A. sec < B. sec ||
            A. sec == B. sec && A. e < B. e ||
            A. sec == B. sec && A. e == B. e && A. s > B. s);
}
SplayNode * root;
void SplayInsert(int k){
    if(cnt == 0){
        root = new SplayNode(k);
    }else {
        SplayNode * tmp = root -> insert(k);
        SplayNode::splay(tmp, root);
```

```
        root = tmp;
    }
    cnt++;
    ans++;
}
int main(){
    freopen("berth.in","r",stdin);
    freopen("berth.out","w",stdout);
    int m,n;
    cin >> m >> n;
    for (int i = 1;i <= m;i++) scanf("%d",&r[i]);
    for (int i = 1;i <= n;i++) scanf("%d%d%d",&b[i].s,&b[i].e,&b[i].sec);
    sort(b+1,b+n+1,cmp);
    for (int i = 1;i <= n;i++){
        if(b[i].sec != b[i-1].sec){
            cnt = 0;
            SplayInsert(b[i].e);
        }else {
            SplayNode * pre = root -> prev(b[i].s);
            if (pre == NULL){
                if (cnt < r[b[i].sec]){
                    SplayInsert(b[i].e);
                }else continue;
            }else {
                root = SplayNode::deleteNode(pre,root);
                cnt--;
                SplayInsert(b[i].e);
            }
        }
    }
    cout << ans << endl;
    return 0;
}
```

7.5 本章习题

7-1 SPOJ 4487(GSS6.???)

[问题描述]

给定一个有 n 个元素的整数序列{A_i}和 m 个以下 4 种类型的操作：

(1) I x y:第 x-1 与第 x 个元素之间插入元素 y;

(2) D x:删除第 x 个元素;

(3) R x y:将第 x 个元素替换为 y;

(4) Q x y:输出 max{$A_i + A_{i+1} + \cdots + A_j$| x ≤ i ≤ j ≤ y}。

[输入格式]

第一行,一个整数 n。

第二行,n 个整数 A_i。

第三行,一个整数 m。

接下来 m 行,每行包含一个操作。

[输出格式]

对于每个操作 Q 输出一行一个整数。

[输入样例]

```
5
3 -4 3 -1 6
10
I 6 2
Q 3 5
R 5 -4
Q 3 5
D 2
Q 1 5
I 2 -10
Q 1 6
R 2 -1
Q 1 6
```

[输出样例]

```
8
3
6
```

3

5

[数据限制]

100％数据保证：$n,m \leqslant 100000$，且任意时刻数列非空，数列中的元素在 -10000 到 10000 之间，操作均合法。

网上提交：http://www.spoj.pl/problems/GSS6

7-2　维护数列（sequence.???）

[问题描述]

请写一个程序，要求维护一个数列，支持以下 6 种操作（见表 7-2）：

表 7-2　数列的 6 种操作

操作编号	输入文件中的格式	说明
1. 插入	INSERT_posi_tot_c_1_c_2_..._c_{tot}	在当前数列的第 posi 个数字后插入 tot 个数字 c_1，c_2，…，c_{tot}；若在数列首插入，则 posi 为 0
2. 删除	DELETE_posi_tot	从当前数列的第 posi 个数字开始连续删除 tot 个数字
3. 修改	MAKE-SAME_posi_tot_c	将当前数列从第 posi 个数字开始的连续 tot 个数字统一修改为 c
4. 翻转	REVERSE_posi_tot	取出从当前数列的第 posi 个数字开始的 tot 个数字，翻转后放入原来的位置
5. 求和	GET-SUM_posi_tot	计算当前数列从第 posi 个数字开始的 tot 个数字的和并输出
6. 求和最大的子列	MAX-SUM	求出当前数列中和最大的一段子列，并输出最大和
请注意：格式栏中的下划线"_"表示实际输入文件中的空格		

[输入格式]

第一行包含两个数 n 和 m，n 表示初始时数列中数的个数，m 表示要进行的操作数目。

第二行包含 n 个数字，描述初始时的数列。

以下 m 行，每行一条命令，格式参见表 7-2。

[输出格式]

对于输入数据中的 GET-SUM 和 MAX-SUM 操作，向输出文件依次打印结果，每个答案（数字）占一行。

[输入样例]

9 8

2 −6 3 5 1 −5 −3 6 3

GET-SUM 5 4

MAX-SUM

INSERT 8 3 −5 7 2

DELETE 12 1

MAKE-SAME 3 3 2

REVERSE 3 6

GET-SUM 5 4

MAX-SUM

[输出样例]

−1

10

1

10

[样例说明与提示]

初始时,我们拥有数列:

2	−6	3	5	1	−5	−3	6	3			

执行操作 GET-SUM 5 4,表示求出数列中从第 5 个数开始连续 4 个数字之和,如以下表格中的灰色部分 $1+(−5)+(−3)+6 = −1$:

2	−6	3	5	1	−5	−3	6	3			

执行操作 MAX-SUM,表示求出当前数列中最大的一段和,如以下表格中的灰色部分,应为 $3+5+1+(−5)+(−3)+6+3 = 10$:

2	−6	3	5	1	−5	−3	6	3			

执行操作 INSERT 8 3 −5 7 2,即在数列中第 8 个数字后插入−5 7 2,如以下表格中的灰色部分所示:

2	−6	3	5	1	−5	−3	6	−5	7	2	3

执行操作 DELETE 12 1,表示删除第 12 个数字,即最后一个,如下所示:

2	−6	3	5	1	−5	−3	6	−5	7	2	

执行操作 MAKE-SAME 3 3 2,表示从第 3 个数开始的 3 个数字,如以下表格中的灰色部分:

2	−6	3	5	1	−5	−3	6	−5	7	2	

统一修改为 2：

| 2 | −6 | 2 | 2 | 2 | −5 | −3 | 6 | −5 | 7 | 2 | |

执行操作 REVERSE 3 6，表示取出数列中从第 3 个数开始的连续 6 个数。

| 2 | −6 | 2 | 2 | 2 | −5 | −3 | 6 | −5 | 7 | 2 | |

如上表格所示的灰色部分"2 2 2 −5 −3 6"，翻转后得到"6 −3 −5 2 2 2"，并放回原来位置，如下所示：

| 2 | −6 | 6 | −3 | −5 | 2 | 2 | 2 | −5 | 7 | 2 | |

最后执行 GET-SUM 5 4 和 MAX-SUM，不难得到答案 1 和 10。

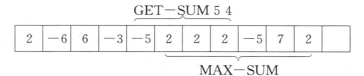

请注意：如果你的程序只能正确处理某一种操作，请确定在输出正确的位置上打印结果，即必须为另一种操作留下对应的行，否则我们不保证可以正确评分。

[数据限制]

你可以认为在任何时刻，数列中至少有 1 个数；

输入数据一定是正确的，即指定位置的数在数列中一定存在；

对于 50％的数据，任何时刻数列中最多含有 30000 个数；

对于 100％的数据，任何时刻数列中最多含有 500000 个数；

对于 100％的数据，任何时刻数列中任何一个数字均在[−1000，1000]内；

对于 100％的数据，m≤20000，插入的数字总数不超过 4000000 个，大小不超过 20MB。

第 8 章 Treap

如果一棵二叉排序树的结点插入的顺序是随机的,那么这样建立的二叉排序树在大多数情况下是平衡的,可以证明,其高度期望为 $\log_2 n$。即使存在一些极端情况,但这种情况发生的概率也很小。而且这样建立的二叉排序树的操作很方便,不必像伸展树那样通过伸展操作来保持树的平衡,也不必像 AVL 树、红-黑树等结构那样,为了达到平衡而进行各种复杂的旋转操作。编程复杂度低了,正确率也就很高,这对有限的竞赛时间和紧张的竞赛考场是很重要的。

Treap 就是一种满足堆的性质的二叉排序树。在保持二叉排序树基本性质不变的同时,为每一个结点设置一个随机的权值,权值满足堆的性质,其结构和效果相当于按随机顺序插入结点而建立的二叉排序树。它的实现简单,支持伸展树的大部分操作,而且效率高于伸展树。

"Treap"一词是由"Tree"和"Heap"而来。Treap 本身是一棵二叉排序树,它的左子树和右子树也分别是一棵 Treap,和一般二叉排序树不同的是,Treap 记录了一个额外的数据域——优先级。Treap 在以关键字构成二叉排序树的同时,优先级还满足堆的性质(本章假设采用小根堆)。但是,Treap 和堆有一点不同:堆必须是完全二叉树,而 Treap 并不一定要求是。

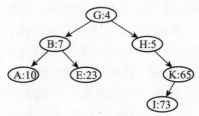

图 8-1 Treap 结构

如图 8-1 所示就是一个 Treap 结构,其按关键字中序遍历的结果为:ABEGHIK,而且优先级满足小根堆。

8.1 Treap 的基本操作

让 Treap 同时满足两个性质的具体做法是:首先让它满足二叉排序树的性质,再通过旋转操作(左旋或右旋),在不破坏二叉排序树性质的同时满足堆的性质。Treap 旋转操作主要通过操作某个父结点和它的一个子结点,让子结点上去,父结点下来。

图 8-2 展示了 Treap 的左旋操作,其中,a,b,t,x 可能为空。可以看到,在左旋操作之

后,P,R,a,b,t 互相之间的大小关系没有变化,例如 a 始终在 P 的左子树上。右旋操作也一样,如图 8-3 所示。

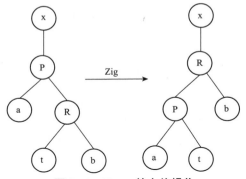

图 8-2　**Treap 的左旋操作**

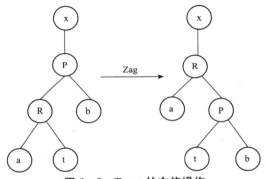

图 8-3　**Treap 的右旋操作**

通过左旋和右旋两种旋转操作,一个结点可以在 Treap 中自由地上下移动,而且结点的上下移动很容易和堆结点的上调和下调对应起来。下面介绍 Treap 的一些基本操作。

1. 查找、求最大值、求最小值

这三个操作和二叉排序树中的做法一样,但是由于 Treap 的随机化结构,可以证明在 Treap 中查找、求最大值、求最小值的时间复杂度都是 $O(h)$,其中,h 表示树的高度。

2. 插入

先给结点随机分配一个优先级,然后和二叉排序树的结点插入一样,把要插入的结点插入到一个叶子上,然后维护堆的性质,即如果当前结点的优先级比根小就旋转(如果当前结点是根的左孩子就右旋,如果当前结点是根的右孩子就左旋)。

假设要插入的数依次为 1、2、3、4、5、6,通过随机函数得到的优先级分别为 10、22、5、80、37、45,则依次插入结点的过程如下:

```
    (1:10)          (1:10)
              ⇒        \\
                     (2:22)
```

插入数字 1 和 2 时都没有影响堆的性质,所以不需要进行旋转维护。(3:5)插入后,由于 5 比 22、10 都小,所以要进行两次旋转操作,把(3:5)调整到最上面,保证了优先级符合堆性质,如下所示:

```
    (1:10)        (1:10)        (3:5)
       \\            \\          /
    (2:22)    ⇒   (3:5)   ⇒  (1:10)
       \\          /             \\
    (3:5)      (2:22)          (2:22)
```

接着插入 4、5、6,并对 4、5 进行旋转调整,便完成了整棵树的插入,如下所示:

```
        (3:5)               (3:5)                   (3:5)
       /    \\             /     \\                /      \\
   (1:10)  (4:80)  ⇒  (1:10)  (5:37)  ⇒   (1:10)      (5:37)
       \\     \\          \\      /            \\        /   \\
   (2:22)  (5:37)       (2:22) (4:80)        (2:22)(4:80)(6:45)
```

通过观察,不难发现:如果把每个元素按照优先级大小的顺序(在上例中,即按照 3、1、2、5、6、4 的顺序)依次插入二叉排序树,形成的树和以上插入调整后的结果完全一致。这就是 Treap 的作用,使得数据插入实现了无关于数据本身的随机性,其效果与把数据打乱后插入完全相同,这使得它几乎能应用于所有需要使用平衡树的地方。

如果把插入的过程写成递归形式,只要在递归调用完成后判断是否满足堆的性质,如果不满足就旋转,实现起来也非常容易。由于旋转操作的时间复杂度是 O(1),最多只要进行 h 次旋转(h 是树的高度),所以总的插入时间复杂度为 O(h)。

3. 删除

有了旋转操作后,Treap 的删除比二叉排序树还要简单。因为 Treap 满足堆性质,所以我们只需要把要删除的结点旋转成叶结点,然后直接删除就可以了。具体的做法就是每次找到优先级小的孩子,向与其相反的方向旋转,直到那个结点被旋转成了叶结点,然后直接删除即可。例如要删除图 8-4(左图)中的结点(B:7),旋转的结果如图 8-4(右图)所示,再删除结点(B:7)。删除最多进行 h 次旋转,所以删除的时间复杂度是 O(h)。

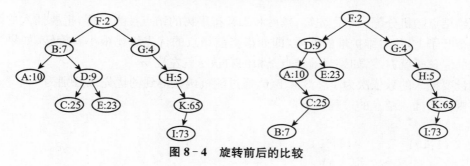

图 8-4　旋转前后的比较

4. 分离

要把一个 Treap 按大小分成两个 Treap, 只要在需要分开的位置强行增加一个虚拟结点(设好优先级), 然后依据优先级旋转至根结点再将其删除掉, 左右两棵子树就是两个 Treap 了。根据二叉排序树的性质, 这时左子树的所有结点都小于右子树的结点。分离的时间复杂度相当于一次插入操作的时间复杂度, 也是 O(h)。

5. 合并

合并是指把两棵平衡树合并成一棵平衡树, 其中第一棵树的所有结点都必须小于或等于第二棵树中的所有结点, 这也是上面的分离操作的结果所满足的条件。Treap 合并操作的过程和分离过程相反, 只要增加一个虚拟的根, 把两棵树分别作为左右子树, 然后再把根删除就可以了。合并的时间复杂度和删除一样, 也是 O(h)。

8.2　Treap 的算法实现

```
#define inf 1 << 30
struct node{
    struct node *l, *r, *f;
    int key,priority,tot;
} *root;
struct node * findMax(struct node *x){//求最大值
    if (! x->r) return x;
    return findMax(x->r);
}

struct node * findMin(struct node *x){//求最小值
    if (! x->l) return x;
    return findMin(x->l);
}

struct node * exist(struct node *x,int k){//查找
    if (x == 0) return 0;
    if (x->key == k) return x;
    if (k < x->key) return exist(x->l,k);
    else return exist(x->r,k);
}
```

左旋与右旋的实现需要注意以下几个问题:

(1) 针对子结点 R 或者父结点 P 都可以;

(2) 旋转的前提是必须要有一父一子两个结点, 也就是说不能把根结点通过旋转向上调;

（3）要注意有些子树（如图 $8-2$、$8-3$ 中的 a,b,t,x）可能是不存在的,先要判断该结点不指向空结点再访问（可以定义一个 NullNode,所有叶结点都指向它）;

（4）如果存储了父指针,子结点指向新的父结点之后,父结点必须立刻收编（指向）这个子结点,两者必须配对进行,否则树中的父子关系容易出现差错。

```
void rightrotate(struct node * x){//右旋
    struct node * y = x->f;
    x->f = y->f;
    if (y->f->l == y) x->f->l = x;
    else x->f->r = x;
    if (x->l) x->l->f = y;
    y->r = x->l;
    y->f = x;
    x->l = y;
}

void leftrotate(struct node * x){//左旋
    struct node * y = x->f;
    x->f = y->f;
    if (y->f->l == y) x->f->l = x;
    else x->f->r = x;
    if (x->r) x->r->f = y;
    y->l = x->r;
    y->f = x;
    x->r = y;
}

void ins(struct node * x,int k,int dir,struct node * fa){//插入
    if (! x){
        x = new struct node;
        x->key = k;
        x->priority = rand()%inf;
        x->l = x->r = 0;
        x->tot = 1;
        x->f = fa;
        if (dir) fa->r = x; else fa->l = x;
    } else {
        if (k < x->key){
            ins(x->l,k,0,x);
            if (x->l->priority<x->priority) leftrotate(x->l);
```

```
    } else {
        ins(x->r,k,1,x);
        if (x->r->priority<x->priority) rightrotate(x->r);
    }
}
}

void del(struct node *x){//删除
    while (x->l||x->r){
        if(x->l&&(x->r&&x->l->priority < x->r->priority||! x->r))
            leftrotate(x->l);
        else
            rightrotate(x->r);
    }
    if (x->f->l == x) x->f->l = 0;
    else x->f->r = 0;
    delete x;
}

struct node * split(int k,struct node *x){//分离,将 Key 与父结点分离,返回的左右子树
为两棵 Treap
    if (x->key == k) return x;
    if (x->key < k){
        if(x->r->key == k){
            struct node *tmp = new struct node;
            tmp->r = x->r;
            tmp->f = x;
            x->r->f = tmp;
            tmp->l = 0;
            x->r = tmp;
            tmp->priority = -inf;
            return tmp;
        } else {
            struct node *tmp = split(x->r);
            rightrotate(x->r);
            return tmp;
        }
    } else {
        if (x->l->key == k){
```

```
        struct node * tmp = new struct node;
        tmp->l = x->l;
        tmp->f = x;
        x->l->f = tmp;
        tmp->r = 0;
        x->l = tmp;
        tmp->priority = -inf;
        return tmp;
    } else {
        struct node * tmp = split(x->l);
        leftrotate(x->l);
        return tmp;
    }
}

void node * join(struct node * x,struct node * y){//合并
    struct node * t = new struct node;
    t->l = x;
    t->r = y;
    x->f = y->f = t;
    del(t);
}
```

8.3 Treap 的应用举例

例 8-1 星际争霸(battle. ???)

[问题描述]

玩《星际争霸》的无限人口版时,我们常常会不顾一切地大肆建造军队以扩充自己的战斗力。当我们每建造出一支部队时,我们总想知道这支部队的战斗力,以便设计出好的战略。你的任务是设计出一个能快速回答一支部队的战斗力强弱问题的程序,部队的战斗力就是这支部队的人数。

我们约定三种操作:

(1) C num,表示往一个编号为 num 的部队里加一个兵,如果当前还没有编号为 num 的部队,则建立这支部队并添加一个兵;

(2) D num,表示编号为 num 的部队里一个兵牺牲了,如果此部队里没有兵了,则删掉此部队,如果没有编号为 num 的部队,则忽略此次操作;

(3) M num1<num2,表示将 num2 里面的兵合并到 num1 中,然后 num2 消失,如果

num1 或 num2 中任意一个不存在,则忽略此次操作。

注意:0<num,num1,num2≤10^{12} 。你最后只需要按要求输出战斗力第 k 强的部队的战斗力。

[输入数据]

第一行为一个整数 n,表示后面的操作命令总数。

从第二行开始的后 n 行,每行是一条操作命令。

第 n+2 行是一个整数 m,表示有 m 个提问。

第 n+3 行有 m 个用一个空格隔开的数 k_1,k_2,k_3,$\cdots$,k_m,也就是提问战斗力第 k_i 强的部队编号。注意:可能 k_i=k_j,也就是说战斗力第 k 强可能被问到两次。

数据中没有多余的空格。

[输出数据]

输出 m 行,每行输出一个战斗力第 k_i 强的部队的士兵人数,如果没有第 k_i 强的部队,则输出“NO”。

这里举个例子,如果士兵人数从大到小分别为 7、5、5、3、2 ,则战斗力第一强大的是 7,第二、第三都为 5,第四为 3,第五为 2。

[输入样例]

```
5
C 4
C 8
M 8<4
D 4
C 5
3
1 2 3
```

[输出样例]

```
2
1
NO
```

[数据及时间限制]

对于 10% 的数据,有 n≤10,m≤20;

对于 30% 的数据,有 n≤800,m≤500;

对于 100% 的数据,有 n≤15000,m≤5000。

每个测试点的时间限制为 1 秒。

[问题分析]

将 num 作为关键字,利用 Treap 对 C、D、M 操作进行模拟,操作结束后提取 num 以及对应的士兵人数,排序后输出。

[参考程序]

```cpp
#include <bits/stdc++.h>
#define inf 1 << 30
using namespace std;
struct node{
    struct node *l, *r, *f;
    int key,priority,tot;
} *root;
void leftrotate(struct node *x){
    struct node *y = x->f;
    x->f = y->f;
    if (y->f->l == y) x->f->l = x;
    else x->f->r = x;
    if (x->r) x->r->f = y;
    y->l = x->r;
    y->f = x;
    x->r = y;
}

void rightrotate(struct node *x){
    struct node *y = x->f;
    x->f = y->f;
    if (y->f->l == y) x->f->l = x;
    else x->f->r = x;
    if (x->l) x->l->f = y;
    y->r = x->l;
    y->f = x;
    x->l = y;
}

void del(struct node *x){
    while (x->l||x->r){
        if(x->l&&(x->r&&x->l->priority < x->r->priority||! x->r))
            leftrotate(x->l);
        else
            rightrotate(x->r);
    }
    if (x->f->l == x) x->f->l = 0;
    else x->f->r = 0;
```

```
    delete x;
}
void ins(struct node * x,int k,int dir,struct node * fa){
    if (! x){
        x = new struct node;
        x->key = k;
        x->priority = rand()%inf;
        x->l = x->r = 0;
        x->tot = 1;
        x->f = fa;
        if (dir) fa->r = x; else fa->l = x;
    } else {
        if (k < x->key){
            ins(x->l,k,0,x);
            if (x->l->priority<x->priority) leftrotate(x->l);
        } else {
            ins(x->r,k,1,x);
            if (x->r->priority<x->priority) rightrotate(x->r);
        }
    }
}

struct node * exist(struct node * x,int k){
    if (x == 0) return 0;
    if (x->key == k) return x;
    if (k < x->key) return exist(x->l,k);
    else return exist(x->r,k);
}

vector<int> rating;
bool cmp(int x,int y) {return x>y;}
void dfs(struct node * x){
    if (! x) return;
    dfs(x->r);
    rating. push_back(x->tot);
    dfs(x->l);
}

int main(){
```

```cpp
freopen("battle.in","r",stdin);
freopen("battle.out","w",stdout);
int t;
cin >> t;
root = new struct node;
root->l = root->r = root->f = 0;
while (t--){
    getchar();
    char tag;
    struct node *tmp;
    int x,y;
    scanf("%c",&tag);
    switch (tag){
    case 'C':
        scanf("%d",&x);
        tmp = exist(root->l,x);
        if (! tmp) ins(root->l,x,0,root);
        else tmp->tot++;
        break;
    case 'D':
        scanf("%d",&x);
        tmp = exist(root->l,x);
        if (! tmp) continue;
        if (! --tmp->tot) del(tmp);
        break;
    case 'M':
        scanf("%d<%d",&x,&y);
        struct node *xNode = exist(root->l,x);
        struct node *yNode = exist(root->l,y);
        if (! xNode||! yNode) continue;
        if (xNode == yNode) continue;
        xNode->tot += yNode->tot;
        del(yNode);
        break;
    }
}
dfs(root->l);
sort(rating.begin(),rating.end(),cmp);
```

```
cin >> t;
while (t——){
    int x;
    scanf("%d",&x);
    if (x > rating. size()) printf("NO\\n");
    else printf("%d\\n",rating[x—1]);
}
return 0;
}
```

8.4 本章习题

8 - 1   mingap(mingap. ???)

[问题描述]

实现一种数据结构,维护以下两个操作:

(1) I x :插入元素 x;

(2) M:输出当前表中相差最小的两个元素的差。

一开始表为空,插入次数不超过 50000,插入的数字不超过 $2^{20} - 1$ 且都为正数,如果要插入的是前面已有的元素,则不作处理。

[输入格式]

第一行为操作数,以下每行一种操作,或者是 I x,或者是 M。

[输出格式]

对于每个 M 操作,输出对应的结果,每行一个数。

[输入样例]

5

I 1

I 10

M

I 6

M

[输出样例]

9

4

8 - 2   郁闷的小 J(depressedj. ???)

[问题描述]

小 J 是国家图书馆的一位图书管理员,他的工作是管理一个巨大的书架。虽然他很能吃苦耐劳,但是由于这个书架十分巨大,所以他的工作效率总是很低,以致他面临着被解雇的危险,这也正是他所郁闷的。

具体说来,书架由 n 个书位组成,编号从 1 到 n。每个书位放着一本书,每本书有一个特定的编码。

小 J 的工作有两类:

(1) 图书馆经常购置新书,而书架任意时刻都是满的,所以只得将某个位置的书拿掉并换成新购的书;

(2) 小 J 需要回答顾客的询问,顾客会询问某一段连续的书位中某一特定编码的书有多少本。

例如,共 5 个书位,开始时每个书位中书的编码为 1、2、3、4、5。一位顾客询问书位 1 到书位 3 中编码为"2"的书共多少本,得到的回答为 1;一位顾客询问书位 1 到书位 3 中编码为"1"的书共多少本,得到的回答为 1。此时,图书馆购进一本编码为"1"的书,并将它放到 2 号书位。一位顾客询问书位 1 到书位 3 中编码为"2"的书共多少本,得到的回答为 0;一位顾客询问书位 1 到书位 3 中编码为"1"的书共多少本,得到的回答为 2……

你的任务是写一个程序来回答每个顾客的询问。

[输入格式]

第一行两个整数 n,m,表示一共 n 个书位、m 个操作。

接下来一行共 n 个整数 A_1,A_2,…,A_n,A_i 表示开始时位置 i 处书的编码。

接下来 m 行,每行表示一次操作,每行开头一个字符。若字符为"C",表示图书馆购进新书,后接两个整数 a($1 \leqslant a \leqslant n$),p,表示这本书被放在位置 a 以及这本书的编码为 p。若字符为"Q",表示一个顾客的查询,后接 3 个整数 a,b,k($1 \leqslant a \leqslant b \leqslant n$),表示查询从 a 书位到 b 书位(包含 a 和 b)中编码为 k 的书共多少本。

[输出格式]

对每一个顾客的查询输出一个整数,表示顾客所要查询的结果。

[输入样例]

```
5 5
1 2 3 4 5
Q 1 3 2
Q 1 3 1
C 2 1
Q 1 3 2
Q 1 3 1
```

[输出样例]

```
1
1
0
2
```

［数据及时间和空间限制］

对于 40％的数据，1≤n,m≤5000；

对于 100％的数据，1≤n,m≤100000；

对于 100％的数据，所有出现的书的编码为不大于 2147483647 的正数。

每个测试点的时间限制为 1 秒，空间限制为 256MB。

8－3 宠物收养场(pet. ???)

［问题描述］

凡凡开了一个宠物收养场。收养场提供两种服务：收养被主人遗弃的宠物和让新的主人领养这些宠物。

每个领养者都希望领养到自己满意的宠物。凡凡根据领养者的要求通过他自己发明的一个特殊的公式，得出领养者希望领养的宠物的特点值 a(a 是一个正整数,a<2^{31})；而他也给每个处在收养场的宠物一个特点值。这样他就能够很方便地处理整个领养宠物的过程。宠物收养场总是会有两种情况发生：被遗弃的宠物过多，或者想要收养宠物的人太多而宠物太少。

被遗弃的宠物过多时，假若到来一个领养者，这个领养者希望领养的宠物的特点值为 a，那么它将会领养一只目前未被领养的宠物中特点值最接近 a 的一只宠物。（任何两只宠物的特点值都不可能是相同的，任何两个领养者的希望领养宠物的特点值也不可能是一样的。）如果有两只满足要求的宠物，即存在两只宠物，它们的特点值分别为 a－b 和 a＋b，那么领养者将会领养特点值为 a－b 的那只宠物。

收养宠物的人过多时，假若到来一只被遗弃的宠物，那么哪个领养者能够领养它呢？能够领养它的是那个希望被领养宠物的特点值最接近该宠物特点值的领养者，如果该宠物的特点值为 a，存在两个领养者，他们希望领养宠物的特点值分别为 a－b 和 a＋b，那么特点值为 a－b 的那个领养者将成功领养该宠物。

一个领养者领养了一个特点值为 a 的宠物，而他本身希望领养的宠物的特点值为 b，那么这个领养者的不满意程度为 abs(a－b)。

你得到了这一年当中，领养者和被遗弃宠物来到收养场的情况，请你计算所有收养了宠物的领养者的不满意程度的总和。这一年初始时，收养所里面既没有宠物，也没有领养者。

［输入格式］

输入文件第一行为一个正整数 n(n≤80000)，表示一年当中来到收养场的宠物和领养者的总数。

接下来的 n 行，按到来时间的先后顺序描述了一年当中来到收养场的宠物和领养者的情况。每行有两个正整数 a，b，其中 a＝0 表示宠物，a＝1 表示领养者，b 表示宠物的特点值或是领养者希望领养宠物的特点值。（同一时间呆在收养场的，要么全是宠物，要么全是领养者，这些宠物和领养者的个数不会超过 10000 个。）

［输出格式］

输出文中仅有一个正整数，表示一年当中所有收养了宠物的领养者的不满意程度的总和 mod 1000000 以后的结果。

每个测试点的时间限制为 1 秒,空间限制为 256MB。

[输入样例]

```
5
0 2
0 4
1 3
1 2
1 5
```

[输出样例]

```
3
```

[样例说明]

abs(3-2) + abs(2-4)=3,最后一个领养者没有宠物可以领养。

8-4 郁闷的出纳员(cashier.???)

[问题描述]

OIER 公司是一家大型专业软件公司,有着数以万计的员工。作为一名出纳员,我的任务之一便是统计每位员工的工资。这本来是一份不错的工作,但是令人郁闷的是,我们的老板反复无常,经常调整员工的工资。如果他心情好,就可能把每位员工的工资加上一个相同的量;反之,如果心情不好,就可能把他们的工资扣除一个相同的量。我真不知道除了调工资他还做什么其他的事情。

工资的频繁调整很让员工反感,尤其是集体扣除工资的时候,一旦某位员工发现自己的工资已经低于了合同规定的工资下界,他就会立刻气愤地离开公司,并且再也不会回来了。每位员工的工资下界都是统一规定的。每当一个人离开公司,我就要从电脑中把他的工资档案删去,同样,每当公司招聘了一位新员工,我就得为他新建一个工资档案。

老板经常到我这边来询问工资情况,他并不问某位员工具体的工资情况,而是问现在工资第 k 多的员工拿多少工资。每当这时,我就不得不对数万个员工进行一次漫长的排序,然后告诉他答案。

好了,现在你已经对我的工作了解不少了。正如你猜的那样,我想请你编一个工资统计程序。怎么样,不是很困难吧?

[输入格式]

第一行有两个非负整数 n 和 min,n 表示有多少条命令,min 表示工资下界。

接下来的 n 行,每行表示一条命令。命令可以是以下 4 种之一:

名称	格式	作用
I 命令	I_k	新建一个工资档案,初始工资为 k,如果某员工的初始工资低于工资下界,他将立刻离开公司
A 命令	A_k	把每位员工的工资加上 k
A 命令	S_k	把每位员工的工资扣除 k
F 命令	F_k	查询第 k 多的工资

_(下划线)表示一个空格,I 命令、A 命令、S 命令中的 k 是一个非负整数,F 命令中的 k 是一个正整数。初始时,可以认为公司里一个员工也没有。

[输出格式]

输出文件的行数为 F 命令的条数加 1。

对于每条 F 命令,你的程序要输出一行,仅包含一个整数,为当前工资第 k 多的员工所拿的工资数,如果 k 大于目前员工的数目,则输出 −1。

输出文件的最后一行包含一个整数,为离开公司的员工的总数。

[输入样例]

```
9 10
I 60
I 70
S 50
F 2
I 30
S 15
A 5
F 1
F 2
```

[输出样例]

```
10
20
−1
2
```

[数据限制]

I 命令的条数不超过 100000;A 命令和 S 命令的总条数不超过 100;F 命令的条数不超过 100000;每次工资调整的调整量不超过 1000;新员工的工资不超过 100000。

[评分方法]

对于每个测试点,如果你输出文件的行数不正确,或者输出文件中含有非法字符,得分为 0;否则,你的得分按如下方法计算:如果对于所有的 F 命令,你都输出了正确的答案,并且最后输出的离开公司的人数也是正确的,你将得到 10 分;如果你只对所有的 F 命令输出了正确答案,得 6 分;如果只有离开公司的人数是正确的,得 4 分;其他情况得 0 分。

8－5 生日快乐(happy. ???)

[**题目大意**]

有一列数,每次可以将一个新的数插入到数列中,并询问数列中比这个数小的数中第 L 大的数或不小于这个数的数中第 L 小的数,并把找到的数减 1。如果找不到所要找的数或者减 1 后小于 0,则返回－1。

原题参见 NOI 2006 一试试题。

第 9 章 平 衡 树

我们知道,树的绝大多数操作都和其深度成正比,对于有 n 个结点的一棵树而言,我们总希望它的深度越小越好。在前面两章,我们已经学习了两种比较常用、相对简单的平衡树结构——伸展树和 Treap。本章,我们将继续学习其他几种平衡树结构,包括 AVL 树、红-黑树、SBT。

一般而言,如不作特别说明,我们所讲的"平衡树"就是指平衡二叉树(Balanced Binary Tree)。"平衡二叉树"或者是一棵空树,或者是满足下列性质的二叉树:它的左子树和右子树都是平衡二叉树,且左右子树的深度之差的绝对值不超过 1。

我们把某个结点的左子树深度减去右子树深度,叫做该结点的"平衡因子"。因此,平衡二叉树上所有结点的平衡因子只可能是−1、0 和 1。我们可以在二叉树的存储结构中再增加一个数据域来存放每个结点的平衡因子。如图 9 - 1 所示,左边两棵二叉树都是平衡二叉树,右边两棵二叉树都不是平衡二叉树。

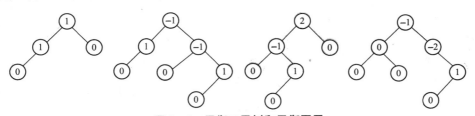

图 9 - 1 平衡二叉树和平衡因子

9.1 AVL 树

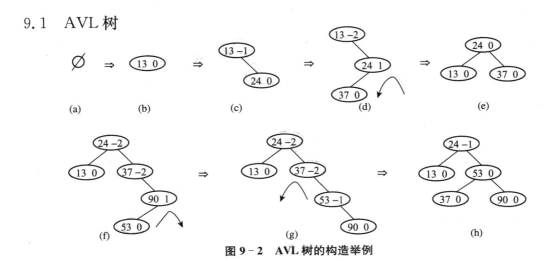

图 9 - 2 AVL 树的构造举例

二叉排序树（Binary Sort Tree，BST）是应用非常广泛的树结构，它的特点是数据的有序性和操作的高效性、简便性。我们把平衡的二叉排序树（Balancing Binary Search Tree）称为"AVL 树"，AVL 树得名于它的发明者 G. M. Adelson-Velsky 和 E. M. Landis。那么，如何保证对于任意的初始序列都能够构造成 AVL 树，从而使得二叉排序树的深度维持在 $\log_2 n$，保证二叉排序树操作的高效性呢？下面，我们就来作具体分析。先来看一个具体例子，假设插入的关键字序列为（13，24，37，90，53），则构造 AVL 树的过程如图 9-2 所示。

空树和一个结点（13）的树显然是 AVL 树。插入 24 后仍然是平衡的，只是根结点的平衡因子由 0 变成了 −1。再继续插入 37 后，由于结点 13 的平衡因子由 −1 变成 −2，因此出现了不平衡现象，好比一根扁担出现一头重一头轻的现象，若能将扁担的支撑点由 13 改成 24，扁担的两头就平衡了。由此，我们想到对树作一个逆时针的"旋转"操作，令结点 24 为根，而结点 13 为它的左子树，此时，结点 13 和 24 的平衡因子都为 0，而且仍然保持了二叉排序树的特性。再继续插入 90 和 53 之后，由于结点 37 的平衡因子由 −1 变成 −2，二叉排序树中出现了新的不平衡现象，需再次进行调整，但此时由于结点 53 插在结点 90 的左子树上，因此不能作如上的简单调整。对于以结点 37 为根的子树来说，既要保持二叉排序树的特性，又要平衡，则必须以 53 作为根结点，而使 37 成为它的左子树的根，90 成为它的右子树的根。这好比对这棵树（图 9-2 中的 f 图）作了两次"旋转"操作——先顺时针，再逆时针，使二叉排序树由不平衡转化为平衡。

一般情况下，假设由于在二叉排序树上插入结点而失去平衡的最小子树的根结点指针为 a（即 a 是离插入结点最近，且平衡因子绝对值大于 1 的祖先结点），则失去平衡后进行调整的规律可归纳为下列四种情况。

1. LL 型平衡旋转

由于在 a 的左子树的左子树上插入结点，使 a 的平衡因子由 1 增至 2 而失去平衡，需要进行一次顺时针旋转操作，如图 9-3 所示，算法实现如下：

```
b=a->left;              //找到 b 结点：a 的左子树的根
a->left=b->right;       //把 b 的右子树作为 a 的左子树
a->bf=0;                //a 的平衡因子变为 0
b->right=a;             //把 a 作为 b 的右子树
b->bf=0;                //b 的平衡因子变为 0
```

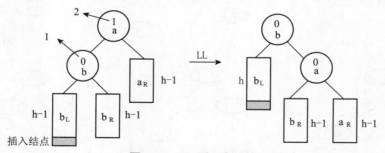

图 9-3 LL 型平衡旋转

2. RR 型平衡旋转

由于在 a 的右子树的右子树上插入结点,使 a 的平衡因子由 −1 减至 −2 而失去平衡,需进行一次逆时针旋转操作,如图 9 − 4 所示,算法实现基本上同 LL 型平衡旋转。

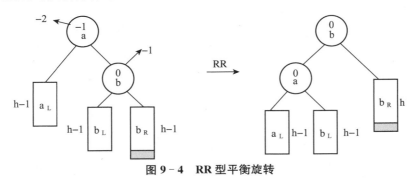

图 9 − 4   RR 型平衡旋转

3. LR 型平衡旋转

由于在 a 的左子树的右子树上插入结点,使 a 的平衡因子由 1 增至 2 而失去平衡,需进行两次旋转操作(先逆时针,再顺时针),如图 9 − 5 所示,算法实现如下:

```
b=a−>left;            //找到 b 和 c 结点
    c=b−>right;
    a−>left=c−>right;//把 c 作为新子树的根
    b−>right=c−>left;
    c−>right=a;
    c−>left=b;
    switch (c−>bf) of //插入前,c−>bf=0,插入后有 3 种情况
        case 1:{a−>bf = −1; b−>bf = 0; break;}      //在 c 的左子树上插入结点
        case −1:{a−>bf = 0; b−>bf = 1; break;}      //在 c 的右子树上插入结点
        case 0:{a−>bf = b−>bf = 0; break;}          //c 本身为插入的叶子结点
    }
    c−>bf=0;       //旋转变换之后
b=c;               //把 b 调整为平衡子树的根
```

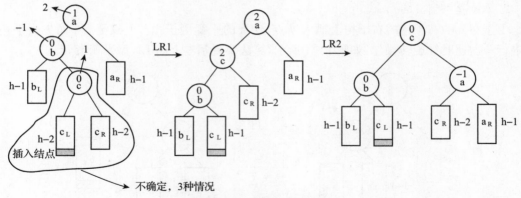

图 9-5　LR 型平衡旋转

4. RL 型平衡旋转

由于在 a 的右子树的左子树上插入结点,使 a 的平衡因子由 -1 减至 -2 而失去平衡,需进行两次旋转操作(先顺时针,再逆时针),如图 9-6 所示,算法实现基本上同 LR 型平衡旋转。

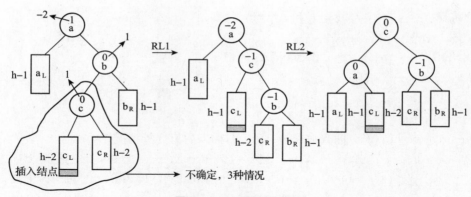

图 9-6　RL 型平衡旋转

平衡旋转操作是当二叉排序树在插入结点后产生不平衡时进行的。因此,为了从任意初始状态的关键字序列得到的二叉排序树总是 AVL 树,需要对二叉排序树的插入算法作以下一些修改:

(1) 判断插入结点后是否产生不平衡;

(2) 找到失去平衡的最小子树;

(3) 判别旋转类型并作相应调整处理。

从平衡二叉树的定义可知,平衡二叉树上所有结点的平衡因子的绝对值都不超过 1。在插入结点之后,若二叉排序树上的某个结点的平衡因子的绝对值大于 1,则说明出现了不平衡;同时,失去平衡的最小子树的根结点必定离插入结点最近,而且是插入之前的平衡因子的绝对值大于 0 的祖先结点(这样插入后才可能出现平衡因子的绝对值大于 1)。为此,我们需要做到:

（1）在查找 s 结点的插入位置的过程中，记下离 s 结点最近且平衡因子不等于 0 的结点，令指针 a 指向该结点；

（2）修改自 a 至 s 路径上所有结点的平衡因子值；

（3）判别当前子树是否失去平衡，即在插入结点之后，a 结点的平衡因子绝对值是否大于 1，若是，则需要判别旋转类型并作相应处理；否则，插入过程结束。

我们可以通过"遍历所得中序序列不变"来证明以上 4 种旋转操作的正确性。

下面，我们来讨论含有 n 个结点的 AVL 树的最大深度是多少。

先反过来，假设深度为 h 的平衡二叉树中含有的结点数最少为 $N(h)$，则：

$N(0)=0, N(1)=1, N(2)=2, N(3)=4\cdots\cdots$

观察后发现：$N(h)=N(h-1)+N(h-2)+1$。

这个关系与 Fibonacci 数列很相似，利用归纳法可以证明：

当 $h \geqslant 0$ 时，有 $N(h)=F(h+2)-1$

因为 $F(n)=\dfrac{m^{n+1}-k^{n+1}}{\sqrt{5}}$ 　　　（其中 $m=\dfrac{1+\sqrt{5}}{2}, k=\dfrac{1-\sqrt{5}}{2}$）

$\approx \dfrac{m^{n+1}}{\sqrt{5}}$ 　（因为 $k<1$，所以当 n 很大时，k^{n+1} 趋向于 0）

即：$N(h)=\dfrac{m^{h+3}}{\sqrt{5}}-1$

即：$\sqrt{5}(n+1)=m^{h+3}$

所以：$h=\log_m(\sqrt{5}(n+1))-3 \approx \log_m n < \log_2 n$

例 9-1　建立 AVL 树的算法实现

```cpp
#include<bits/stdc++.h>
using namespace std;

struct node{
    int bf,key;
    node *lch, *rch;
};
node *bst = NULL, *b = NULL;
int n;
void LL(node *&a){
    b = a->lch;
    a->lch = b->rch;
    b->rch = a;
    a->bf = b->bf = 0;
}

void RR(node *&a){
    b = a->rch;
```

```
    a->rch = b->lch;
    b->lch = a;
    a->bf = b->bf = 0;
}

void LR(node * &a){
    node * c = NULL;
    b = a->lch;
    c = b->rch;
    a->lch = c->rch;
    b->rch = c->lch;
    c->rch = a;
    c->lch = b;
    switch (c->bf){
            case 1:{a->bf = -1; b->bf = 0; break;}
            case -1:{a->bf = 0; b->bf = 1; break;}
            case 0:{a->bf = b->bf = 0; break;}
    }
  c->bf = 0;
  b = c;//把 b 调整成已平衡子树的根
}

void RL(node * &a){
    node * c = NULL;
    b = a->rch;
    c = b->lch;
    a->rch = c->lch;
    b->lch = c->rch;
    c->lch = a;
    c->rch = b;
    switch (c->bf){
        case 1:{a->bf = 0; b->bf = -1; break;}
        case -1:{a->bf = 1; b->bf = 0; break;}
        case 0:{a->bf = b->bf = 0; break;}
    }
    c->bf = 0;
    b = c;                          //把 b 调整成已平衡子树的根
}

void insert(node * &t, int k){
```

```
node * s = NULL, * f = NULL, * p = NULL, * q = NULL, * a = NULL;
int d = 0;
bool balanced = true;
s = new node;
s->lch = s->rch = NULL;
s->bf = 0;
s->key = k;
if (t == NULL) t = s;
else{//在以结点 t 为根的平衡树上插入关键字等于 k 的新结点 s
    a = p = t;                 //查找 s 的插入位置,并记下 a
    while(p ! = NULL){
      if(p->bf ! = 0){a = p; f = q;}
      q = p;
      if(s->key < p->key) p = p->lch; else p = p->rch;
    }//找到插入位置 q
    if(s->key < q->key) q->lch = s; else q->rch = s;
    //修改 a 至 s 路径上的各结点的平衡因子值
    if(s->key < a->key)
      {p = a->lch; b = p; d = 1;} else
      {p = a->rch; b = p; d = -1;}
    while(p ! = s){
      if(s->key < p->key)
          {p->bf = 1; p = p->lch;} else
          {p->bf = -1; p = p->rch;}
    //判别 a 的子树是否失去平衡
    balanced = true;
    if(a->bf == 0) a->bf = d; else
        if(a ->bf == -d) a->bf = 0;
        else{//失去平衡,判别旋转类型
            balanced = false;
            if(d == 1){
                switch (b->bf){
                    case 1:{LL(a); break;}
                    case -1:{LR(a); break;}
                    }
            } else{
                switch (b->bf){
                    case -1:{RR(a); break;}
```

```
                    case 1:{RL(a); break;}
                }
            }
        }
        if(! balanced)//在 RL 和 LR 旋转处理结束时令 b=c
            if(f == NULL) t = b;
            else if(f->lch == a) f->lch = b;//修改 a 的双亲 f 的指针域
            else if(f->rch == a) f->rch = b;
        }
    }
}

void out(node * root){
    printf("(");
    if(root->lch ! = NULL) out(root->lch);
    printf("%d",root->key);
    if(root->rch ! = NULL) out(root->rch);
    printf(")");
}

int main(){
    printf("input data(if <0 then over!):\\n");
    do{
        scanf("%d",&n);
        if(n>=0) insert(bst,n);
    } while(n >= 0);
    printf("output sorted data\\n");
    out(bst);
    return 0;
}
```

9.2 红-黑树

"红-黑树"也是一种二叉排序树,但在每个结点上增加了一个数据域,表示该结点的颜色,具体可以是 RED 或 BLACK。通过对任一条从根到叶子的路径上各结点着色方式的限制,红-黑树确保了没有一条路径会比任何其他路径长两倍,因而基本上是平衡的。

树中每个结点包含 5 个域:Color、Key、Left、Right 和 P。如果某结点的一个子结点或者父结点不存在,则该结点相应的指针域包含值 NULL。我们把这些 NULL 视为二叉排序树的外部结点(叶结点),而把带关键值的普通结点视为树的内部结点。

如果一棵二叉排序树满足下面的 4 条"红-黑性质",那么,我们就认为它是一棵红-黑树。

(1) 每个结点或是红的,或是黑的;

(2) 每个叶结点(NULL)都是黑的;

(3) 如果一个结点是红的,则它的两个子女一定都是黑的;

(4) 从某一个结点到达其子孙叶结点的每一条简单路径上包含相同个数的黑结点。

图 9 - 7 中的左图所示的二叉排序树不是红-黑树,而图 9 - 7 中的右图是红-黑树,其中加阴影结点代表红结点(2,4,11,15),其他结点代表黑结点(7,1,5,8,14),圆圈结点代表内部结点,方框结点代表叶结点。

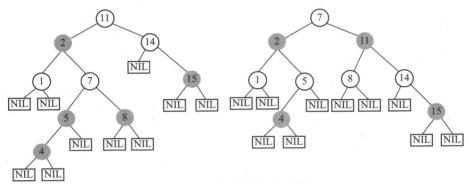

图 9 - 7 判断是否为红-黑树

从某个结点 x 出发(不包括该结点),到达其子树上的任意一个叶结点的任意一条路径上的黑结点个数称为该结点的黑高度,用 bh(x) 表示。根据性质(4)可知,bh(x) 是确定的。定义叶结点(NULL)的黑高度为 0,那么我们可以求出每个结点的黑高度。图 9 - 7 中的右图中的结点 4 的黑高度为 1,结点 5 的黑高度为 1,根结点 7 的黑高度为 2。把红-黑树的黑高度定义为其根结点的黑高度,所以图 9 - 7 中右图所示的红-黑树的黑高度就为 2。

定理:一棵含有 n 个内部结点的红-黑树的高度至多为 $2\log_2(n+1)$。

证明:我们可以先证明以某一结点 x 为根的子树中至少包含 $2^{bh(x)}-1$ 个内部结点(因为内部结点个数最少的情况是全黑)。

设 h 为树的高度,根据性质(3),从根到叶结点(不包括根)的任一条简单路径上,至少有一半的结点是黑的,所以根的黑高度至少为 h/2,根据上面的结论,得出:

内部结点的个数 $n \geqslant 2^{h/2}-1 \rightarrow n+1 \geqslant 2^{h/2} \rightarrow \log_2(n+1) \geqslant h/2 \rightarrow h \leqslant 2\log_2(n+1)$。

根据以上定理可知,红-黑树是一种比较平衡的二叉排序树,它的基本操作都能在 $\log_2 n$ 的时间范围内解决。二叉排序树的多数基本操作在红-黑树里都可以直接使用,如查找、求最大值、求最小值、求前趋、求后继。但是插入和删除的操作却不能直接使用,因为这两个操作都对树做了修改,并不能保证操作后的树仍然满足红-黑性质,为了保持这些性质,就要改变树中某些结点的颜色以及指针的结构。指针结构的修改是通过旋转来完成的,旋转是一种能保持关键字的中序遍历次序的局部操作,下面就先介绍旋转操作。

1. 旋转

旋转分为左旋和右旋。如图 9 - 8 所示,图中 α、β 和 γ 为三棵子树,显然这一旋转操作仍然保持了关键字的中序遍历次序,且旋转是以"x—y 之间的链"为支轴进行的,图 9 - 9 为一个具体的例子(图中省去了叶结点)。

左旋的程序代码如下:

```
void Left_Rotate(node * T,node * x){
  node * y = x->right;
  x->right = y->left;              //将 y 的左子树转变为 x 的右子树
  if(y->left ! = NULL) y->left->p = x;
  y->p = x->p;                     //将 x 的父亲连接到 y
  if(x->p == NULL) root(T) = y;   //y 作为整棵树的根
  else if(x == x->p->left)
      x->p->left = y; else x->p->right = y;
  y->left = x;                     //将 x 放到 y 的左边
  x->p = y;
}
```

旋转操作的时间复杂度为 O(1),在旋转中被改变的仅仅是指针,而结点的其他数据域保持不变。

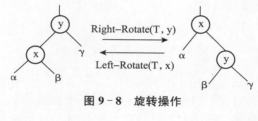

图 9-8　旋转操作

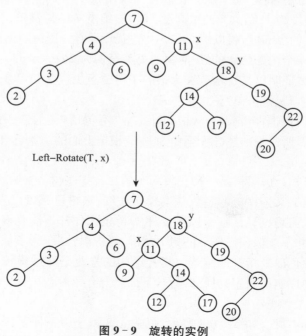

图 9-9　旋转的实例

2. 插入

向一棵含有 n 个结点的红-黑树中插入一个新结点的操作可在 $O(\log_2 n)$ 的时间内完成。插入过程是这样的:先将结点 x 插入到红-黑树 T 中,把 T 作为一棵普通的二叉排序树那样,然后将 x 着色为红色,为保证红-黑性质能继续保持,再对有关结点重新着色并旋转,详细做法参见下面的 RB-Insert 过程,其中的大部分代码都是处理这个过程中可能出现的各种情况。

```
void RB_Insert(node * T,node * x){
    Insert(T,x);
    x->color = RED;
    while((x ! = T->root) && (x->p->color == RED)){
        if(x->p == x->p->p->left){//x 的父亲是 x 的祖父的左孩子
            y = x->p->p->right;
            if(y->color == RED){          //情况 1
                x->p->color = BLACK;
                y->color = BLACK;
                x->p->p->color = RED;
                x = x->p->p;
            } else{
                if(x == x->p->right) {x = x->p; Left_Rotate(T,x);}//情况 2
                x->p->color = BLACK;          //以下是情况 3
                x->p->p->color = RED;
                Right_Rotate(T,x->p->p);
            }
        } else{                              //x 的父亲是 x 的祖父的右孩子
            同上一段,只是互换 right 和 left;
        }
    }
    T->root->color = BLACK;
}
```

下面我们结合一个实例(如图 9-10 所示)来解释插入过程的总目标和 3 种情况。首先判断在代码的第一和第二行后,红-黑性质中的哪些被破坏了。显然性质(1)和性质(2)继续成立,因为新插入的结点的子女都为 NULL。性质(4)也继续成立,因为 x 替换了一个空结点 NULL,而 x 本身是具有子女 NULL 的红结点。这样,唯一可能被破坏的就是性质(3)。性质(3)是说一个红结点不能有一个红色的孩子结点,具体来说,如果 x 的父结点是红色的,则性质(3)被破坏,插入的实例中(a)图就是这种情况。

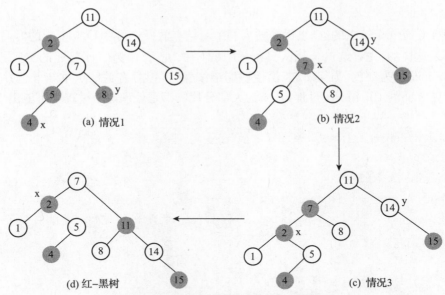

图 9 - 10 插入的实例(阴影代表红结点)

循环的总体目标就是要保持性质(1)、性质(2)和性质(4)继续成立的情况下,将性质(3)的破坏作用沿树上移,并不断调整沿途结点的颜色,最终使性质(3)成立。在每次循环开始处,x 都指向一个具有红色结点的父结点,即树中对红-黑性质有所破坏的唯一之处,每次循环的结果有两种可能:指针 x 沿树上升,或做旋转并结束循环。

在图 9 - 10 中,图(a)中插入结点 x,因为 x 及其父结点都是红色,所以违反了性质(3),又因为 x 的叔父结点 y 也是红色,则可应用代码中的情况 1,对各结点重新着色,指针 x 沿树上升,所得的树为图(b)。对于图(b),x 及其父结点又都是红色,但 x 的叔父结点 y 是黑色的,由于 x 为右孩子,所以可以应用情况 2,以 x—>. p 为根执行一次左旋操作,得到的树如图(c)所示。现在对于图(c),x 及其父结点又都是红色,但 x 的叔父结点 y 是黑色的,而且由于 x 为左孩子,所以可以应用情况 3,先把 x—>. p 着成黑色,把 x—>. p—>. p 着成红色,再以 x—>. p—>p 为根执行一次右旋操作,得到的树如图(d)所示,这就是一棵合法的红-黑树。

实际上,在 while 循环中要考虑 6 种情况,其中有 3 种情况与另外 3 种情况是互相对称的,这种对称要取决于 x 的父亲(x—>. p)是 x 的祖父(x—>. p—>. p)的左孩子还是右孩子。上面的程序代码中只处理了左孩子的情况,另外我们还做了一个重要的假设:树根是黑色的,以保证 x 的父结点(x—>. p)不是根结点,从而保证 x—>. p—>. p 总是存在的。请大家思考:如果树根是红色的,怎么处理呢?

情况 1 与情况 2 及情况 3 的区别在于 x 的叔父结点(y=x—>. p—>. p—>. right)的颜色有所不同,如果 y 是红的,则执行情况 1;否则,就执行情况 2 及情况 3。在所有的 3 种情况中,x 的祖先(x—>. p—>. p)是黑的,因为 x 的父结点是红的,故性质(3)只在 x 和 x 的父结点(x—>. p)之间被破坏了。

对于情况 1,如图 9 - 11 所示,无论 x 是右孩子(图 a)还是左孩子(图 b),都要采取相同的操作,每一棵子树(α,β,γ,δ,ε)必然都有一个黑根且黑高度都相同。情况 1 的代码要改变某些结点的颜色,从而保持性质(4)成立,while 循环以结点 x 的祖父结点(x—>. p—>. p)作为新的 x 继续迭代,这样对性质(3)的违反只可能出现于新 x 为红色且其父结点也是红色的时候。当 x—>. p 和 y 都是红色时才执行情况 1,因为 x 的祖父是黑色的。我们可以将 x—>. p 和 y 都着为黑色,这样就解决了 x 和 x—>. p 都是红色的问题,再将 x 的祖父着为红色,从而保持性质(4)。唯一可能出现的问题是 x—>. p—>. p—>. p 可能是红色的,因此我们还要以 x—>. p—>. p 作为新的结点 x 来重复 while 循环。

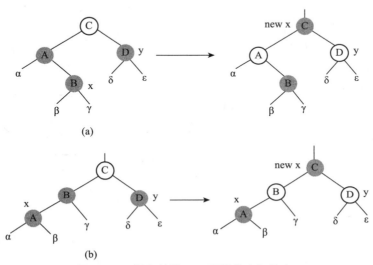

图 9-11 插入的情况 1(阴影代表红结点)

对于情况 2 和情况 3,如图 9-12 所示,x 的叔父 y 是黑色的,而 x 和 x 的父结点(x—>. p)都是红色的,这两种情况是通过 x 是 x—>. p 的左孩子还是右孩子来区别的,但都违反了性质(3),因为结点 A,B,C 的每一棵子树都有一个黑根且具有相同的黑高度,我们可以通过一次左旋将情况 2 转换成情况 3,从而保持了性质(4)。对于情况 3,我们只要改变 x 的父结点(x—>. p)和祖父结点(x—>. p—>. p)的颜色及做一次右旋操作,同样保持了性质(4),然后 while 循环终止,因为性质(3)已经得到了满足(已不会有连续的两个红色结点了)。

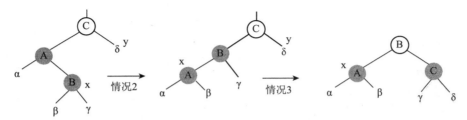

图 9-12 插入的情况 2 和情况 3(阴影代表红结点)

最后,我们来讨论 RB-Insert(T,x)的运行时间。首先,含有 n 个结点的红-黑树的高度为 $O(\log_2 n)$,因而调用 Insert(T,x)要花费 $O(\log_2 n)$的时间。其次,仅当情况 1 被执行时,while 循环才会重复,且 x 沿树上升,这样 while 循环可能被执行的总次数就为 $O(\log_2 n)$。

所以,总的时间复杂度仍然为 $O(\log_2 n)$。有趣的是,该过程所做的旋转操作从不超过两次,因为只要执行了情况 2 或情况 3 后,while 循环就结束了。

3. 删除

与插入操作相比,删除操作要略微复杂一些。为了简化代码中的边界条件,我们采用一个哨兵元素来表示 NULL,对一棵红-黑树 T,哨兵 T->.nil 是一个有着和树中其他结点相同数据域的对象,其颜色为 BLACK,而另一些域则可被置成任意允许的值,这样红-黑树中的所有 NULL 指针都替换成指向哨兵 T->.nil 的指针。采用了哨兵后,我们就可以将某结点 x 的 NULL 孩子当做 x 的一个普通孩子来处理。我们固然可以采用不同的哨兵结点来代替树中的每个 NULL,使每个 NULL 的父结点都是确定的,但这样比较浪费空间。因此,我们用一个哨兵 T->.nil 来代替所有的 NULL,每当要操作结点 x 的某个孩子时,要先将 T->.nil->.p 置为 x。

具体的删除过程与二叉排序树的结点删除基本一致,只是在删除完一个结点后,需要再调用一个辅助过程 RB-Delete-Fixup 来改变某些结点的颜色,并做必要的旋转,从而保持红-黑性质。

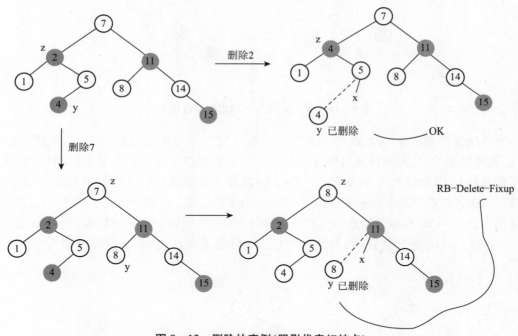

图 9-13　删除的实例(阴影代表红结点)

```
void RB_Delete(node * T, node * z){
    node * y = NULL;
    if((z->left == T->nil)||(z->right == T->nil))
        y = z; else y = succ(z);            //y 为 z 的后继
    if(y ->left ! = T->nil)
        x = y->left; else x = y->right;
```

```
    x->p = y->p;
    if(y ->p == T->nil)
        T->root = x; else
        if(y == y->p->left) y->p->left = x; else y->p->right = x;
    if(y ! = z){
        z->key = y->key;
        如果有其它数据域也一并复制;
    }
    if(y->color == BLACK) RB_Delete_Fixup(T,x);
}
```

红-黑树的删除与普通二叉排序树的删除有 3 点不同。首先,在 RB-Delete 中对所有
NULL 的引用都被改成对哨兵的引用。其次,在 DELETE 中需要判断"x<>nil",而在 RB-
Delete 中是无条件地执行赋值语句"x->. p:=y->. p",这样,如果 x 是哨兵,则其父指针
就是指向被删除的结点 y 的父亲。第三,在 RB-Delete 中,最后一个语句,如果 y 是红色的,
则当 y 被删除后,红-黑性质仍然保持;如果 y 是黑色的,则调用 RB-Delete-Fixup 调整。因
而树中各结点的黑高度都没有变化,也不存在两个相邻的红色结点。在 y 被删除前,如果 y
有个非 NULL 孩子,则传给 RB-Delete-Fixup 的结点 x 必为 y 的唯一孩子;如果 y 没有孩
子,则 x 必为哨兵。在后一种情况中,程序中的无条件赋值语句"x->. p:=y->. p"保证
了 x 现在的父结点为先前 y 的父结点,无论 x 是内部结点还是哨兵。

下面给出了 RB-Delete-Fixup 的过程。

```
void RB_Delete_Fixup(node * T,node * x){
    node * w = NULL;
    while((x ! = T->root) && (x->color == BLACK)){
        if(x == x->p->left){
            w = x->p->right;
            if(x ->color == RED){
                w->color = BLACK;//情况 1
                x->p->color = RED;
                Left_Rotate(T,x->p);
                w = x->p->right;
            }
            if((x->left->color == BLACK) && (w->right->color) ==
            BLACK){
                x->color = RED;//情况 2
                x = x->p;
            } else{
                if(w->right->color == BLACK){
                    w->left->color = BLACK;//情况 2
```

```
                    w—>color = RED;
                    Right_Rotate(T,w);//情况 3
                    w = x—>p—>right;
                }
                w—>color = x—>p—>color;//情况 4
                x—>p—>color = BLACK;
                w—>right—>color = BLACK;
                Left_Rotate(T,x—>p);
                x = T—>root;
            }
        } else{
            与 then 子句后面的相同,只是互换 right 和 left;
        }
        x—>color = BLACK;
    }
}
```

现在,我们重点讨论 RB-Delete-Fixup 是如何恢复红-黑性质的。

在 RB-Delete 中,如果被删除的结点 y 是黑色的,则所有原先包含 y 的路径在 y 被删除后都少了一个黑结点,这样,性质(4)就被破坏了。补救这个问题的一个方法就是把 x 视为还有一个额外的"一重黑色",也就是说,如果我们将任意包含结点 x 的路径上的黑结点个数加 1,则在这种解释下,性质(4)就成立。当我们将黑结点 y 删除时,我们将其黑色"下推"至其孩子结点,现在仅有的一个问题是结点 x 可能是"双重黑色"的了,从而就要破坏性质(1)了。RB-Delete-Fixup 过程就是试图恢复性质(1),其中的整个 while 循环的目标就是将额外的黑色沿树上移:

(1) x 指向一个红结点,在这种情况下,我们在最后一行将该结点改为黑色即可:X—>. color:=BLACK;

(2) x 指向根,这时可消除那个额外的黑色;

(3) 做必要的颜色修改和旋转。

在 while 循环中,x 总是指向具有额外黑色的那个非根结点。while 循环中的第一条语句"If x=x—>. p—>. left"首先判断 x 是其父结点的左孩子还是右孩子(我们只给出了左孩子的代码,右孩子的情况是对称的)。对于 x 的兄弟,我们用指针 w 加以记录,因为 x 是双重黑色的,故 w 不可能是哨兵 T—>. nil;如果 w 是哨兵,从 x—>. p 到 NULL 叶结点 w 的路径上的黑结点数就会小于从 x—>. p 到 x 的路径上的黑结点数。

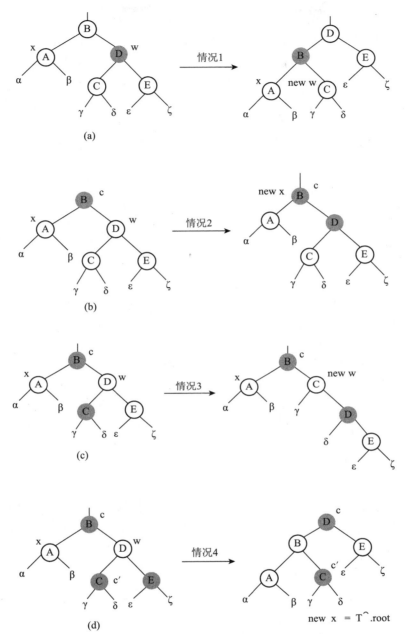

图 9 - 14 删除操作的算法说明（阴影代表红结点）

算法中的 4 种情况在图 9 - 14 中都加以了说明。树中除了黑色的黑结点、红色的红结点外,有些结点的颜色可能是红色也可能是黑色(用 c 和 c'分别标记红色和黑色)。在每种情况中,通过改变某些结点的颜色及(或)执行一次旋转操作,可将左边的树结构转化成与右边等价的结构。由于 x 指向的结点具有额外的一层黑色,引起循环重复的唯一情况是情况 2。

下面,我们对 4 种情况加以详细说明,看看在每种情况中的变换是如何保持性质(4)的,要把握的关键思想就是每种情况中,子树的根到每棵子树之间的黑结点数并不改变。例如在图(a)中,变换前后根至 α 或 β 子树的黑结点都是 3(记住:指针 x 所指向的结点增加了额外的一重黑色),而变换前后根至 γ、δ、ε 或 ζ 子树的黑结点数都是 2,所以图(a)的变换前后根到每棵子树之间的黑结点数确实没有改变。在图(b)中,计数时还要包括 c,它或是红色,或是黑色,如果我们定义 count(RED)＝0 以及 count(BLACK)＝1,则根至 α 子树的黑结点数为 2＋count(c),变换前后这个值都是一样的,其他情况大家可以一一加以验证。

情况 1(结合 RB-Delete-Fixup 和图(a)),当结点 x 的兄弟 w 为红色时发生,因为 w 必须有黑色孩子,我们可以改变 w 和 x—＞.p 的颜色,再对 x—＞.p 做一次左旋,红-黑性质也能保持。现在 x 的新兄弟为原先 w 的某个孩子,其颜色为黑色,这样我们就将情况 1 转换成了情况 2、情况 3 或情况 4。

当结点 x 的兄弟 w 为黑色时,情况 2、情况 3 或情况 4 发生,可以根据 w 的子结点的颜色对它们加以区分。

情况 2(结合 RB-Delete-Fixup 和图(b)),w 的两个孩子都是黑色,因为 w 也是黑色的,故我们从 x 和 w 上去掉一重黑色,使得 x 只有一重黑色,而 w 则为红色,再向 x—＞.p 上加上一重额外的黑色,然后再以 x—＞.p 为新结点 x 重复 while 循环。注意,如果我们是通过情况 1 进入情况 2 的,则 new x 是红色的,因为原来的 x—＞.p 是红色的,故在测试循环条件后循环结束。

情况 3(结合 RB-Delete-Fixup 和图(c)),w 的左孩子是红色,而右孩子是黑色,我们可以改变 w 和其左孩子 w—＞.left 的颜色并对 w 进行右旋,从而保持红-黑性质。现在 x 的新兄弟(new w)是个黑结点,其右孩子为红色,这样情况 3 就变成了情况 4。

情况 4(结合 RB-Delete-Fixup 和图(d)),w 的右孩子是红色(左孩子不论是什么情况),通过作某些颜色修改并对 x—＞.p 做一次左旋,我们可以不破坏红-黑性质地去掉 x 的额外黑色,将 x 置为根后,当 while 循环进行了测试后便结束。

下面,我们分析一下 RB-Delete 的时间复杂度。含有 n 个结点的红-黑树的高度为 $O(\log_2 n)$,不调用 RB-Delete-Fixup 时该过程的总代价为 $O(\log_2 n)$。在 RB-Delete-Fixup 中,情况 1、3、4 在各执行一定次数的颜色修改和至多 3 次旋转后便结束,情况 2 是 while 循环可被重复的唯一情况,其中指针 x 沿树上升的次数至多为 $O(\log_2 n)$ 次,且不执行任何旋转,这样 RB-Delete-Fixup 要花 $O(\log_2 n)$ 的时间,做至多 3 次旋转。所以,整个 RB-Delete 的时间复杂度为 $O(\log_2 n)$。

9.3 SBT

SBT(Size Balanced Tree,子树大小平衡树)是一种自平衡二叉排序树,顾名思义,就是一棵通过大小(Size)域来维持平衡的二叉排序树。它是由陈启峰于 2006 年在全国青少年信息学奥林匹克竞赛冬令营时提出的。相比 AVL 树、红-黑树等自平衡二叉排序树,SBT 更易于实现。据陈启峰在论文中称,SBT 是"目前为止速度最快的高级二叉排序树(Advance Binary Search Tree,也叫附加二叉排序树,都是在二叉排序树基础上作了一定改进的数据结构)"。SBT 能在 $O(\log_2 n)$ 的时间内完成所有二叉排序树的相关操作,而与普通二叉排序树相比,SBT 仅仅加入了简洁的核心操作 Maintain。由于 SBT 赖以保持平衡的是 Size 域(大小域)而不是其他"无用"的域,它可以很方便地实现动态顺序统计中的选择和排名操作。

对于每一个结点 t,使用 left[t] 和 right[t] 来储存它两个孩子的指针(以下均采用静态指针,也就是数组下标),并且定义 key[t] 来表示结点 t 用来作比较的值。另外增加 s[t] 表示以 t 为根的子树的大小,让它维持这棵树上结点的个数。特别地,当我们使用 0 时,指针指向一棵空树,并且 s[0]=0。

我们还是再说明一下二叉排序树的旋转操作。为了保持二叉排序树的平衡,我们通常通过旋转改变指针结构,从而防止二叉排序树退化成为链表。并且,这种旋转是一种可以保持二叉排序树特性的本地运算(Local Operation,也叫原地运算,就是基本不依赖其他附加结构、空间的运算)。

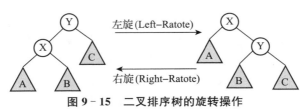

图 9-15 二叉排序树的旋转操作

如图 9-15 所示,左旋 Left-Ratote(x) 操作通过更改两个常数指针,将左边两个结点的结构转变成右边的结构,右边的结构也可以通过相反的操作 Right-Ratote(x) 来转变成左边的结构。

右旋操作的伪代码如下(假定左孩子存在):

```
voidright_rotate(int t){
    k=left[t];
    left[t]=right[k];
    right[k]=t;
    s[k]=s[t];
    s[t]=s[left[t]]+s[right[t]]+1;
    t=k;
}
```

左旋操作的伪代码如下(假定右孩子存在):

```
voidleft_rotate(int t){
    k=right[t];
    right[t]=left[k];
    left[k]=t;
    s[k]=s[t];
    s[t]=s[left[t]]+s[right[t]]+1;
    t=k;
}
```

9.3.1 SBT 的基本操作

SBT 支持许多运算时间级别为 $O(\log_2 n)$ 的基本操作,如表 9-1 所描述。

表 9 - 1　SBT 的基本操作

Insert(t,v)	在以 t 为根的 SBT 中插入一个关键字为 v 的结点
Delete(t,v)	在以 t 为根的 SBT 中删除一个关键字为 v 的结点,如果树中没有这样的结点,删除搜索到的最后一个结点
Find(t,v)	查找并返回关键字为 v 的结点
Rank(t,v)	返回 v 在以 t 为根的树中的排名,也就是比 v 小的那棵树的大小(Size)加 1
Select(t,v)	返回在第 v 位置上的结点,显然它包括了取大(Maximum)和取小(Minimun),取大等价于 Select(t,1),取小等价于 Select(t,s[t])
Pred(t,v)	返回比 v 小的最大的数
Succ(t,v)	返回比 v 大的最小的数

通常,SBT 的每一个结点包含 key,left,right 和 size 等域。size 是一个额外但是十分有用的数据域,它一直在更新。对于每一个在 SBT 中的结点 t,我们保证:

性质 a:s[right[t]]≥s[left [left[t]]], s[right[left[t]]];

性质 b:s[left[t]]≥s[right[right[t]]], s[left[right[t]]]。

如图 9 - 16 所示,结点 L 和 R 分别是结点 t 的左右孩子。子树 A,B,C 和 D 分别是结点 L 和 R 各自的左右子树。显然符合性质 a 和性质 b,s[A],s[B]≤s[R]&& s[C], s[D]≤s[L]。

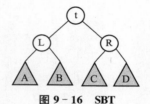

图 9 - 16　SBT

1. Maintain 操作

如果要在一个 SBT 中插入一个关键字为 v 的结点,通常我们使用下列过程来完成:

```
void simple_insert(int t,int * v){
    if (t == 0){
        t=NEW−NODE(v);
    }
    else{
        s[t]++;
        if (v<key[t]) simple_insert(left[t],v);
        else simple_insert(right[t],v);
    }
}
```

在执行完简单的插入之后,性质 a 或性质 b 可能就不满足了,于是我们需要调整 SBT。SBT 中最具活力的操作是一个独特的过程,Maintain。Maintain(t)用来调整以 t 为根的 SBT。假设 t 的子树在使用之前已经都是 SBT。由于性质 a 和性质 b 是对称的,所以我们仅仅详细地讨论性质 a。

情况 1:s[left[left[t]]]>s[right[t]]

插入后出现 s[A]>s[R],正如图 9-16,我们可以执行以下的指令来修复 SBT:

(1) 首先执行 Right-Ratote(t),这个操作可以让图 9-16 变成图 9-17;

(2) 在这之后,有时候这棵树还仍然不是一棵 SBT,因为 s[C]>s[B]或者 s[D]>s[B]也是可能出现的,所以就有必要继续调用 Maintian(t);

(3) 结点 L 的右子树有可能被连续调整,因为有可能由于性质的破坏需要再一次运行 Maintain(t)。

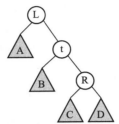

图 9-17　所有结点的描述都和图 9-16 一样

情况 2:s[right[left[t]]]>s[right[t]]

在执行完 Insert(left[t],v)后发生 s[B]>s[R],如图 9-18 所示,这种调整要比情况 1 复杂一些。我们可以执行下面的操作来修复:

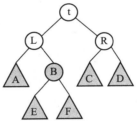

图 9-18　除 E,B,F 外的结点都和图 9-16 中的定义一样,E,F 是结点 B 的子树

(1) 在执行完 Left-Ratote(L)后,图 9-18 就会变成下面图 9-19 那样了;

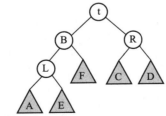

图 9-19　所有结点的定义都和图 9-18 相同

(2) 然后执行 Right-Ratote(t),最后的结果就会由图 9-19 转变成为下面的图 9-20;

(3) 在第一步和第二步后,整棵树就变得非常不可预料了。幸运的是,在图 9-20 中,子树 A,E,F 和 R 仍旧是 SBT,所以我们可以调用 Maintain(L)和 Maintain(t)来修复结点 B 的子树;

(4) 在第三步之后,子树都已经是 SBT 了,但是在结点 B 上还可能不满足性质 a 或性质

b,因此我们需要再一次调用 Maintain(B)。

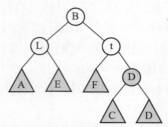

图 9 - 20　所有结点的定义都和图 9 - 19 相同

情况 3:s[right[right[t]]]>s[left[t]]

与情况 1 正好相反。

情况 4:s[left[right[t]]]>s[left[t]]

与情况 2 正好相反。

通过前面的分析,很容易写出一个普通的 Maintain 操作伪代码:

```
void maintain(int t){
    if (s[left[left[t]]]>s[right[t]]){
        right_rotate(t);
        maintain(right[t]);
        maintain(t);
        return;
    }
    if (s[right[left[t]]]>s[right[t]]){
        left_rotate(left[t]);
        right_rotate(t);
        maintain(left[t]);
        maintain(right[t]);
        maintain(t);
        return;
    }
    if (s[right[right[t]]]>s[right[t]]){
        left_rotate(t);
        maintain(left[t]);
        maintain(t);
        return;
    }
    if (s[left[right[t]]]>s[left[t]]){
        right_rotate(right[t]);
        left_rotate(t);
```

```
        maintain(right[t]);
        maintain(t);
        return;
    }
}
```

这段代码有一点复杂,效率也较差。通常我们可以保证性质 a 和性质 b 的满足,因此我们只需要检查情况 1 和情况 2,或者情况 3 和情况 4,这样可以提高速度。所以在那种情况下,我们需要增加一个布尔型变量 flag 来避免毫无疑义的判断。如果 flag 是 false,那么检查情况 1 和情况 2;否则,检查情况 3 和情况 4。

```
void maintain(int t,bool flag){
    if (flag == false){
        if (s[left[left[t]]]>s[right[t]]) right_rotate(t);
        else if (s[right[left[t]]]>s[right[t]]) {
            left_rotate(left[t]);
            right_rotate(t);
        }
        return;
    }else
    if (s[right[left[t]]]>s[left[t]]){
        left_rotate(t);
        else if (s[left[right[t]]]>s[left[t]]){
            right_rotate(right[t]);
            left_rotate(t);
        }
        return;
    }
    maintain(left[t],false);
    maintain(right[t],true);
    maintain(t,false);
    maintain(t,true);
}
```

为什么 Maintain(left[t],true) 和 Maintain(right[t],false) 被省略了呢? Maintain 操作的运行时间是多少呢? 这个我们将在后面的效率分析中具体讲解。

2. 插入操作

下面是插入操作的伪代码:

```
void insert(int t,int v){
    if (t == 0) t=NEW−NODE(v);
    else{
```

```
            s[t]++;
            if (v<key[t]) simple-insert(left[t],v);
            else simple-insert(right[t],v);
        }
        maintain(t,v>=key[t]);
}
```

3. 删除操作

如果在 SBT 中没有这么一个值让我们删除,我们就删除搜索到的最后一个结点,并且记录它。下面是标准删除操作的伪代码:

```
int Delete(int &t,int v){
    s[t]--;
    if ((v==key[t]) || (v<key) && (left[t]==0) || (v>key[t]) &&
    (right[t]==0)){
        del=key[t];
        if (letf[t]==0 || right[t]==0){
            t=left[t]+right[t];
        }
        else key[t]=Delete(left[t],v[t]+1);
        return del;
    }else{
        if (v<key[t]) Delete(left[t],v);
        else Delete(right[t],v);
    }
    maintain(t,false);
    maintain(t,true);
}
```

实际上这是没有任何其他功能的、最简单的删除。这里的 Delete(t,v)是函数,它的返回值是被删除的结点的值。虽然它会破坏 SBT 的结构,但是使用上面的插入操作,它还是一棵高度为 $O(\log_2 K)$ 的 SBT。这里的 K 是所有插入结点的个数,而不是当前结点的个数!

```
int Delete(int &t,int v){
    s[t]--;
    if ((v==key[t]) || (v<key) && (left[t]==0) || (v>key[t]) &&
    (right[t]==0)){
        del=key[t];
        if (letf[t]==0 || right[t]==0){
            t=left[t]+right[t];
        }
        else key[t]=Delete(left[t],v[t]+1);
```

```
            return del;
        } else{
            if (v<key[t]) Delete(left[t],v);
            else Delete(right[t],v);
        }
}
```

9.3.2　SBT 的效率分析

很明显，Maintain 是一个递归过程，也许你会担心它是否能够停止。其实不用担心，因为已经能够证明 Maintain 过程的平摊运行时间是 O(1)。

1. 分析高度

设 f[h]是高度为 h 的结点个数最少的 SBT 的结点个数。则我们有：

$$f[h]\begin{cases} 1 & (h=0) \\ 2 & (h=1) \\ f[h-1]+f[h-2]+1 & (h>0) \end{cases}$$

实际上 f[h]是指数级函数，它的准确值能够被递归地计算：

$$f[h]=\frac{\alpha^{h+3}-\beta^{h+3}}{\sqrt{5}}-1=\left\|\frac{\alpha^{h+3}}{\sqrt{5}}\right\|=Fibonacci[h+2]-1=\sum_{i=0}^{h}Fibonacci[i]$$

其中，$\alpha=\dfrac{1+\sqrt{5}}{2}$，$\beta=\dfrac{1-\sqrt{5}}{2}$。

表 9 - 2 列出了一些 f[h]的常数值。

表 9 - 2　一些 **f[h]**的常数值

h	13	15	17	19	21	23	25	27	29	31
f[h]	986	2583	6764	17710	46367	121392	317910	832039	2178308	5702886

定理：一个有 n 个结点的 SBT，它在最坏情况下的高度是满足 f[h]≤n 的最大 h。

假设 Maxh 是有 n 个结点的 SBT 的最坏高度，通过上面的定理，我们有：

$$f[Maxh]=\left\|\frac{\alpha^{Maxh+3}}{\sqrt{5}}\right\|-1\leqslant n\Rightarrow$$

$$\frac{\alpha^{Maxh+3}}{\sqrt{5}}\leqslant n+1.5\Rightarrow$$

$$Maxh\leqslant\log_{\alpha}^{\sqrt{5}(n+1.5)}-3\Rightarrow$$

$$Max\leqslant1.44\log_{2}^{n+1.5}-1.33$$

现在可以很清楚地看到 SBT 的高度是 O(log₂n)。

2. 分析 Maintain

通过前面的结论，我们可以很容易地证明 Maintain 过程是非常有效的过程。

评价一棵 BST 时有一个非常重要的值，那就是结点的平均深度。它是通过所有结点深度和除以总结点个数 n 获得的，通常它越小越好，因为对于每个常数 n，我们都期望结点深度和(缩写为 SD)尽可能地小。

现在我们的目的是削减结点深度和,而它就是用来约束 Maintain 次数的(结点深度和)。

回顾一下 Maintain 中执行旋转的条件,你会惊奇地发现结点深度和在旋转后总是在减小。

在情况 1 中,比较图 9-16 和图 9-17,深度和增加的是一个负数,s[right[t]]−s[left[left[t]]]。

所以,高度为 O(log₂n)的树,其深度和总是保持在 O(nlog₂n)。而且在 SBT 中插入后,深度和仅仅只增加 O(log₂n)。因此:

$$SD = n \times O(\log_2 n) - T = O(\log_2 n) \Rightarrow$$
$$T = O(\log_2 n)$$

在这里,T 是 Maintain 中旋转的次数。Maintain 的执行总次数就是 T 加上除去旋转的 Maintain 次数。所以,Maintain 的平摊运行时间是:

$$\frac{O(T) + O(n\log_2 n) + O(T)}{n\log_2 n} = O(1)$$

现在 SBT 的高度是 O(log₂n),Maintain 的平摊运行时间是 O(1),所有主要操作的时间都是 O(log₂n)。

那么,分析更快更简单的 Maintain 时,为什么 Maintain(left[t],true)和 Maintain(right[t],false)被省略。在情况 1 的图 9-17 中,我们有:

$$s[L] \leqslant 2s[R] + 1 \Rightarrow$$
$$s[B] \leqslant \frac{2s[L] - 1}{3} \leqslant \frac{4s[R] + 1}{3} \Rightarrow$$
$$s[E], s[F] \leqslant \frac{2s[B] - 1}{3} \leqslant \frac{8s[R] + 3}{9} \Rightarrow$$
$$s[E], s[F] \leqslant \left[\frac{8s[R] + 3}{9}\right] \leqslant s[R]$$

因此,Maintain(right[t],false)相当于图 9-17 中的 Maintain(t,false),能够被省略。同样地,Maintain(left[t],true)明显也不需要。

在情况 2 的图 9-18 中,我们有:

$$\begin{cases} s[A] \geqslant s[E] \\ s[F] \leqslant s[R] \end{cases}$$

这些不平衡意味着 E 的子树大小要比 s[A]小,F 的子树大小要比 s[R]小。因而 Maintain(right[t],false)和 Maintain(left[t],true)可以被省略。

3. SBT 的优点

(1) SBT 跑得快

比如,结合如下的一个典型问题,我们经过测试得到如图 9-21 所示的各种性能比较图表。

例 9-2 写一个执行 n 个由输入给定的操作,它们分别是:

(A) 在有序集合中插入一个给定的数字;

(B) 从有序集合中删除一个给定的数字;

(C) 返回一个给定的数字是否在有序集合中;

(D) 返回一个给定的数字在有序集合中的排名;

（E）返回有序集合中第 k 大的数字；

（F）返回有序集合中一个给定数字前面的数字；

（G）返回有序集合中一个给定数字后面的数字。

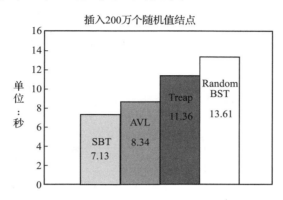

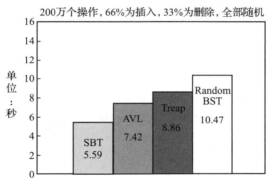

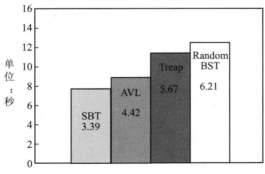

图 9－21　SBT 的效率分析图表

从图 9－21 中的图表可以看出，同样都在随机数据的情况下，SBT 比其他平衡二叉排序树要快得多。此外，如果是有序数据，SBT 将会是意想不到的快速。它仅仅花费 2 秒就将 200 万个有序数据结点插入到 SBT 中。

（2）SBT 运行高效

当 Maintain 运行的时候平均深度一点也不会增加（如表 9－3 所示），因为 SBT 总是趋近于一个完美的二叉排序树。

表 9-3 SBT 的平均深度分析

插入 200 万个随机值结点

类型	SBT	AVL	Treap	随机 BST	Splay	完美的 BST
平均深度	19.2415	19.3285	26.5062	25.5303	37.1953	18.9514
高度	24	24	50	53	78	20
旋转次数	1568017	1395900	3993887	3997477	25151532	?

插入 200 万个有序值结点

类型	SBT	AVL	Treap	随机 BST	Splay	完美的 BST
平均深度	18.9514	18.9514	25.6528	26.2860	99999.5	18.9514
高度	20	20	51	53	1999999	20
旋转次数	1999976	1999979	1999985	1999991	0	?

（3）SBT 调试简单

首先，我们可以输入一个简单的二叉排序树来保证不会出错；然后，我们在插入过程中加入 Maintain，并调试。如果发生错误也只需要调试和修改 Maintain。此外，SBT 不是基于随机性的数据结构，所以它要比 Treap 等更稳定。

（4）SBT 书写简单

SBT 几乎是和二叉排序树同样简单，仅仅在插入过程中有一个附加的 Maintain，它也仅仅比二叉排序树先旋转，而且 Maintain 也相当容易。

（5）SBT 小巧玲珑

许多的平衡二叉排序树，如 AVL、Treap、红-黑树等等都需要额外的域去保持平衡，例如高度、随机因子和颜色等，它们没有其他的用途。相反，SBT 包含一个十分有用的额外域——大小域。通过它，我们还可以让二叉排序树支持选择操作和排名操作。

（6）SBT 用途广泛

SBT 的高度是 $O(\log_2 n)$，即便在最坏情况下，我们也可以在 $O(\log_2 n)$ 时间内完成选择过程。这一点伸展树却不能很好地支持，因为它的高度很容易退化成 $O(n)$，上面的图表已经显示了这一点。

9.3.3 SBT 的算法实现

例 9-3 用标准方法实现 SBT

```
#include<bits/stdc++.h>
using namespace std;

const int maxn = 2000000;
```

```
int key[maxn],s[maxn],Left[maxn],Right[maxn],a[maxn],b[maxn];
int tt = 0,t = 0,q,qq;
void init(){
  scanf("%d",&q);
  for(qq = 1; qq <= q; qq++) scanf("%d %d", &a[qq], &b[qq]);
}
void right_rotate(int &t){
  int k = Left[t];
  Left[t] = Right[k];
  Right[k] = t;
  s[k] = s[t];
  s[t] = s[Left[t]] + s[Right[t]] + 1;
  t = k;
}
void left_rotate(int &t){
  int k = Right[t];
  Right[t] = Left[k];
  Left[k] = t;
  s[k] = s[t];
  s[t] = s[Left[t]] + s[Right[t]] + 1;
  t = k;
}
void maintain(int &t, bool flag){
  if(! flag){
      if(s[Left[Left[t]]]>s[Right[t]]) right_rotate(t);
      else if(s[Right[Left[t]]]>s[Right[t]]){
          left_rotate(Left[t]);
          right_rotate(t);
      } else return;
  } else{
      if(s[Left[Right[t]]]>s[Left[t]]){
          right_rotate(Right[t]);
          left_rotate(t);
      } else return;
  }
  maintain(Left[t],false);
  maintain(Right[t],true);
```

```
    maintain(t,true);
    maintain(t,false);
}
void insert(int &t,int &v){
  if(t ==0){
      tt++; t = tt;
      key[t] = v;
      s[t] = 1;
      Left[t] = Right[t] = 0;
  } else{
      s[t]++;
      if(v<key[t]) insert(Left[t],v);
      else insert(Right[t],v);
      maintain(t,v>=key[t]);
  }
}

int del(int &t, int v){
  int ret = 0;
  s[t]--;
  if((v == key[t]) || (v < key[t]) && (Left[t] == 0) || (v > key[t]) && (Right
[t] == 0)){
      ret = key[t];
      if(Left[t] == 0 || Right[t] == 0) t = Left[t] + Right[t];
      else key[t] = del(Left[t],key[t] + 1);
      return ret;
  } else{
      if(v < key[t]) return del(Left[t],v);
      else return del(Right[t],v);
  }
}
bool find(int &t,int &v){
  if(t == 0) return 0;
  if(v < key[t]) return find(Left[t],v);
  else return ((key[t] == v) | find(Right[t],v));
}

int rank(int &t,int &v){
  if(t == 0) return 1;
```

```
  if(v <= key[t]) return rank(Left[t],v);
  else return s[Left[t]] + 1 + rank(Right[t],v);
}

int select(int &t,int k){
  if(k == s[Left[t]] + 1) return key[t];
  if(k <= s[Left[t]]) return select(Left[t],k);
  else return select(Right[t],k - 1 - s[Left[t]]);
}

int pred(int &t,int &v){
  int ret;
  if(t == 0) return v;
  if(v <= key[t]) return pred(Left[t],v); else{
      ret = pred(Left[t],v);
      if(ret == v) ret = key[t];
      return ret;
  }
}

int succ(int &t,int &v){
  int ret;
  if(t == 0) return v;
  if(key[t] <= v) return succ(Right[t],v); else{
      ret = succ(Left[t],v);
      if(ret == v) ret = key[t];
      return ret;
  }
}

void work(){
  s[0] = 0;
  for(qq = 1; qq <= q; qq++)
  switch (a[qq]){
      case 1:{insert(t,b[qq]); break;}
      case 2:{del(t,b[qq]); break;}
      case 3:{printf("%d\\n",find(t,b[qq])); break;}
      case 4:{printf("%d\\n",rank(t,b[qq])); break;}
      case 5:{printf("%d\\n",select(t,b[qq])); break;}
      case 6:{printf("%d\\n",pred(t,b[qq])); break;}
      case 7:{printf("%d\\n",succ(t,b[qq])); break;}
```

```
  }
}

int main(){
  freopen("sbt.in","r",stdin);
  freopen("sbt.out","w",stdout);
  init();
  work();
  return 0;
}
```

9.4 本章习题

9-1 会场预约(booking.???)

[问题描述]

OI 大厦有一间空的礼堂,可以为其他单位提供会议场地。这些会议中的大多数都需要连续几天的时间(个别的会议可能只需要一天),不过场地只有一个,所以不同的会议的申请时间不能冲突。也就是说,前一个会议的结束日期必须在后一个会议的开始日期之前。所以,如果要接受一个新的场地预约申请,就必须拒绝掉与这个申请相冲突的预约。

一般来说,如果 OI 大厦方面事先已经接受了一个会场预约,例如从 10 日到 15 日,就不会再接受与之冲突的预约,例如从 12 日到 17 日的。不过,有时出于经济利益,OI 大厦方面也会为了接受一个新的会场预约,而拒绝掉一个甚至几个月之前定好的预约。

于是,礼堂管理员 QQ 的笔记本上经常记录着这样的信息:

老板决定:接受 10 日—15 日的预约;

老板决定:接受 17 日—19 日的预约;

老板决定:接受 12 日—17 日的预约,且拒绝与之冲突的 2 个预约;

老板决定:接受 11 日—12 日的预约,且拒绝与之冲突的 1 个预约;

……

本题为了方便起见,所有的日期都用一个整数表示。例如,如果一个为期 10 天的会议从"90 日"开始到"99 日",那么下一个会议最早只能在"100 日开始"。

最近,这个业务的工作量与日俱增,礼堂管理员 QQ 希望参加 SHTSC 的你替他设计一套计算机系统来简化他的工作。这个系统应当能执行下面两个操作:

A 操作:有一个新的预约是从"start 日"到"end 日",并且拒绝掉所有与它相冲突的预约。执行这个操作的时候,你的系统应当返回为了这个新预约而拒绝掉的预约个数,以方便 QQ 与自己的记录相核对。

B 操作:请你的系统返回当前仍然有效的预约总数。

[输入格式]

第一行一个整数 n,表示你的系统将接受的操作总数。

接下去的 n 行,每行表示一个操作,每一行的格式为下面两者之一:

"A start end"表示一个 A 操作;

"B"表示一个 B 操作。

[输出格式]

输出 n 行,每行一个值对应一个输入操作,表示你的系统对于该操作的返回值。

[输入样例]

```
6
A 10 15
A 17 19
A 12 17
A 90 99
A 11 12
B
```

[输出样例]

```
0
0
2
0
1
2
```

[数据规模]

对于 10%的测试数据,满足 n≤2500;

对于 60%的测试数据,满足 n≤50000;

对于 100%的测试数据,满足 n≤200000,1≤start,end≤100000。

9-2 单调数列(monotonic. ???)

[问题描述]

给定一个长度为 $n(n≤1000)$ 的数列,把数列 X 调整为 Y 的代价为 $\sum_{i=1}^{n} abs(X_i - Y_i)$,求把序列调整为 $m(m≤10)$ 段严格单调序列(可以递增或递减)的最小代价。

[输入样例]

```
10 3
99 100 78 66 67 64 90 1 3 3
```

[输出样例]

```
5
```

9-3 货币兑换(cash. ???)

[问题描述]

小 Y 最近在一家金券交易所工作。该金券交易所只发行交易两种金券:A 纪念券(以下简称 A 券)和 B 纪念券(以下简称 B 券)。每个持有金券的顾客都有一个自己的账户。金券的数目可以是一个实数。

每天随着市场的起伏波动,两种金券都有自己当时的价值,即每一单位金券当天可以兑换的人民币数目。我们记录第 k 天中 A 券和 B 券的价值分别为 A_k 和 B_k(元/单位金券)。

为了方便顾客,金券交易所提供了一种非常方便的交易方式:比例交易法。比例交易法分为两个方面:

(a) 卖出金券:顾客提供一个[0,100]内的实数 OP 作为卖出比例,其意义为:将 OP% 的 A 券和 OP% 的 B 券以当时的价值兑换为人民币;

(b) 买入金券:顾客支付 IP 元人民币,交易所将会兑换给用户总价值为 IP 的金券,并且,满足提供给顾客的 A 券和 B 券的比例在第 k 天恰好为 $Rate_k$。

时间	A_k	B_k	$Rate_k$
第一天	1	1	1
第二天	1	2	2
第三天	2	2	3

假定在第一天时,用户手中有 100 元人民币但是没有任何金券。

用户可以执行以下的操作:

时间	用户操作	人民币(元)	A 券的数量	B 券的数量
开户	无	100	0	0
第一天	买入 100 元	0	50	50
第二天	卖出 50%	75	25	25
第三天	卖出 100%	205	0	0

小 Y 是一个很有经济头脑的员工,通过较长时间的运作和行情测算,他已经知道了未来 n 天内的 A 券和 B 券的价值以及 Rate。他还希望能够计算出来,如果开始时拥有 s 元钱,那么 n 天后最多能够获得多少元钱。

[输入格式]

第一行两个正整数 n 和 s,分别表示小 Y 能预知的天数以及初始时拥有的钱数。

接下来 n 行,第 k 行三个实数 A_K,B_K,$Rate_K$,意义如题目中所述。

[输出格式]

只有一个实数 MaxProfit,表示第 n 天的操作结束时能够获得的最大的金钱数目。答案保留 3 位小数。

[输入样例]

    3 100
    1 1 1
    1 2 2
    2 2 3

[输出样例]

    225.000

[样例说明]

时间	用户操作	人民币(元)	A 券的数量	B 券的数量
开户	无	100	0	0
第一天	买入 100 元	0	50	50
第二天	卖出 50%	150	0	0
第三天	卖出 100%	225	0	0

[评分方法]

本题没有部分分,你的程序的输出只有和标准答案相差不超过 0.001 时,才能获得该测试点的满分,否则不得分。

[数据限制和约定]

测试数据设计使得精度误差不会超过 10^{-7}。

对于 40% 的测试数据,满足 n≤10;

对于 60% 的测试数据,满足 n≤1000;

对于 100% 的测试数据,满足 n≤100000。

9 - 4 减肥(slim. ???)

[问题描述]

小明长得很胖,为了减肥,他经常到附近的郊区做运动。

那里有 n(2≤n≤30000) 个村子,编号从 1 到 n,而且对于任意两个村子,最多只有 1 条双向的公路连接它们。另外,任意两个村子之间有且只有 1 条路径(公路的序列)。每条公路具有一定的长度 w(1≤w≤10000),小明会选择一条路径,路径的总长度在[s,e]范围内,1≤s≤e≤30000000。但小明很懒惰,他希望能找到一条长度为 k 的路径,k 在[s,e]范围内,并且 k 必须是最小的。你能帮助他吗?

[输入格式]

第一行包括三个整数 n,s,e。

接下来 n−1 行,每行包含 3 个整数 u,v,w,表示村子 u 和 v 之间具有一条长度为 w 的公路。

［输出格式］

一个整数 k，如果没有任何路径的长度在[s,e]的范围内，则输出－1。

［输入样例］

```
5 10 40
2 4 80
2 3 57
1 2 16
2 5 49
```

［输出样例］

```
16
```

9－5 动态排名（zju2112.???）

［问题描述］

含有 n(n≤50000)个数（每个数的大小为 10^9 内的非负数）的序列，读入 m(m≤10000)条指令，指令有两种（分别以 Q 和 C 开头），指令 Q 询问从第 i 个数到第 j 个数中第 k 小的数；指令 C 改变第 i 个数。程序要求：对于每个 Q 询问，输出从第 i 个数到第 j 个数中第 k 小的数。

［输入样例］

```
5 3
3 2 1 4 7
Q 1 4 3
C 2 6
Q 2 5 3
```

［输出样例］

```
3
6
```

第*10*章　块状链表与块状树

线性表是常用的基本数据结构,它有着直观、易于维护等优点。不过,我们常常需要对线性表的结构进行动态修改,且对修改的效率有着较高要求。本章,我们就着重介绍块状链表这一数据结构在这类问题上的应用。同时,我们将对其进行扩展,使其能够维护更加复杂的情形。最后,我们将介绍其分块思想在树上的应用,即块状树。

10.1　块状链表的基本思想

常见的线性表结构修改操作有:在某一位置后插入一段数、从某一位置开始删除连续若干个数,我们不妨先来看看数组和链表这两种常用线性结构的实现效果(表 10-1)。

表 10-1　线性表常见操作的复杂度比较

常用线性结构	定位的复杂度	插入的复杂度	删除的复杂度
数组	$O(1)$	$O(n)$	$O(n)$
链表	$O(n)$	$O(1)$	$O(1)$

可见,它们各有各的优势和缺点,且恰巧是优势互补。我们不禁会想,如果把这两者结合起来,是不是会有更优异的表现? 块状链表正是基于这个思想,将数组和链表结合了起来。块状链表整体上看其结构是一个链表,链表中每个结点存放着一段数组,链表中每个结点的数据拼接起来就是原先的整个线性表的内容,"块状"一词由此而来。

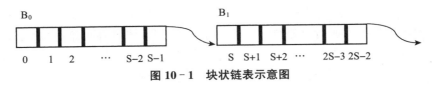

图 10-1　块状链表示意图

块状链表的基本组织形式如图 10-1 所示,假设链表中每个结点所维护的数组大小为 S,那么,一共需要维护 C 块,满足 $S \times C = n$(为了计算方便,如果 n 不是 S 的倍数,不妨在最后补齐相应数量的空位),n 为要维护的元素总个数。按照这种方式分块,我们来看一下块状链表在上述三种操作中的表现。

(1)定位:定位时需要沿着链表的指针依次查找。假设查询数组中第 P 个数,那么需要找到块 B_t,使得 $t \times S < P$ 并且 $(t+1) \times S \geqslant P$。所以,查询的时间复杂度与块数同阶,为 $O(C)$。当然,你也许会想维护一个反向的索引,即在外部用数组维护链表结点的顺序,这样

就可以二分查找了。不过由于块状链表是动态的，每次修改后这个数组又需要重新维护，维护这个数组的时间复杂度仍然是 O(C)。

（2）插入：插入时间显然与插入的数的个数有关，为了考察块状链表本身，我们忽略这一点。首先，需要花费 O(C) 的时间定位到要插入的位置，接下来插入的主要时间消耗来源于块的分裂——因为大多数情况会在块内某处插入，而分裂的时间复杂度与块的大小相关，即 O(S)。

（3）删除：同样先花费 O(C) 的时间定位，如果整块被删除，那么只需要 O(1) 的时间，而块的一部分被删除的话，我们就需要把块分裂，这一步的时间复杂度同样与块的大小相关，为 O(S)。

综上所述，插入与删除的时间复杂度均为 O(S+C)，而 $S \times C = n$，由基本不等式可知，当 $S = C = \sqrt{n}$ 的时候，S+C 取得最小值。故理论上，块状链表的插入和删除操作的时间复杂度均为 $O(\sqrt{n})$。那么，我们如何在插入、删除等操作之后仍然保持每块大小约为 $\sqrt{n}$ 呢？以及针对于此的维护操作又有怎样的时间复杂度呢？

10.2　块状链表的基本操作

为了使得块状链表每次插入和删除操作的时间复杂度为理论最优值 $O(\sqrt{n})$，我们要保证块的大小在一定范围内。我们一般维持每个块的大小 S 在区间 $\left[\dfrac{\sqrt{n}}{2}, 2\sqrt{n}\right]$ 之中，这样，块数 C 也在区间 $\left[\dfrac{\sqrt{n}}{2}, 2\sqrt{n}\right]$ 中，因此块状链表不会退化。本文中，我们采用另外一种方式来维持这种性质：保证任何相邻两块的大小加起来大于 $\sqrt{n}$，并且每块大小不超过 $\sqrt{n}$，这种方法能保证块数 C 在区间 $\left[\sqrt{n}, 2\sqrt{n}\right]$ 之中（简要证明：当每块大小为上限值 $\sqrt{n}$ 时，块数 C 取得最小值 $\sqrt{n}$；若任意相邻两块大小之和大于 $\sqrt{n}$，那么我们将所有块两两分组，即块 0 和块 1 一组、块 2 和块 3 一组……那么至多不会超过 $\sqrt{n}$ 组，又因为每组至多有两块，故总块数不会超过 $2\sqrt{n}$）。之所以选择这种方式，是因为考虑到代码实现的方便，因为在这种实现方式中就不需要考虑块过大而需要分裂的情形。当然，实现方法因人而异，读者可以选择适合自己的最好方式。

在介绍操作之前，我们首先对即将用到的一些变量表示做一个约定：

next 域，维护链表结点的下一个结点位置；

curSize 域，维护链表结点当前数组中元素的个数；

data 域，维护要保存的数据。

为了定义维护操作，我们首先需要一个更基本的操作——合并。

操作 1 合并：Merge（curBlock，nextBlock）

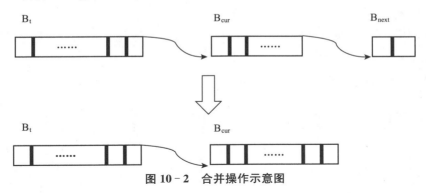

图 10 - 2 合并操作示意图

该操作的目的是将相邻两个块合并。一般当相邻两个块的大小加起来不超过 $\sqrt{n}$ 的时候需要进行合并操作。这一步将 nextBlock 合并给 curBlock，如图 10 - 2 所示。其伪代码如下：

```
void Merge(int curblock,int nextblock){
    memcpy(data[curblock]+cursize[curblock],data[nextblock],cursize[next-
    block]);
    cursize[curblock]+=cursize[nextblock];
    nex[curblock]=nex[nextblock];
}
```

上述操作花费的主要时间来自于数据的复制，单次合并的时间复杂度为 $O(\sqrt{n})$。有了合并操作，我们来定义维持块状链表不退化的维护操作。

操作 2 维护：MaintainList（）

不难想到维护的方式：在每次块状链表结构改变之后执行维护操作。顺序扫描链表结构，每碰到相邻两块的大小满足合并条件就将其合并，如此反复直到扫描到链表末端。其伪代码如下：

```
voidmaintainlist(){
    curblock=List_head; nextblock=nex[curblock];
    while (curblock ! = NULL){
        nextblock=nex[nextblock];
        while (nextblock ! = NULL && cursize[curblock]+cursize[nextblock]<
        =sqrt(n)) {
            Merge(curblock,nextblock);
            nextblock=nex[nextblock];
        }
        curblock=nex[curblock];
    }
}
```

由于插入和删除的方式特点(见后文),使得每次需要维护的块数较少,再加上线性扫描整个链表的时间,一次维护的时间复杂度仍为 $O(\sqrt{n})$。

有了维护操作,我们便可以修改块状链表来使得它不退化了。在定义插入和删除操作之前我们先定义更基本的一个操作——分裂。

操作 3   分裂:Split(curBlock,pos)

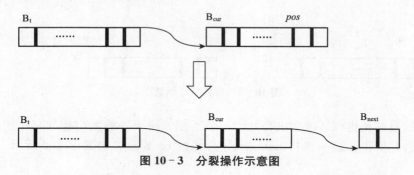

图 10-3   分裂操作示意图

该操作是将块状链表中原来的 curBlock 这一块从 pos 处分裂为两块(注意 pos 是块内的位置而不是全局的位置)。分裂操作在其他大多数操作中都会用到,最重要的作用是可以取出我们所要操作的区间,在后文中会详细介绍。分裂操作的伪代码如下:

```
void split(int curblock,int pos){
    if (pos ==cursize[curblock]) return;
    newblock=GetNewBlock();
    nex[newblock]=nex[curblock];
    cursize[newblock]=cursize[curblock]-pos;
    memcpy(data[newblock],data[curblock]+pos,cursize[newblock]);
    nex[block]=newblock;
    cursize[curblock]=pos;
}
```

上述操作花费的主要时间来自于数据的复制,单次分裂的时间复杂度为 $O(\sqrt{n})$。

有了分裂操作,我们便可以来定义插入和删除操作了。

操作 4   插入:Insert(pos,num,str)

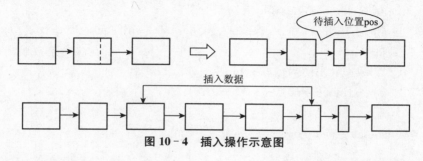

图 10-4   插入操作示意图

该操作的意义是在块状链表的 pos 处插入 num 个数,其中待插入的数据为 str,通过图

10-4,我们首先获得一个直观的概念:首先找到位置将原块分裂,然后我们将待插入的数据组织成最紧凑的形式,即前面若干个大小为 $\sqrt{n}$ 的块最后添上一个余项(块)的形式,插入到原块状链表中。至此,我们完成了插入操作。下面给出插入操作的伪代码:

```
void Insert(int pos,int num,int str){
    curblock=GetCurBlock(pos);
    split(curblock,pos);
    curnum=0;
    while (curnum+BLOCK_SIZE <= num) {
        newblock=GetNewBlock();
        set data of new block //设置新块数据,维护后继
        curblock=newblock;
        curnum+=sqrt(n);
    }
    if (num-curnum ! = 0){
        newblock=GetNewBlock();
        set data of new block
    }
    maintainlist();
}
```

正如上文中所述,单次插入如果不考虑插入数据的个数,时间复杂度为 $O(\sqrt{n})$。

操作 5　删除:Erase(pos,num)

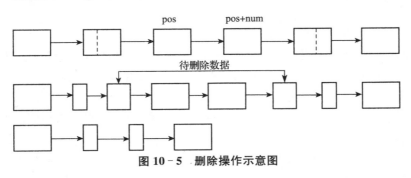

图 10-5　删除操作示意图

该操作的意义是在块状链表中删除从 pos 处开始的 num 个数。如图 10-5 所示,我们首先找到这两个"关键点",下一步,我们就可以通过分裂操作取出这一段区间了,接下来只需要简单地执行链表的删除操作即可。下面给出删除操作的伪代码:

```
void Erase(int pos,int num){
    curblock=GetCurBlock(pos);
    split(curblock,pos);
    nextblock=nex[curblock];
    while (nextblock ! = NULL && num > cursize[nextblock]) {
```

```
        num-=cursize[nextblock];
        nextblock=nex[nextblock];
    }
    split(nextblock,num);
    nextblock=nex[nextblock];
    p=nex[curblock];
    if(p！=nextblock){
        nex[curblock]=nex[p];
        deleteblock(p);
        p=nex[curblock];
    }
    maintainlist();
}
```

至此,我们介绍完了块状链表的一些基本操作。

10.3 块状链表的扩张

上面介绍了块状链表的一些基本操作,但是在实际应用中碰到的情形往往不会这么简单,对高级数据结构有所研究的读者一定会碰到诸如维护区间和、区间最大值等一系列问题,常用的数据结构有线段树、平衡树等。现在,我们通过给块状链表维护额外的域对其进行扩张,使得它同样可以应付这一类问题。同时,我们将看到块状链表的其他表现以及相比较其他数据结构的优越之处。

10.3.1　维护区间和以及区间最值

常见的问题形式为:维护两种操作,一是修改(将某处的值增加一个量);二是询问(询问某个区间的和)。用块状链表维护这类问题的时候,我们给每个块新增一个 sum 域代表该块对应的总和。

对于修改,由于只修改一处,我们仅需要对将要被修改的块的和做相应的修改,时间复杂度为定位的复杂度,即 $O(\sqrt{n})$。

对于查询,在上文中我们提到过,可以用分裂操作提取出我们要操作的区间。注意分裂操作过程中需要对 sum 域进行相应的修改,修改的方法很简单,只需要依次枚举分裂后块内每个元素,累加进 sum 域即可。由于块的大小为 $\sqrt{n}$,所以查询的时间复杂度同样为 $O(\sqrt{n})$。综上所述,每次操作的时间复杂度为 $O(\sqrt{n})$。

用类似的方式,我们还可以维护区间的最大值、最小值等一些有用信息。

如果修改的不是一个数,而是一个区间呢?我们可以额外再增加一个 delta 域,代表该块被修改的增量。修改区间的时候,如果是整块被修改,那么只需要将该块的 delta 域修改即可;如果是块的一部分被修改,由于块的大小不超过 $\sqrt{n}$,并且这种局部修改的块数不会超过两块(至多为提取出的首尾两块),故可以逐一修改。所以,如果修改的是一个区间,我们

同样可以在 $O(\sqrt{n})$ 的时间内解决。

因此,我们可以小结一下以上分析得到的经验:

(1) 提取一个区间可以用分裂操作;

(2) 修改的时候如果是整块的修改,那么在额外的域中记录相应的信息;如果是块的一部分修改,那么可以逐一修改。

10.3.2　维护局部数据有序化

通常,数据的有序化能够给我们处理问题带来许多便利。有了上述经验,我们不难想到维护方法——首先,块内数据用一般的排序算法维持其有序;如果修改是针对整块的,同样对 delta 域进行修改,否则对块内数据逐一修改后再重新排序。这样,单次操作的时间复杂度为排序的时间复杂度。如果用一般的快速排序,那么单次操作的时间复杂度为 $O(\sqrt{n} \times \log_2 \sqrt{n})$。

10.3.3　维护区间翻转

由于有链表这种可以灵活变化的结构存在,使得区间的翻转也不是难事。第一步,我们同样通过分裂操作取出待翻转的区间。接下来,我们通过改变链表的 next 域使得链表结点顺序反序。块内数组的顺序我们不能逐一修改,所以通过额外维护的域 reversed 代表该块有没有被翻转。这样,在分裂一块的时候再进行实际的翻转操作。根据以上的经验,不难证明,单次翻转的时间复杂度为 $O(\sqrt{n})$。

还有许多与具体问题相关的维护技巧,读者们可以通过平时的练习来不断积累。万变不离其宗,掌握好块状链表的分裂操作以及对额外域的维护,便不难应对多变的问题了。

10.4　块状链表与其他数据结构的比较

上面提到的许多操作相信大家会想到一些用线段树或者平衡树处理的方法,那么块状链表与这些数据结构相比较会有什么优势呢?

(1) 易于支持序列操作。块状链表的基本操作中就有序列的插入、删除,并且也易于支持序列翻转等操作。但是,如果用线段树或者平衡树来解决序列的插入、删除、翻转等操作的话,其编程复杂度以及思维复杂度和之前不用维护这些操作的时候相比上升了几个台阶。所以,简而言之,块状链表具有相对较低的编程复杂度以及思维复杂度。

(2) 较小的时间复杂度系数。虽然对于常见的维护操作,用块状链表的单次操作时间复杂度通常为 $O(\sqrt{n})$,而用线段树或平衡树维护,其时间复杂度通常为 $O(\log_2 n)$,但是块状链表的操作非常简洁,$O(\sqrt{n})$ 的时间通常花费在简单的循环或者数据的复制上,而诸如功能强大的 Splay 等数据结构,其较大的复杂度常数因子使得在解决实际问题的效率上未必会比块状链表更优秀。

10.5　分块思想在树上的应用——块状树

通过以上对块状链表的介绍,读者们会发现,块状链表的精髓在于其“分块”思想。或者更一般地说,是其"分而治之"的分治思想——通过将原问题划分为较小的几个部分,然后,每个部分可以用一种更简单、更直观的方法处理,最后通过高效的方式组合这些处理结果。

我们来看一下这种分块的思想应用到树中会有怎样的效果。在本章讨论的问题中,我们暂时不考虑树的结构变化,即不考虑树边的删除、添加操作,在之后的章节中会有更优秀的数据结构支持这样的操作。我们只考虑将分块思想应用于树中的查询、修改工作。

考虑以下一个实际问题,对于一棵树维护两种操作:

(1) 查询:询问树中两点之间路径上边权的最大值;

(2) 修改:修改某一条边的权值。

朴素的操作对于修改有着 O(1) 的时间复杂度,不过对于查询需要 O(n) 的时间。优化势在必行,我们借鉴块状链表分块的思想,对树分块——将树分为 $\sqrt{n}$ 个块,每块是一个连通分量,其大小不超过 $\sqrt{n}$。下面,我们来看看如何将上述两种操作的时间复杂度维持在 $O(\sqrt{n})$。

对于查询,经过这样分块之后,不难发现,任意两个结点之间的路径所经过的块数不会超过 $\sqrt{n}$。我们给每个结点维护这样一个值:到其所在块的根结点路径上边权的最大值。这样,只要通过将被查询的结点不断向上查询祖先,直到找到它们的最近公共祖先为止,便得到了答案。

对于修改,由于修改只会影响一个块的内容,所以我们可以对整个块重新计算其中每个结点到块根结点的边权最大值。一个简单的优化是只修改块中被影响的子树。

最后,我们还需要解决分块的问题——分块的方法有很多,我们可以按照深度优先或者宽度优先的顺序遍历树,贪心合并结点到一个块中(即能合并就合并,直到该块的大小超过 $\sqrt{n}$ 为止)。

虽然上述块状树能够处理的操作比较少,不过由于其实现非常简单,并且在一些需要更高级的数据结构,例如树链剖分等维护的情况下,能够作为一种较"经济"的替代品。

10.6 块状链表的应用举例

例 10-1 文本编辑器(editor. ???)

[问题描述]

很久很久以前,DOS 3.x 的程序员们开始对 EDLIN 感到厌倦。于是,人们开始纷纷改用自己写的文本编辑器……

多年之后,出于偶然的机会,小明找到了当时的一个编辑软件。进行了一些简单的测试后,小明惊奇地发现:那个软件每秒能够进行上万次编辑操作(当然,你不能手工进行这样的测试)! 于是,小明废寝忘食地想做一个同样的东西出来。你能帮助他吗?

为了明确目标,小明对"文本编辑器"做了一个抽象的定义:

文本:由 0 个或多个 ASCII 码在闭区间[32, 126]内的字符(即空格和可见字符)构成的序列。

光标:在一段文本中用于指示位置的标记,可以位于文本首部、文本尾部或文本的某两个字符之间。

文本编辑器:一个包含一段文本和该文本中的一个光标并可以对其进行如表 10-2 所示的 6 种操作的程序。如果这段文本为空,我们就说这个文本编辑器是空的。

表 10 - 2　文本编辑器的 6 种操作

操作名称	输入文件中的格式	功能
Move(k)	Move k	将光标移动到第 k 个字符之后,如果 k＝0,将光标移到文本开头
Insert(n,s)	Insert n ↵ s	在光标处插入长度为 n 的字符串 s,光标位置不变,n≥1
Delete(n)	Delete n	删除光标后的 n 个字符,光标位置不变,n≥1
Get(n)	Get n	输出光标后的 n 个字符,光标位置不变,n≥1
Prev()	Prev	光标前移一个字符
Next()	Next	光标后移一个字符

比如,一个空的文本编辑器依次执行以下几个操作:Insert(13,"Balanced tree"),Move(2),Delete(5),Next(),Insert(7,"editor"),Move(0),Get(16),最后的结果会输出"Bal editor tree"。

你的任务是:

(1) 建立一个空的文本编辑器;

(2) 从输入文件中读入一些操作并执行;

(3) 对所有执行过的 Get 操作,将指定的内容写入输出文件。

[输入格式]

输入文件的第一行是指令条数 t,以下是需要执行的 t 个操作。其中:为了使输入文件便于阅读,Insert 操作的字符串中可能会插入一些回车符,请忽略掉它们(如果难以理解这句话,可以参考样例);除了回车符之外,输入文件的所有字符的 ASCII 码都在闭区间[32,126]内,且行尾没有空格。

这里我们有如下假定:

(1) Move 操作不超过 50000 个,Insert 和 Delete 操作的总个数不超过 4000,Prev 和 Next 操作的总个数不超过 200000;

(2) 所有 Insert 操作插入的字符数之和不超过 2M(1M＝1024×1024),正确的输出文件长度不超过 3MB;

(3) Delete 操作和 Get 操作执行时光标后必然有足够的字符,Move、Prev、Next 操作必然不会试图把光标移动到非法位置;

(4) 输入文件没有错误。

说明:对 C++选手的提示,经测试,最大的测试数据使用 fstream 进行输入有可能会比使用 stdio 慢约 1 秒。

[输出格式]

输出文件的每行依次对应输入文件中每条 Get 指令的输出。

[输入样例]

15

Insert 26

abcdefghijklmnop

qrstuvwxy

Move 16

Delete 10

Move 5

Insert 1

—>

Next

Insert 1

_

Next

Next

Insert 4

. \\/.

Get 4

Prev

Insert 1

—>

Move 0

Get 22

[输出样例]

. \\/.

abcde—>_—>f. \\/. ghijklmno

[时间和空间限制]

时间限制为 1 秒,空间限制为 256MB。

[问题分析]

本题是经典的块状链表维护题目,涉及的操作均是块状链表所维护的基本操作。通过上面的学习相信大家一定对其有了一定程度的了解,这里主要介绍一些实现细节。

(1)链表结构可以用数组模拟链表的方法来维护。不妨稍微复习一下这种表示方法:链表结点的地址用一个整数表示,原先链表中的每个域现在对应地用数组代替。这样链表某个结点的某个域现在就可以用某个数组对应下标的元素表示了。为了能够有效管理内存,实现链表的 new 和 delete 操作,我们需要手工维护一个内存池,该内存池可以用栈实现。

(2)为了方便操作,我们可以将当前光标位置维护在外部,需要执行对块状链表本身的操作的时候再进行查找。当然,也可以直接维护光标所在的块以及块内下标信息。

(3)针对题目本身,我们也可以做一些效率上的优化:由于插入、删除操作至多只会造成两个块的尺寸过小,所以最后维护链表的时候也可以针对性地做修改;另外,根据数据中的操作分布,块的大小可以适当调大。

[参考程序]

```cpp
#include <cstdio>
#include <cstring>
using namespace std;
const int MAXL = 2 * 1024 * 1024 + 100;              //最大维护元素个数
const int BLOCK_SIZE = 5000;                         //最大可能的块数
const int BLOCK_NUM = MAXL / BLOCK_SIZE * 2 + 100;   //每块大小上限
int indexPool[BLOCK_NUM];                            //手工实现链表的内存管理
int blockNum;                                        //当前块的数目
int next[BLOCK_NUM], curSize[BLOCK_NUM];             //块的后继指针以及自身大小
char data[BLOCK_NUM][BLOCK_SIZE];                    //数据域
void Init(){
    for (int i = 1; i < BLOCK_NUM; ++i)
        indexPool[i] = i;
    blockNum = 1;       //为了方便,新建一个编号为 0、大小为 0 的块
    next[0] = -1;
    curSize[0] = 0;
}

int GetNewBlock(){
    return indexPool[blockNum++];                    //相当于指针的 new 操作
}

void DeleteBlock(int blockIndex){
    indexPool[--blockNum] = blockIndex;              //相当于指针的 delete 操作
}

int GetCurBlock(int &pos){              //找到 pos 位置对应的块,同时 pos 指向块内位置
    int blockIndex = 0;
    while (blockIndex ! = -1 && pos > curSize[blockIndex]){
        pos -= curSize[blockIndex];
        blockIndex = next[blockIndex];
    }
    return blockIndex;
}

//给 newBlock 设置数据域和后继指针
void AddNewBlock(int curBlock, int newBlock, int num, char str[]){
    if (newBlock ! = -1){
```

```
        next[newBlock] = next[curBlock];
        curSize[newBlock] = num;
        memcpy(data[newBlock], str, num);
    }
    next[curBlock] = newBlock;
}

//将 curBlock 从 pos 处分裂
void split(int curBlock, int pos){
    if (curBlock == -1 || pos == curSize[curBlock]) return;
    int newBlock = GetNewBlock();
    AddNewBlock(curBlock, newBlock, curSize[curBlock] - pos, data[curBlock] +
    pos);
    curSize[curBlock] = pos;
}

//合并 curBlock 和 nextBlock,删除原 nextBlock
void Merge(int curBlock, int nextBlock){
    memcpy(data[curBlock] + curSize[curBlock], data[nextBlock], curSize[next-
    Block]);
    curSize[curBlock] += curSize[nextBlock];
    next[curBlock] = next[nextBlock];
    DeleteBlock(nextBlock);
}

void MaintainList(){
    int curBlock = 0;                //从链表头开始扫描
    while (curBlock != -1){          //如果未扫描完整个链表就继续执行循环
    int nextBlock = next[curBlock];
    while (nextBlock != -1 && curSize[curBlock] + curSize[nextBlock] <=
BLOCK_SIZE){
        Merge(curBlock, nextBlock);
        nextBlock = next[curBlock];
    }
    curBlock = next[curBlock];
  }
}

//在 pos 处插入 num 个字符,str 为待插入的数据
void Insert(int pos, int num, char str[]){
    int curBlock = GetCurBlock(pos);
```

```
        split(curBlock, pos);
        int curNum = 0;
        //先构造若干个大小为 BLOCK_SIZE 的块
        while (curNum + BLOCK_SIZE <= num){
            int newBlock = GetNewBlock();
            AddNewBlock(curBlock, newBlock, BLOCK_SIZE, str + curNum);
            curBlock = newBlock;
            curNum += BLOCK_SIZE;
        }
        //如果还有余项,那么再添加一块
        if (num - curNum){
            int newBlock = GetNewBlock();
            AddNewBlock(curBlock, newBlock, num - curNum, str + curNum);
        }
        MaintainList();
}

//从 pos 处删除 num 个字符
void Erase(int pos, int num){
        int curBlock = GetCurBlock(pos);
        split(curBlock, pos);
        int nextBlock = next[curBlock];
        while (nextBlock != -1 && num > curSize[nextBlock]){
            num -= curSize[nextBlock];
            nextBlock = next[nextBlock];
        }
        split(nextBlock, num);
        nextBlock = next[nextBlock];
        for (int p = next[curBlock]; p != nextBlock; p = next[curBlock]){
            next[curBlock] = next[p];
            DeleteBlock(p);
        }
        MaintainList();
}

//获取 pos 处开始的 num 个数并存放在 str 中
void GetData(int pos, int num, char str[]){
        int curBlock = GetCurBlock(pos);
        int index = curSize[curBlock]-pos;
```

```
        if (num < index) index = num;
        memcpy(str, data[curBlock] + pos, index);
        int tmpBlock = next[curBlock];
        while (tmpBlock ! =-1 && index + curSize[tmpBlock] <= num){
        memcpy(str + index, data[tmpBlock], curSize[tmpBlock]);
        index += curSize[tmpBlock];
        tmpBlock = next[tmpBlock];
    }
    if (num - index && tmpBlock ! =-1)
        memcpy(str + index, data[tmpBlock], num-index);
    str[num] = '\\0';
}
char str[MAXL], command[20];

int main() {
    freopen("editor. in","r",stdin);
    freopen("editor. out", "w", stdout);
    Init();
    int curPos = 0;
    int opNum, num;
    char ch;
    scanf("%d", &opNum);
    while (opNum){
        opNum--;
        scanf("%s", command);
        switch (command[0]){
            case 'M': scanf("%d", &curPos);
                    break;
            case 'I': scanf("%d", &num);
                    for(int i = 0; i < num; ++i){
                        scanf("%c", &ch);
                        str[i] = ch;
                        if(ch<32 || ch>126) --i;
                    }
                    Insert(curPos, num, str);
                    break;
            case 'D': scanf("%d", &num);
                    Erase(curPos, num);
```

```
                        break;
            case 'G': scanf("%d", &num);
                      GetData(curPos, num, str);
                      printf("%s\\n", str);
                      break;
            case 'P': ——curPos;
                      break;
            case 'N': ++curPos;
                      break;
        }
    }
    return 0;
}
```

例 10－2　枚举(enum. ???)

[问题描述]

有一列整数,共 n 个。每次可以对这些整数有两种操作:

(1) 第 i 个到第 j 个整数分别加上数 p;

(2) 询问这些数中比 t 小的数的个数。

[输入格式]

第一行有两个数,n 和 m(1≤n≤100000,m≤10000),表示数的个数和操作数。

第二行 n 个整数,表示每个数的初始值。

以后 m 行,每行开始一个数 q。若 q 为 1,则后面跟三个数:i 和 j (i≤j)表示两个下标,p(－1000≤p≤1000)表示修改的数;若 q 为 2,则为询问操作,后面跟一个数 t。

[输出格式]

对每个询问操作输出数列中比 t 小的数的个数。

[输入样例]

```
5 3
1 2 3 4 5
2 0
1 1 5 —10
2 0
```

[输出样例]

```
0
5
```

[数据及时间和空间限制]

有 30% 的数据,n 和 m 均不超过 1000。

时间限制为 1 秒,空间限制为 256MB。

[问题分析]

本题是一道典型的高级数据结构题,一般的维护方法可以是线段树或者平衡树,不过其编码复杂度较高。我们来看看块状链表如何解决本题。

我们将数列分为 $\sqrt{n}$ 块,每块有 $\sqrt{n}$ 个数。

(1) 对于查询,我们用一种时间复杂度为 $O(\sqrt{n} \times \log_2 \sqrt{n})$ 的方法:每一块的数列为升序/降序,然后每块的查询可以在 $O(\log_2 \sqrt{n})$ 的时间内完成。

(2) 对于修改,我们就需要多花一点心思了。由于修改的是区间,所以不能直接对原数列修改,我们借鉴线段树维护的思想,用一种 lazytag(打标记)的方法维护该区间的增量。原本块状链表中的数还是原序的时候,我们可以这样维护:

① 用块状链表的分裂操作,取出被修改的区间,将每个区间都打上标记,即修改其增量数组;

② 执行块状链表的维护操作,当合并两个块的时候,将每个数分别加上其区间增量后再进行排序。

但是,由于已经打乱了原序,所以第一步不能够处理。不过,我们可以有更好的办法:维护一个反向索引,即原来在某个位置的数现在在其块中是第几个数字。于是,对于整块都被标记的块,我们只需要打标记即可,而某个块只有部分被修改的话,我们通过反向索引找到这些数,将其修改后对块重新排序。

每次修改的时间复杂度至多为 $O(\sqrt{n} \times \log_2 \sqrt{n})$。至此,我们可以在 $O(m \times \sqrt{n} \times \log_2 \sqrt{n})$ 的时间内解决本题。

[参考程序]

```cpp
#include <cstdio>
#include <algorithm>
#include <cstring>
using namespace std;
const int MAXL = 110000;
const int BLOCK_SIZE = 400;
const int BLOCK_NUM = MAXL / BLOCK_SIZE * 2 + 100;

struct Data{
    int value, index;
};

int indexPool[BLOCK_NUM];
int blockNum;

int next[BLOCK_NUM], curSize[BLOCK_NUM];
Data data[BLOCK_NUM][BLOCK_SIZE];
int curIndex[MAXL];        //维护原来的第 i 个数现在在各自块中的位置
```

```
void Init(){
    for (int i = 1; i < BLOCK_NUM; ++i)
        indexPool[i] = i;
    blockNum = 1;
    next[0] = -1;
    curSize[0] = 0;
}

int GetNewBlock(){
    return indexPool[blockNum++];
}

void DeleteBlock(int blockIndex){
    indexPool[--blockNum] = blockIndex;
}

int GetCurBlock(int &pos){
    int blockIndex = 0;
    while (blockIndex ! = -1 && pos > curSize[blockIndex]){
        pos -= curSize[blockIndex];
        blockIndex = next[blockIndex];
    }
    return blockIndex;
}

void AddNewBlock(int curBlock, int newBlock, int num, Data str[]){
    if (newBlock ! = -1){
        next[newBlock] = next[curBlock];
        curSize[newBlock] = num;
        memcpy(data[newBlock], str, num * sizeof(Data));
    }
    next[curBlock] = newBlock;
}

void split(int curBlock, int pos){
    if (curBlock ==-1 || pos == curSize[curBlock]) return;
    int newBlock = GetNewBlock();
    AddNewBlock(curBlock, newBlock, curSize[curBlock] - pos, data[curBlock] +
    pos);
    curSize[curBlock] = pos;
}
```

```
void Merge(int curBlock, int nextBlock){
    memcpy(data[curBlock] + curSize[curBlock], data[nextBlock], curSize[nextBlock]
    * si-zeof(Data));
    curSize[curBlock] += curSize[nextBlock];
    next[curBlock] = next[nextBlock];
    DeleteBlock(nextBlock);
}

void MaintainList(){
    int curBlock = 0;
    while (curBlock ! = -1){
        int nextBlock = next[curBlock];
        while (nextBlock ! = -1 && curSize[curBlock] + curSize[nextBlock] <=
        BLOCK_SIZE){
            Merge(curBlock, nextBlock);
            nextBlock = next[curBlock];
        }
        curBlock = next[curBlock];
    }
}

bool cmp(const Data& i, const Data& j){
    return i. value < j. value;
}
//维护块内数据有序
void MaintainBlock(int blockIndex){
    sort(data[blockIndex], data[blockIndex] + curSize[blockIndex], cmp);
    for (int i = 0; i < curSize[blockIndex]; ++i)
        curIndex[data[blockIndex][i]. index] = i;
}

void Insert(int pos, int num, Data str[]){
    int curBlock = GetCurBlock(pos);
    split(curBlock, pos);
    int curNum = 0;
    while (curNum + BLOCK_SIZE <= num){
        int newBlock = GetNewBlock();
        AddNewBlock(curBlock, newBlock, BLOCK_SIZE, str + curNum);
        curBlock = newBlock;
        curNum += BLOCK_SIZE;
```

```
        }
        if (num − curNum){
            int newBlock = GetNewBlock();
            AddNewBlock(curBlock, newBlock, num − curNum, str + curNum);
        }
        MaintainList();
        for (int p = 0; p ! = −1; p = next[p])
            MaintainBlock(p);
}

Data str[MAXL];
int delta[BLOCK_NUM];                    //用来延迟处理的增量数组
int Query(int blockIndex, int v){        //询问某个块内比 v 小的个数
    int l = 0, r = curSize[blockIndex] − 1, ans = −1;
    while (l <= r){
        int mid = (l + r) / 2;
        if (v > data[blockIndex][mid]. value){
            ans = mid;
            l = mid + 1;
        } else r = mid − 1;
    }
    return ans + 1;
}

void Update(int l, int r, int d){
    int tmpL = l, tmpR = r;
    int leftBlock = GetCurBlock(tmpL), rightBlock = GetCurBlock(tmpR);
    if (leftBlock == rightBlock){            //如果是更新块内的一部分
        for (int i = 1; i <= r; ++i)
            data[leftBlock][curIndex[i]]. value += d;
        MaintainBlock(leftBlock);
    } else {            //如果不是同一块(也就是会涉及若干中间整块修改)
        for (int p = next[leftBlock]; p ! = rightBlock; p = next[p])
            delta[p] += d;        //中间的那些块只要修改增量数组
        tmpL = curSize[leftBlock] − tmpL + 1;
        for (int i = 0; i < tmpL; ++i)
            data[leftBlock][curIndex[l + i]]. value += d;
        for (int i = 0; i < tmpR; ++i)
            data[rightBlock][curIndex[r− i]]. value += d;
```

```
        //两头的块根据索引逐一修改其中元素
        MaintainBlock(leftBlock);
        MaintainBlock(rightBlock);
        //重新排序两头的块
    }
}

int main() {
    freopen("enum. in", "r", stdin);
    freopen("enum. out", "w", stdout);
    Init();
    int n, m;
    scanf("%d %d", &n, &m);
    for (int i = 0; i < n; ++i){
        scanf("%d", &str[i]. value);
        str[i]. index = i + 1;
    }
    Insert(0, n, str);
    memset(delta, 0, sizeof(delta));
    for (int i = 0; i < m; ++i){
        int x, l, r, v;
        scanf("%d", &x);
        if (x == 1){
            scanf("%d %d %d", &l, &r, &v);
            Update(l, r, v);
        } else{
            scanf("%d", &v);
            int ans = 0;
            for (int p = 0; p ! = -1; p = next[p])
                ans += Query(p, v-delta[p]);
            printf("%d\\n", ans);
        }
    }
    return 0;
}
```

例 10-3　维护数列（sequence. ???）

[问题描述]

请你编写一个程序，要求维护一个数列，支持以下 6 种操作（表 10-3），其中的下划线代表实际中的空格。

表 10-3　数列的 6 种操作

操作编号	输入文件中的格式	说明
1. 插入	INSERT_ posi_ tot_ c1 _ c2 ⋯ _ctot	在当前数列的第 posi 个数字后插入 tot 个数字：c1，c2，⋯，ctot；若在数列首插入，则 posi 为 0
2. 删除	DELETE_posi_tot	从当前数列的第 posi 个数字开始连续删除 tot 个数字
3. 修改	MAKE-SAME_posi_tot_c	将当前数列的第 posi 个数字开始的连续 tot 个数字统一修改为 c
4. 翻转	REVERSE_posi_tot	取出从当前数列的第 posi 个数字开始的 tot 个数字，翻转后放入原来的位置
5. 求和	GET-SUM_posi_tot	计算从当前数列开始的第 posi 个数字开始的 tot 个数字的和并输出
6. 求和最大的子列	MAX-SUM	求出当前数列中和最大的一段子列，并输出最大和

[输入格式]

第一行包含两个数 n 和 m，n 表示初始时数列中数的个数，m 表示要进行的操作数目。

第二行包含 n 个数字，描述初始时的数列。

以下 m 行，每行一条命令，格式参见问题描述中的表格。

[输出格式]

对于输入数据中的 GET-SUM 和 MAX-SUM 操作，向输出文件依次打印结果，每个答案（数字）占一行。

[输入样例]

```
9 8
2 -6 3 5 1 -5 -3 6 3
GET-SUM 5 4
MAX-SUM
INSERT 8 3 -5 7 2
DELETE 12 1
MAKE-SAME 3 3 2
REVERSE 3 6
GET-SUM 5 4
MAX-SUM
```

［输出样例］

　　−1
　　10
　　1
　　10

［样例说明］

　　初始时,我们拥有数列:

$$2 \ -6 \ 3 \ 5 \ 1 \ -5 \ -3 \ 6 \ 3$$

　　执行操作"GET-SUM 5 4",表示求出数列中从第 5 个数开始连续 4 个数字之和,如下灰色部分所示:$1+(-5)+(-3)+6 = -1$。

$$2 \ -6 \ 3 \ 5 \ 1 \ -5 \ -3 \ 6 \ 3$$

　　执行操作"MAX-SUM",表示求出当前数列中最大的一段和,如下灰色部分所示:$3+5+1+(-5)+(-3)+6+3 = 10$。

$$2 \ -6 \ 3 \ 5 \ 1 \ -5 \ -3 \ 6 \ 3$$

　　执行操作"INSERT 8 3 −5 7 2",即在数列中第 8 个数字后插入−5、7、2,如下灰色部分所示:

$$2 \ -6 \ 3 \ 5 \ 1 \ -5 \ -3 \ 6 \ -5 \ 7 \ 2 \ 3$$

　　执行操作"DELETE 12 1",表示删除第 12 个数字,即最后一个:

$$2 \ -6 \ 3 \ 5 \ 1 \ -5 \ -3 \ 6 \ -5 \ 7 \ 2$$

　　执行操作"MAKE-SAME 3 3 2",表示从第 3 个数开始的 3 个数字,即如下的灰色部分:

$$2 \ -6 \ 3 \ 5 \ 1 \ -5 \ -3 \ 6 \ -5 \ 7 \ 2$$

　　统一修改为 2:

$$2 \ -6 \ 2 \ 2 \ 2 \ -5 \ -3 \ 6 \ -5 \ 7 \ 2$$

　　执行操作"REVERSE 3 6",表示取出数列中从第 3 个数开始的连续 6 个数。

$$2 \ -6 \ 2 \ 2 \ 2 \ -5 \ -3 \ 6 \ -5 \ 7 \ 2$$

　　如上所示的灰色部分"2 2 2 −5 −3 6"翻转后得到"6 −3 −5 2 2 2",并放回原来位置,如下所示:

$$2 \ -6 \ 6 \ -3 \ -5 \ 2 \ 2 \ 2 \ -5 \ 7 \ 2$$

　　最后执行"GET−SUM 5 4"和"MAX−SUM",分别应为$(-5)+2+2+2=1,2+2+2+(-5)+7+2=10$,不难得到答案 1 和 10。

［数据及时间和空间限制］

　　你可以认为在任何时刻,数列中至少有 1 个数。

　　输入数据一定是正确的,即指定位置的数在数列中一定存在。

　　50％的数据中,任何时刻数列中最多含有 30000 个数;100％的数据中,任何时刻数列中最多含有 500000 个数。

　　100％的数据中,任何时刻数列中任何一个数字均在$[-1000,1000]$内。

　　100％的数据中,m$\leqslant$20000,插入的数字总数不超过 4000000 个,输入文件不超过 20MB。

时间限制为 1 秒,空间限制为 256MB。

[问题分析]

本题可谓是例 10 - 1"文本编辑器"一题的加强版。在做完"文本编辑器"一题之后,基本的操作相信大家都已经掌握了,这里主要讲解如何维护额外的信息来高效地执行题目要求的操作。

(1)翻转。我们通过 Split 操作取出被翻转的那段数。由于数字个数可能很多,我们不能直接将其翻转。所以,我们借鉴线段树的维护方法,用打标记的方式维护翻转操作。记录一个数组 reversed,代表某个块有没有被翻转。这样每一块内部的翻转情况就可以维护了。而外部的话,只需要将链表反向串接即可。注意:合并两个块的时候记得将被翻转的块正常化,即执行翻转操作。操作的时间复杂度为块数,即 $O(\sqrt{n})$。

(2)修改。同样,我们先取出这段数,然后用打标记的方式记录其值是否都一样以及这个一样的值是多少,合并时也记得将其正常化。单次操作的时间复杂度同样是 $O(\sqrt{n})$。

(3)求和。每一块需要维护这个块内数的和,这样就能够在 $O(\sqrt{n})$ 的时间内得到某个区间的和。在执行分裂、合并、修改等操作的时候需要相应地进行维护。

(4)求和最大的子列。这应该是本题最难处理的地方了。我们给每一块维护如下的 3 个信息:块内最大和子列、包含左端点的最大和子列、包含右端点的最大和子列。查询的时候通过线性扫描所有的块,用动态规划的方式得到整个序列的最大和子列即可。处理的时候同样注意块的翻转对其的影响。

至此,本题可以在 $O(m\sqrt{n})$ 的时间内解决。

[参考程序]

```cpp
#include <cstdio>
#include <cstring>
#include <algorithm>
using namespace std;
const int INF = 2147483647/2;
const int MAXL = 510000;
const int BLOCK_SIZE = 700;
const int BLOCK_NUM = MAXL / BLOCK_SIZE × 2 + 1000;
int indexPool[BLOCK_NUM];
int blockNum;
int next[BLOCK_NUM], curSize[BLOCK_NUM];
int data[BLOCK_NUM][BLOCK_SIZE];
int sameValue[BLOCK_NUM], totalSum[BLOCK_NUM], sideMax[BLOCK_NUM][2],
maxSum[BLOCK_NUM];
bool isSame[BLOCK_NUM], reversed[BLOCK_NUM];
```

```
void Init(){
    for (int i = 1; i < BLOCK_NUM; ++i)
        indexPool[i] = i;
    blockNum = 1;
    next[0] = -1;
    curSize[0] = 0;
    memset(isSame, false, sizeof(isSame));
    memset(reversed, false, sizeof(reversed));
}

int GetNewBlock(){
    return indexPool[blockNum++];
}

void DeleteBlock(int blockIndex){
    indexPool[--blockNum] = blockIndex;
}

int GetCurBlock(int &pos){
    int blockIndex = 0;
    while (blockIndex != -1 && pos > curSize[blockIndex]){
        pos -= curSize[blockIndex];
        blockIndex = next[blockIndex];
    }
    return blockIndex;
}

//维护块的各个数据域
void MaintainBlock(int blockIndex){
    if (isSame[blockIndex]){
        totalSum[blockIndex] = sameValue[blockIndex] * curSize[blockIndex];
        if (sameValue[blockIndex] > 0)
            maxSum[blockIndex] = totalSum[blockIndex];
        else maxSum[blockIndex] = sameValue[blockIndex];
        sideMax[blockIndex][0] = sideMax[blockIndex][1] = maxSum[blockIndex];
    }else{
        totalSum[blockIndex] = 0; maxSum[blockIndex] = -INF;
        for (int last = 0, i = curSize[blockIndex] -1; i >= 0; --i){
            totalSum[blockIndex] += data[blockIndex][i];
            last += data[blockIndex][i];
            maxSum[blockIndex] = max(maxSum[blockIndex], last);
```

```
            if (last < 0) last = 0;
        }
        sideMax[blockIndex][0] = sideMax[blockIndex][1] = -INF;
        for (int last = 0, i = 0; i < curSize[blockIndex]; ++i){
            last += data[blockIndex][i];
            sideMax[blockIndex][0] = max(sideMax[blockIndex][0], last);
        }
        for (int last = 0, i = curSize[blockIndex] - 1; i >= 0; --i){
            last += data[blockIndex][i];
            sideMax[blockIndex][1] = max(sideMax[blockIndex][1], last);
        }
    }
}

//将被翻转的块正常化(即执行翻转操作)
void NormalizeBlock(int blockIndex){
    if (blockIndex == -1 || ! reversed[blockIndex]) return;
    reversed[blockIndex] = false;
    if (isSame[blockIndex]) return;
    for (int l = 0, r = curSize[blockIndex] - 1; l < r; l++, r--)
        swap(data[blockIndex][l], data[blockIndex][r]);
    swap(sideMax[blockIndex][0], sideMax[blockIndex][1]);
}

//将 curBlock 块中所有元素设置为相同值
void SetSameValue(int curBlock, int value, int num, int nextBlock){
    isSame[curBlock] = true;
    sameValue[curBlock] = value;
    next[curBlock] = nextBlock;
    curSize[curBlock] = num;
    reversed[curBlock] = false;
    MaintainBlock(curBlock);
}

void AddNewBlock(int curBlock, int newBlock, int num, int str[]){
    if (newBlock ! = -1){
        isSame[newBlock] = reversed[newBlock] = false;
        next[newBlock] = next[curBlock];
        curSize[newBlock] = num;
        memcpy(data[newBlock], str, num × sizeof(int));
```

```
        }
        next[curBlock] = newBlock;
        MaintainBlock(newBlock);
}

//分裂的时候注意维护相关的域
void split(int curBlock, int pos){
    if (curBlock == -1 || pos == curSize[curBlock]) return;
    NormalizeBlock(curBlock);
    int newBlock = GetNewBlock();
    if (isSame[curBlock]){
        SetSameValue(newBlock, sameValue[curBlock], curSize[curBlock] - pos,
        next[curBlock]);
        next[curBlock] = newBlock;
    }else AddNewBlock(curBlock, newBlock, curSize[curBlock] - pos, data[curBlock] +
    pos);
    curSize[curBlock] = pos;
    MaintainBlock(curBlock);
}

void Merge(int curBlock, int nextBlock){
    memcpy(data[curBlock] + curSize[curBlock], data[nextBlock], curSize[nextBlock] *
    sizeof(int));
    curSize[curBlock] += curSize[nextBlock];
    next[curBlock] = next[nextBlock];
    DeleteBlock(nextBlock);
}

void MaintainList(){
    int curBlock = 0;
    while (curBlock ! = -1){
        int nextBlock = next[curBlock];
        bool changed = false;
        while (nextBlock ! = -1 && curSize[curBlock] + curSize[nextBlock] <=
        BLOCK_SIZE){
            changed = true;
            NormalizeBlock(curBlock);
            NormalizeBlock(nextBlock);
            if (isSame[curBlock])
                for (int i = 0; i < curSize[curBlock]; ++i)
```

```
                data[curBlock][i] = sameValue[curBlock];
            if (isSame[nextBlock])
                for (int i = 0; i < curSize[nextBlock]; ++i)
                    data[nextBlock][i] = sameValue[nextBlock];
            isSame[curBlock] = false;
            //合并之前首先要对块内的数据正常化(包括翻转正常化和同一值正常化)
            Merge(curBlock, nextBlock);
            nextBlock = next[curBlock];
        }
        if (changed) MaintainBlock(curBlock);
        curBlock = next[curBlock];
    }
}

void Insert(int pos, int num, int str[]){
    int curBlock = GetCurBlock(pos);
    split(curBlock, pos);
    int curNum = 0;
    while (curNum + BLOCK_SIZE <= num){
        int newBlock = GetNewBlock();
        AddNewBlock(curBlock, newBlock, BLOCK_SIZE, str + curNum);
        curBlock = newBlock;
        curNum += BLOCK_SIZE;
    }
    if (num-curNum){
        int newBlock = GetNewBlock();
        AddNewBlock(curBlock, newBlock, num - curNum, str + curNum);
    }
    MaintainList();
}

void Erase(int pos, int num){
    int curBlock = GetCurBlock(pos);
    split(curBlock, pos);
    int nextBlock = next[curBlock];
    while (nextBlock ! = -1 && num > curSize[nextBlock]){
        num-= curSize[nextBlock];
        nextBlock = next[nextBlock];
    }
```

```
        split(nextBlock, num);
        nextBlock = next[nextBlock];
        for (int p = next[curBlock]; p ！= nextBlock; p = next[curBlock]){
            next[curBlock] = next[p];
            DeleteBlock(p);
        }
        MaintainList();
}

int list[BLOCK_NUM];
//翻转从 pos 开始的 num 个数
void Reverse(int pos, int num){
        int curBlock = GetCurBlock(pos);
        split(curBlock, pos);
        int nextBlock = next[curBlock];
        while (nextBlock ！= -1 && num > curSize[nextBlock]){
            num -= curSize[nextBlock];
            nextBlock = next[nextBlock];
        }
        split(nextBlock, num);
        nextBlock = next[nextBlock];
        int cnt = 0;
        for (int p = next[curBlock]; p ！= nextBlock; p = next[p])
            list[cnt++] = p;
        next[curBlock] = list[--cnt];
        while (cnt >= 0){            //先将宏观的链表结构翻转
            if (cnt) next[list[cnt]] = list[cnt - 1];
            else next[list[cnt]] = nextBlock;
            reversed[list[cnt]] = ！ reversed[list[cnt]];
            cnt--;
        }
        MaintainList();
}
//将从 pos 处开始的 num 个数都置为 value
void MakeSame(int pos, int num, int value){
        int curBlock = GetCurBlock(pos), nextBlock;
        split(curBlock, pos);
        for (nextBlock = next[curBlock]; num > curSize[nextBlock];
            num -= curSize[nextBlock], nextBlock = next[nextBlock])
```

```
        SetSameValue(nextBlock, value, curSize[nextBlock], next[nextBlock]);
    if (num){
        split(nextBlock, num);
        SetSameValue(nextBlock, value, num, next[nextBlock]);
    }
    MaintainList();
}
int GetBlockSum(int blockIndex, int pos, int num){
    int sum = 0, l, r;
    if (isSame[blockIndex]) return sameValue[blockIndex] * num;
    if (reversed[blockIndex]){
        l = curSize[blockIndex] − pos − num; r = curSize[blockIndex] − pos − 1;
    } else{
        l = pos; r = pos + num − 1;
    }
    while (l <= r){
        sum += data[blockIndex][l];
        l++;
    }
    return sum;
}

//获取从 pos 处开始的 num 个数的总和
void GetSum(int pos, int num){
    int blockIndex = GetCurBlock(pos), nextIndex;
    int sum = GetBlockSum(blockIndex, pos, min(num, curSize[blockIndex]−pos));
    num− = min(num, curSize[blockIndex]−pos);
    for (nextIndex = next[blockIndex]; num > curSize[nextIndex];
        nextIndex = next[nextIndex]){
        sum += totalSum[nextIndex];
        num− = curSize[nextIndex];
    }
    sum += GetBlockSum(nextIndex, 0, num);
    printf("%d\\n", sum);
}

//获取最大和子串
void GetMaxSum(){
    int ans = −INF, last=0;
```

```
    for (int blockIndex = 0; blockIndex ! = -1; blockIndex = next[blockIndex]){
        ans = max(ans, last + sideMax[blockIndex][reversed[blockIndex]]);
        ans = max(ans, maxSum[blockIndex]);
            last=max (last+totalSum[blockIndex],
                    sideMax[blockIndex][! reversed[blockIndex]]);
        last= max(last, 0);
    }
    printf("%d\\n",ans);
}
int str[MAXL];

int main(){
    freopen("sequence. in", "r", stdin);
    freopen("sequence. out", "w", stdout);
    Init();
    char order[20];
    int n, m, pos, value;
    scanf("%d %d", &n, &m);
    for (int i = 0; i < n; ++i)
        scanf("%d", &str[i]);
    Insert(0, n, str);
    for (int i = 0; i < m; ++i){
        scanf("%s", order);
        if (order[2] == 'X')
            GetMaxSum();
        else{
            switch (order[0]){
                case 'I':
                        scanf("%d %d", &pos, &n);
                        for (int j = 0; j < n; ++j)
                            scanf("%d", &str[j]);
                        Insert(pos, n, str);
                        break;
                case 'D':
                        scanf("%d %d", &pos, &n);
                        Erase(pos -1, n);
                        break;
                case 'M':
```

```
                    scanf("%d %d %d", &pos, &n, &value);
                    MakeSame(pos −1, n, value);
                    break;
            case 'R':
                    scanf("%d %d", &pos, &n);
                    Reverse(pos −1, n);
                    break;
            case 'G':
                    scanf("%d %d", &pos, &n);
                    GetSum(pos −1, n);
                    break;
        }
    }
  }
}
```

例 10 − 4　树的统计(count. ???)

[问题描述]

一棵树上有 n 个结点,编号分别为 1 到 n,每个结点都有一个权值 w。我们将以下面的形式来要求你对这棵树完成一些操作:

(1) CHANGE u t:把结点 u 的权值改为 t;

(2) QMAX u v:询问从点 u 到点 v 的路径上的结点的最大权值;

(3) QSUM u v:询问从点 u 到点 v 的路径上的结点的权值和,注意,从点 u 到点 v 的路径上的结点包括 u 和 v 本身。

[输入格式]

输入的第一行为一个整数 n,表示结点的个数。

接下来 n−1 行,每行两个整数 a 和 b,表示结点 a 和结点 b 之间有一条边相连。

接下来 n 行,每行一个整数,第 i 行的整数 w_i 表示结点 i 的权值。

接下来一行为一个整数 q,表示操作的总数。

接下来 q 行,每行一个操作,以"CHANGE u t"或者"QMAX u v"或者"QSUM u v"的形式给出。

对于 100% 的数据,保证 $1 \leqslant n \leqslant 30000, 0 \leqslant q \leqslant 200000$;中途操作中保证每个结点的权值 w 在 −30000 到 30000 之间。

[输出格式]

对于每个"QMAX"或者"QSUM"操作,每行输出一个整数表示要求输出的结果。

[输入样例]

4

```
1 2
2 3
4 1
4
2
1
3
12
QMAX 3 4
QMAX 3 3
QMAX 3 2
QMAX 2 3
QSUM 3 4
QSUM 2 1
CHANGE 1 5
QMAX 3 4
CHANGE 3 6
QMAX 3 4
QMAX 2 4
QSUM 3 4
```

[输出样例]

```
4
1
2
2
10
6
5
6
5
16
```

[数据及时间和空间限制]

有 20% 的数据保证 n 和 m 均不超过 1000。

时间限制为 1 秒,空间限制为 256MB。

[问题分析]

本题用块状树做有点"骗分"的味道了,不过鉴于其效果不错还是值得推广的。

第一步是将树划分为大约 $\sqrt{n}$ 块,每块大小不超过 $\sqrt{n}$。由于题目需要维护两个点之间路径上的信息,而根据我们的经验,可以通过找到它们 LCA 的方式来找到它们之间的路径。于是,我们需要额外维护的信息是每个点到各自块的根结点路径上的权值和以及权值最大值。

对于询问,我们只需要通过两个点不断向上寻找祖先的方式统计答案即可。注意分情况讨论,即两个点是否在一个块中。

对于修改,我们要改动的是一个块中的信息。当然,为了更高效地维护这个信息,我们只需要修改这个点所在块中以这个点为根结点的子树的信息。

整个算法的时间复杂度为 $O(\sqrt{n})$。

[参考程序]

```cpp
#include <cstdio>
#include <iostream>
#include <cstring>
#include <cmath>
#include <algorithm>
using namespace std;
const int MAXN = 31000;
const int INF = 2147483647/2;

//手工实现的邻接表
struct EdgeList{
    int top, a[MAXN], loc[MAXN * 2], next[MAXN * 2];
    void Init(){
        memset(a, 0, sizeof(a));
        top = 0;
    }

    void AddEdge(int x, int y){
        int p = ++top; loc[p] = y; next[p] = a[x]; a[x] = p;
    }
};

EdgeList a, child;
int value[MAXN], depth[MAXN], father[MAXN], blockRoot[MAXN];
int size[MAXN], limit;
int VSum[MAXN], VMax[MAXN];

//预处理,将树分块
void BuildBlocks(int v, int f, int dep){
    depth[v] = dep;
    father[v] = f;
```

```
        int curBlock = blockRoot[v];
        for (int p = a. a[v]; p; p = a. next[p])
            if (a. loc[p] ! = f){
                if (size[curBlock] + 1 < limit){
                    child. AddEdge(v, a. loc[p]);
                    blockRoot[a. loc[p]] = curBlock;
                    size[curBlock]++;
                }
                BuildBlocks(a. loc[p], v, dep + 1);
            }
}

//修改块内的数据(块内以 v 为根结点的子树)
void InitData(int v, int sumValue, int maxValue){
    sumValue += value[v]; VSum[v] = sumValue;
    maxValue = max(maxValue, value[v]); VMax[v] = maxValue;
    for (int p = child. a[v]; p; p = child. next[p])
        InitData(child. loc[p], sumValue, maxValue);
}

void Change(int v, int data){
    value[v] = data;
    if (v == blockRoot[v]) InitData(v, 0, -INF);
    else InitData(v, VSum[father[v]], VMax[father[v]]);
}

pair<int, int> Query(int a, int b){
    pair<int, int> ans(0, -INF);
    while (a ! = b){
        if (depth[a] < depth[b]) swap(a, b);
        if (blockRoot[a] == blockRoot[b]){
            ans. first += value[a];
            ans. second = max(ans. second, value[a]);
            a = father[a];
        } else{
            if (depth[blockRoot[a]] < depth[blockRoot[b]])
            swap(a, b);
            ans. first += VSum[a];
            ans. second = max(ans. second, VMax[a]);
            a = father[blockRoot[a]];
```

```
        }
    }
    ans. first += value[a];
    ans. second = max(ans. second，value[a]);
    return ans;
}
int main() {
    freopen("count. in"，"r"，stdin);
    freopen("count. out"，"w"，stdout);
    int n;
    scanf("%d"，&n);
    limit = sqrt(n) + 1;
    a. Init();
    child. Init();
    for (int i = 1; i < n; ++i){
        int x, y;
        scanf("%d %d"，&x，&y);
        a. AddEdge(x, y);
        a. AddEdge(y, x);
    }
    for (int i = 1; i <= n; ++i){
        scanf("%d"，&value[i]);
        blockRoot[i] = i;
    }
    memset(size, 0, sizeof(size));
    BuildBlocks(1, 0, 0);
    for (int i = 1; i <= n; ++i)
        if (blockRoot[i] == i)
            InitData(i, 0, -INF);
    int m;
    char command[20];
    scanf("%d"，&m);
    for (int i = 0; i < m; ++i){
        int x, y;
        scanf("%s %d %d"，command，&x，&y);
        pair<int, int> ans;
        switch (command[1]){
            case 'M': ans = Query(x, y); printf("%d\\n"，ans. second); break;
```

```
          case 'S': ans = Query(x, y); printf("%d\\n", ans. first); break;
          case 'H': Change(x, y); break;
      }
   }
   return 0;
}
```

10.7　本章习题

10-1　弹飞绵羊(bounce. ???)

[问题描述]

某天,Lostmonkey 发明了一种超级弹力装置,为了在他的绵羊朋友面前显摆,他邀请小绵羊一起玩个游戏。游戏一开始,Lostmonkey 在地上沿着一条直线摆上 n 个装置,每个装置设定初始弹力系数 k_i,当绵羊到达第 i 个装置时,它会被往后弹 k_i 步,达到第 $i+k_i$ 个装置,若不存在第 $i+k_i$ 个装置,则绵羊被弹飞。绵羊想知道当它从第 i 个装置起步时,被弹几次后会被弹飞。为了使得游戏更有趣,Lostmonkey 可以修改某个弹力装置的弹力系数,任何时候弹力系数均为正整数。

[输入格式]

第一行包含一个整数 n(1≤n≤200000),表示地上有 n 个装置,装置的编号从 0 到 n-1。

接下来一行有 n 个正整数,依次为那 n 个装置的初始弹力系数。

第三行有一个正整数 m(1≤m≤100000)。

接下来 m 行,每行至少有两个数 i,j,若 i=1,你要输出从 j 出发被弹几次后被弹飞;若 i=2,则还会再输入一个正整数 k,表示第 j 个弹力装置的系数被修改成 k。

[输出格式]

对于每个 i=1 的情况,你都要输出要被弹飞所需要的步数,每个数字占一行。

[输入样例]

```
4
1 2 1 1
3
1 1
2 1 1
1 1
```

[输出样例]

```
2
3
```

［数据及时间和空间限制］

对于 20％的数据，n 和 m 均不超过 10000。

时间限制为 1 秒，空间限制为 256MB。

10-2　数值插入（keyinsertion. ???）

［问题描述］

你需要实现一个数据结构以满足如下操作：

有一个数组 A，下标从 1 开始。刚开始数组为空。接下来你需要将 N 个数插入到数组中。每次插入操作都用 Insert(L,K) 的形式给出，代表将数值 K 插入到数组 A 的第 L 的位置。操作过程如下：

（1）如果 A[L]为空，那么 A[L]赋值为 K；

（2）如果 A[L]非空，那么执行 Insert(L+1, A[L])，在这之后 A[L]赋值为 K。

现在，你将得到数列 $L_1, L_2, \cdots, L_N$。你需要给出经过 Insert(L_1, 1)，Insert(L_2, 2)，…，Insert(L_N, N)这 N 个操作后的数列。

［输入格式］

输入第一行两个整数 N 和 M，分别代表数列长度和该数列的上界（1≤N≤131072,1≤M≤131072）。

接下来 N 个数代表数列｛L_N｝，其中（1≤L_i≤M）。相邻两个数用一个空格隔开。

［输出格式］

输出经过 N 次插入操作后数组的内容。

第一行一个整数 W，代表数组下标最大的非空位置。

接下来一行共 W 个数，代表 A[1]，A[2]，…，A[W]。如果某个位置为空，则输出 0。相邻两个整数用一个空格隔开。

［输入样例］

5 4

3 3 4 1 3

［输出样例］

6

4 0 5 2 3 1

［数据及时间和空间限制］

有 20％的数据，N 不超过 2000。

时间限制为 1 秒，空间限制为 256MB。

10-3　机器人排序（sort. ???）

［问题描述］

假设现在机器人接到一个排序任务，将输入的 n 个整数按照升序排序，如果序列中两个

数具有相同的值,那么在初始序列中靠前的排在前面。由于机器人的特殊构造,它的排序方式也与一般人不同:

第一次,它需要知道当前序列中具有最高优先级(即按照上述方式比较后最小的数)的数的位置,假设为 P_1,然后它将从第一个数到第 P_1 个数的顺序全部翻转,使得原来第 P_1 个数在现在的第一个位置。

第二次,它需要知道第一次操作结束后,第二个数到第 n 个数之中具有最高优先级的数的位置,假设为 P_2,然后它将第二个数到第 P_2 个数的顺序全部翻转……以此类推,执行完 n 次操作后,便得到了一个有序的数列。

当然,机器人现在还只能执行人给定的一些简单指令,所以上文中的 $P_1, P_2, \cdots, P_n$ 需要由你来计算出来。

[输入格式]

第一行一个整数 n($1 \leqslant n \leqslant 100000$),代表输入序列的长度。

接下来一行一共 n 个数,代表待排序的数。相邻两个数用一个空格隔开。

[输出格式]

一行共 n 个数,代表操作序列 P(意义见题目)。

[输入样例]

6

3 4 5 1 6 2

[输出样例]

4 6 4 5 6 6

[数据限制]

有 30% 的数据,n 不超过 100;

有 20% 的数据,n 不超过 1000。

时间限制为 2 秒,空间限制为 256MB。

10-4 找朋友(friends.???)

[问题描述]

奶牛非常想找回他的朋友,但是他们已经上高二分班了,那怎么找呢? 好在聪明的他找到了分班表,可是人太多了,他花了几天也没法统计完毕。可是他听说他的弟子,就是你们很厉害,所以他就找到了你们去帮他统计。

他现在给了你 c 个指令,分别含有三种任务:

(1) 朋友 i 到朋友 j 全部去了 a 班;

(2) 询问朋友 i 当前分到哪个班;

(3) 询问大于等于 i 班暂时共有多少个朋友。

假使奶牛的朋友可以用 1~n 表示,高二年级共有 m 个班。

［输入格式］

第一行三个数 n,m,c，意思如题目所示。

下面的第二行到 $c+1$ 行，每行第一个数 k，表示第 k 项任务。如果 $k=1$，那么后面紧接着 3 个数，i,j,a，表示朋友 i 到朋友 j 全部去了 a 班；如果 $k=2$，那么后面有一个数 i，表示询问朋友 i 是哪个班；如果 $k=3$，那么后面有一个数 i，表示询问 $i\sim m$ 班共有多少个朋友。

［输出格式］

输入文件中有多少个数字"2"和"3"就输出多少行，各自代表相应的回答。

对于 $k=2$，如果不知道他分在哪班，就输出 -1。

对于 $k=3$，一开始可以认为每个班都没有朋友，即 0 个朋友。

［输入样例］

```
5 5 5
1 1 3 1
2 1
2 4
3 1
1 1 5 2
```

［输出样例］

```
1
−1
3
```

［数据及时间和空间限制］

对于 30％数据，$n,c<=1000$；

对于 100％数据，$n<=100000,c<=10000,m<=500$。

据说分班表是奶牛的朋友帮他做的，所以水平有限，有可能存在先说 i 分去了 $a1$ 班，后来又说 i 分去了 $a2$ 班，那么你就以后面说的为准。

每个测试点时限 1 秒，内存限制为 256MB。

第11章　后缀树与后缀数组

我们常常需要处理一些与字符串相关的操作,如在一篇文章中查找某个单词或者句子,求某个字符串的最长重复子串等,而这些操作又对处理效率以及内存使用有着较高的要求。本章介绍两种能够高效处理这类问题的数据结构——后缀树与后缀数组,前半部分学习后缀树及其构造的算法,同时介绍其在字符串处理中的广泛应用,后半部分研究后缀树的一个精巧替代品——后缀数组——的构造以及应用。

11.1　后缀树的简介

在开始学习之前,我们首先来了解一下关于后缀树的历史,让大家对后缀树有更深的了解,并且能够在本书之外对后缀树进行更进一步的学习和研究。

后缀树的概念是在 1973 年 P. Weiner 的一篇叫做"Liner Pattern Matching Algorithm"的文章中第一次被提出,当时这篇文章把这种数据结构叫做"Position Tree"。该算法能够在线性时间内构建后缀树,这个算法还被 Donald Knuth 称为"1973 年度算法",足以见其重要性。几年之后,Edward M. McCreight 介绍了另外一种不同的线性算法,这种新算法更加节省空间,可以说是对原来算法的大幅优化。1995 年,E. Ukkonen 在此基础上提出了第一个能在线构建的后缀树,并且该算法以一种更加容易理解的方式呈现。在此之后对后缀树的研究,主要是将其应用到不同场景后的变化,如对字符集的适应能力、在外部构建(即借助磁盘构建大型后缀树)、压缩以及简化等等。

本章主要考虑字符串所包含的字符集固定并且内存足以支持整个构建过程的情况。

11.2　后缀树的定义

假设给定一个长度为 m 的字符串 S(下标从 1 到 m),S 的后缀树 T 为一个有 m 个叶结点的有根树,其叶结点从 1 到 m 编号;除了根结点之外,每个内部结点至少有两个孩子;每条边上都标有 S 的一个非空子串;从同一个结点引出的任意两条边上标的字符串都不会以相同字符开始;最后,也是最重要的一点,对任意一个叶结点 i,从根结点到 i 的路径上所有边上标的字符串连接起来,就是 S 从位置 i 开始的后缀,也就是说,上述路径恰好拼出了 S[i..m]。

如图 11-1 所示就是一个后缀树的例子:

根节点到 1 号点的路径构成了字符串 xabxac 第 1 个字母开始的后缀 xabxac;

根节点到 2 号点的路径构成了字符串 xabxac 第 2 个字母开始的后缀 abxac;

……

根节点到 6 号点的路径构成了字符串 xabxac 第 6 个字母开始的后缀 c；

大家是不是想起一种数据结构——Trie 树（字典树），上述后缀树相当于是将 S 的 m 个后缀看作 m 个单词插入到字典树中，同时收缩那些只有一个孩子的内部节点，即把字典树压缩成为压缩字典树。

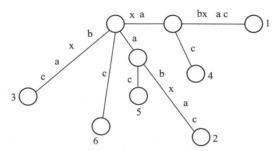

图 11-1　字符串 xabxac 的后缀树

不过，不是所有的字符串都存在这样的后缀树。例如，如果把上述字符串的最后一个字符 c 去掉后，后缀 xa 就"消失"了，因为后缀 xa 恰好是后缀 xabxa 的前缀，所以照上述方法构建出来的树就没有 m 个叶结点了。因此，其根本问题就是有些后缀会是其他后缀的前缀。为了避免这个问题，我们统一在字符串后添加一个 S 中没有出现过的字符，不妨用 $ 表示。这样，字符串 S$ 就一定有其对应的后缀树了。

为了方便表示，我们再定义如下几个概念：

路径标记：从根结点到某个结点的路径标记，就是该路径上所有边上标记的字符串顺次连接得到的字符串，这称做该结点的路径标记。

字符深度：一个结点的字符深度定义为其路径标记所包含的字符个数。

深度：一个结点的深度定义为其到根结点路径上经过的边数目。

11.3　后缀树的构建

在这一节中，我们首先介绍一种易懂但是效率较低的朴素算法，以利于读者进一步熟悉后缀树。然后，我们介绍前面提及的算法——Ukkonen 算法，在该算法的介绍中，我们会看到其原始思想及其直接的暴力实现，然后，我们再通过一步步优化得到最终的线性时间的算法。

11.3.1　后缀树的朴素构建算法

前面我们提到，后缀树可以看做压缩过后的 Trie 树，所以一种直观的朴素算法就是将字符串 S$ 的 m 个后缀看做 m 个单词插入 Trie 树中，然后按照后缀树的压缩规则——每个内部结点至少有两个孩子，来对 Trie 树中的内部结点进行压缩。由于每次插入的时间复杂度与插入的串长度成正比，所以构建 Trie 树的时间复杂度易知为 $O(m^2)$，再加上之后的压缩操作，总的时间复杂度仍为 $O(m^2)$。

11.3.2　后缀树的线性时间构建算法

在介绍线性时间构建算法之前，我们有必要证明我们的存储结构（包括结点个数以及边上标记)也至多是线性的。具体证明请参见 11.3.2.7 一节。

本书介绍的线性时间构建算法为 1995 年由 Ukkonen 提出的。该算法相比较其他线性时间算法而言,主要有能在线构建、较易于理解和实现、更节省空间等优势。所以为了便于理解,我们可以首先用一种朴素方式低效实现 Ukkonen 的算法,然后再进行优化。

11.3.2.1　隐式树的朴素构建

Ukkonen 的算法过程主要是构建一系列"隐式树",其中最后构建的一棵隐式树可以将其转变为我们所要的后缀树。

将 S$ 的后缀树中所有边的标记中的 $ 删去,然后删去那些没有标记的边,得到的就是字符串 S 的隐式树。同时,孩子数目小于 2 的内部结点也要被删除。类似地,S 的前缀 S[1..i]的隐式树为字符串 S[1..i]$ 的后缀树进行上述操作后得到的树。我们用记号 T_i 代表 S 的前缀 S[1..i]的隐式树,其中 i 的取值范围为 1 到 m。

图 11-2 和图 11-3 的例子可能会帮助你理解。从该例子中我们可以发现,如果一个字符串的某一个后缀是另外一个后缀的前缀,那么该字符串的隐式树的叶结点数量就会少于其后缀树,这也正是后缀树构建时加上字符 $ 的用意所在。

Ukkonen 的算法对于每个 S 的前缀 S[1..i]都会构建对应的隐式树 T_i,从 T_1 开始构建,直到 T_m 构建完成,然后由该隐式树 T_m 构建我们所需要的后缀树。我们先来看一种该思想的朴素实现方法——一种时间复杂度为 $O(m^3)$ 的算法。

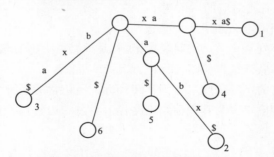

图 11-2　字符串 xabxa$ 的后缀树

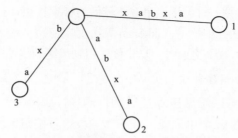

图 11-3　字符串 xabxa 的隐式树

Ukkonen 的算法可以分为 m 个阶段,在第 i+1 个阶段构造对应的隐式树 T_{i+1},我们通过隐式树 T_i 来构建 T_{i+1}。由后缀树的朴素构建算法可知,第 i+1 个阶段构建的前缀 S[1..i+1]的隐式树需要插入 S[1..i+1]的 i+1 个后缀,所以对于第 i+1 个阶段,我们进一步将其划分为 i+1 次扩展。在第 i+1 阶段的第 j 次扩展中,我们将 S[1..i+1]的后缀 S[j..i+

1]插入到隐式树中,由于我们是从 T_i 构建 T_{i+1},所以当前待插入的后缀 S[j..i+1] 的前缀 S[j..i] 已经在树中了,我们只需要根据隐式树定义,看有没有需要将字符 S[i+1] 插入进去。也就是说,第 i+1 阶段将字符 S[i+1] 添加进树 T_i 来构建 T_{i+1},而第一阶段只需要将字符 S[1] 添加进 T_1 即可。整个过程伪代码如下:

```
Function BuildImplicitTree()
    Build Tree T₁
    For i ←1 to m － 1 do        //处理阶段 i+1
        For j ←1 to i ＋ 1 do  //处理第 j 次扩展
            在当前树中找到字符串 S[j..i]对应的位置,然后看是否需要添加字符 S[i+1]
        End For
    End For
```

下面,我们来证明该朴素实现算法的时间复杂度为 $O(m^3)$。首先,外部的两重循环需要的运行时间为 $O(m^3)$,每次循环执行的任务中都需要查找字符串对应的位置,而在树中找到该串所需要的时间与串长度呈线性关系,因此每次查找所需时间复杂度为 $O(m)$,故总时间复杂度为 $O(m^3)$。似乎比我们最初提到的简单的暴力实现还要慢!不过不用着急,接下来我们就会看到如何利用我们发现的一些规律和技巧来将其优化。

11.3.2.2 扩展规则约定

在开始优化之前,我们先对每次扩展规则做个约定:在第 i+1 阶段的第 j 次扩展将找到 S[j..i] 的位置,然后保证 S[j..i+1] 在树中。

规则 1:串 S[j..i] 终止于叶结点,也就是说从根结点到该叶结点的路径标记为串 S[j..i],此时我们只需要将该叶结点的父边的标记最后加上字符 S[i+1] 即可。

规则 2:串 S[j..i] 对应的位置不是叶结点(可能是中间结点,也可能是某条边的内部位置,因为一条边可以代表某个子串),同时,串 S[j..i+1] 又不在当前树中,那么我们需要将该树进行扩展——如果 S[j..i] 对应的位置在边内部,那么需要将该边在该位置处拆开,然后添加新的结点,这样保证了 S[j..i] 终止于一个结点;然后新建一个该结点的子结点(一个新的叶子结点),其间的边标记为 S[i+1]。

规则 3:串 S[j..i+1] 已经在树中找到,那么我们不需要作出任何的修改。

上述规则 1 和规则 3 比较直观,我们用图 11-4 和图 11-5 来理解规则 2。由图可知,当插入串"bc"的时候,路径"b"本来在边内部,所以创建了一个新的结点,然后加入了新的叶子结点,叶子边对应标记"c"。

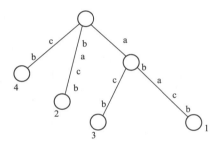

图 11-4 字符串"abacb"的隐式树

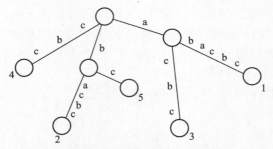

图 11-5   字符串"abacbc"的隐式树

11.3.2.3   后缀链加速

下面,我们引入后缀链,并结合一个小技巧来优化上述算法。

首先我们定义后缀链。我们用 αβ 来表示一个字符串,其中 α 为单个字符,而 β 可以是包括空串在内的任意字符串。在隐式树中,如果一个结点 v 的路径标记对应 αβ,而结点 s(v) 对应标记 β,那么我们建立从 v 指向 s(v) 的指针,称做从 v 到 s(v) 的后缀链。特别是如果 β 为空串,那么有从 v 到根结点的后缀链。根结点没有后缀链。

关于后缀链的维护,我们将在本节后半部分介绍,这里假定我们得到的当前树中已经维护好了后缀链,并且每个结点(除根结点)都有后缀链。所以,我们先研究如何将后缀链应用于加速。

在上面的朴素算法中的第 i+1 阶段第 j 次扩展的时候,需要花费 O(m) 的时间定位串 S[j..i] 的位置,以下我们通过研究第 1 次和第 2 次扩展来看后缀链如何优化这一步。

第 i+1 阶段的第 1 次扩展时,容易知道字符串 S[1..i] 一定是终止于叶结点,因为它是前缀 S[1..i] 的最长后缀。所以在这次扩展中,我们很容易就找到位置(只需要维护一个指针记录最长后缀对应叶结点即可),然后应用规则 1 扩展。

在第 2 次扩展中,我们需要找到 S[2..i] 对应的位置。我们从第 1 次扩展的叶结点向上走到其父结点 v。如果 v 是根结点,那么下一步就是沿着根结点向下走查找串 S[2..i],就像朴素算法一样;如果 v 是内部结点,那么我们沿着其后缀链找到其指向的结点 s(v),此时,s(v) 的路径标记为 S[2..i] 的前缀 S[2..k],2≤k≤i,所以我们找到结点 s(v),然后再像朴素算法那样继续向下走,即在 s(v) 为根的子树中查找串 S[k+1..i] 对应的位置。

之后的第 3 次扩展直到第 i+1 次扩展与上述过程类似。不过,此时的算法时间复杂度并没有被优化,因为我们沿着后缀链向上走后,仍然需要向下走来找到对应串的位置,其时间复杂度仍然为 O(m)。不过不用担心,我们可以应用下面的一些小技巧来优化。

技巧 1:每条边维护对应子串的长度(以下简记为边的长度 Length(edge))。回想后缀树的定义(这里是隐式树),"从同一个结点引出的任意两条边上标的字符串都不会以相同字符开始",所以我们只需要知道引出边的第一个字符就知道"往哪里走了"。而该边的其他字符我们并不需要一个一个检验,只需要比对边对应的子串长度与当前要往下走的字符个数即可。过程可以描述如下:

(1) 当前要往下走的字符个数为 C,我们可以根据引出边的第一个字符找到"往哪里走"。假设沿着边 e 走,如果 Length(e) < C,那么转(2),否则可以在 O(1) 的时间找到对应

的位置,终止。

(2) 沿着边 e 走到底,并且把 C 置为 C － Length(e),转(1)。

也就是说,现在向下走所需要的时间复杂度为 O(向下走的结点个数),而不是 O(向下走的字符个数)。现在的时间复杂度似乎不容易看出,不过我们先给出如下命题(具体证明参见 11.3.2.7):**任意结点 v 的深度至多比其后缀链指向结点 s(v) 的深度大 1**。

有了以上的命题,我们可以得到第 i+1 阶段所有扩展总的时间复杂度为 O(m)。简要证明:每次扩展,我们会向上走一个结点,然后找到该结点后缀链指向结点(如果需要),所以至多向上走两个结点。总的向下走的结点个数 ≤ 每次向上走的结点个数 ＋ 当前树深度。故第 i+1 阶段所有扩展的时间复杂度为 O(m)。

通过后缀链加速,我们将算法总时间复杂度优化到了 $O(m^2)$,不过似乎又回到了最初朴素算法的时间复杂度,下面我们将对其进行进一步的优化。

11.3.2.4　进一步加速

我们在扩展过程中还发现了如下的几条规律。

规律 1(技巧 2):在第 i+1 个阶段中,如果某一次扩展满足了扩展规则 3,那么该阶段之后的扩展都没有必要继续了。

简要证明如下:如果在第 j 次扩展满足了规则 3,那么就意味着 S[j..i+1] 已经在树中了,于是我们会发现 S[j+1..i+1],S[j+2..i+1],…,S[i+1..i+1] 都在树中,而满足规则 3 意味着树的结构不会改变,所以没有必要继续扩展了。

这条规律显然能够降低运行时间,不过其具体效果还不甚明朗。

规律 2:如果一个结点为叶结点,那么在整个算法运行过程中,它将一直是叶结点。

对叶结点的修改仅会在扩展规则 1 中出现,而规则 1 对叶结点的修改只是将其父亲边的标记延伸,所以叶结点始终为叶结点。这样在我们具体实现的时候,如果新建的是叶结点,就可以对所有的叶结点父亲边的标记设置统一结束位置,所以修改叶结点只需要 O(1) 的时间。

技巧 3:如果用 j_i 表示第 i 阶段最后一次应用规则 1 或者规则 2 的扩展,那么有 $j_i \leqslant j_{i+1}$,也就是说,第 i+1 阶段的扩展可以直接从上一次的最后位置 j_i 开始。

简要证明如下:根据规则 2,在第 i 阶段中从扩展 1 到扩展 j_i 不是更新叶结点就是创造叶结点,因此,在第 i+1 阶段的扩展 1 到扩展 j_i－1 都是对叶结点进行扩展。所以可以直接从扩展 j_i 开始,而所有对叶结点的扩展由上可知可以在常数时间内完成。

综上所述,应用技巧 2(扩展终止条件)和技巧 3(扩展位置不降),再加上之前的后缀链加速,我们可以在线性时间内完成所有隐式树的构建!(简要证明:由于序列 j_i 单调不降,所以总的扩展次数为 $j_1 + j_2 - j_1 + 1 + j_3 － j_2 + 1 + \cdots + j_m - j_{m-1} + 1 \leqslant 2m-1$,又由后缀链加速可知,其时间复杂度为 O(m)。)

我们还有最后一个步骤——通过最后一棵隐式树 T_m 来构建我们的后缀树。由于我们要构建的后缀树是 S$ 的后缀树,所以在这最后一步,我们将 S$ 看做一个整体再进行一次扩展,将所有以 $ 结尾的后缀添加到树中,总的时间复杂度不变。至此,我们完成了后缀树线性时间构造算法的介绍。

11.3.2.5　后缀树拓展到多串的形式

上述后缀树 T 是根据字符串 S 的所有后缀构建的。有时候,这个 S 可以是一个字符串集合,所以后缀树 T 是根据所有字符串的所有后缀构建的。这种后缀树也叫广义后缀树(Generalized Suffix Tree)。

一种很自然的构建方式可以给每个字符串加两两不同的结尾符,这些结尾符没有在任何字符串中出现过。然后,我们将这些添加了结尾符的字符串首尾相接作为一个整体来构建其后缀树。由于任何一个后缀都不是其他后缀的前缀,并且任意两个字符串的结尾符不同,所以我们还是可以方便地找到需要的后缀。不过,这种实现方式会多了许多没有意义的后缀,在空间和代码优美程度上都差强人意。

另外一种实现方式,是将每个字符串加相同的结尾符后依次添加进树中。在第 i+1 次添加字符串 S_{i+1} 时,我们像在单独构建后缀树时一样,在原来树基础上逐步构建 S_{i+1} 的隐式树。因为这种构建过程不会影响前 i 次的后缀,并且仍可以保证 S_{i+1} 的所有后缀都被添加进来。这种方式会导致一个后缀属于多个字符串。所以在叶结点上,我们还需要开一个列表来代表终止于此的那些字符串编号。

11.3.2.6　代码实现

在实现代码之前,我们需要对后缀树的存储方式做一个讨论。主要原因是后缀树中涉及的字符种类范围不确定,可以是 26 个英文字母,可以是所有汉字,或者更糟糕。以下是常用的几种存储方式。

(1) 数组。用数组存储孩子结点是最常用的方法之一。如果我们事先知道字符串中出现的字符集的大小,假设为 C,那么后缀树中每个结点都需要维护一个包含 C 个元素的数组。这种方式可以在 O(1) 的时间内执行查找、插入操作,其主要缺点有空间浪费以及需要字符集固定。

(2) 链表。用链表来维护孩子结点时,每个结点需要存储自己的第一个孩子结点,同时每个结点还要维护自己的相邻兄弟结点,这样就可以遍历一个结点的孩子了。不过这样查询和插入都需要 O(C) 的时间来定位了。一个小优化是可以将孩子结点维护为有序的,这样维护成本并不会增加,但是会降低期望查找时间。这种以时间换空间的方式使得后缀树支持可变字符集,并且将空间节省到最小。

(3) 平衡树。用平衡树来存储孩子结点可以算是对链表存储的一种改进。这样可以将单次查询、插入操作的时间复杂度降到 $O(\log_2 C)$。不过鉴于平衡树结合后缀树的编码复杂度,这种方法仅当 C 较大的时候比较合适。

(4) 哈希表。不论是用开散列还是闭散列的方式,这种存储方法仍然需要找到一个时间和空间的平衡点,并且线性时间复杂度对哈希函数的要求也比较高。

综上所述,不同的表示方式有各自的优点和缺点,没有绝对优秀的方法。所以,具体的实现方式还是要依据具体问题来定。有些时候甚至可以将几种表示方式联合起来在一个后缀树中使用。

以下的代码将用链表结构存储,并且我们直接构建广义后缀树,单个字符串的后缀树可以看做广义后缀树的特例。

```cpp
#include <cstring>
#include <list>
#include <vector>
#include <cstdio>
using namespace std;
//后缀树中的结点类
struct SfxNode {
    const char * l, * r;        //指向字符数组的指针,表示其父边标记为子串[l, r)
    SfxNode * sfxLink;          //后缀链,指向另一个结点
    list<int> from;             //由于拓展到多串情形,所以需要记录在此结尾的串列表
    SfxNode * father;           //在后缀树中的父亲结点
    SfxNode * firstCh;          //在后缀树中的第一个孩子结点(如果没有,那么为叶结点)
    SfxNode * left;             //左兄弟,即其父亲的孩子列表中排在该结点前一个的结点
    SfxNode * right;            //右兄弟,与上面类似
    //获取当前结点的孩子中,边标记以 c 开始的那个孩子
    SfxNode * child(char c) const{
        SfxNode * p = NULL;
        if (firstCh && * firstCh->l <= c)
            p = firstCh;
        else return p;          //不存在,直接返回空指针
        while (p->right && * p->right->l <= c)
            p = p->right;
        return p;               //找到编号小于等于 c 的最大的孩子(如果有编号为 c 就返回
                                //该孩子,否则返回将要插入位置的左兄弟)
    }
    //添加新的子结点 add。p 为 add 的左兄弟
    void addChild(SfxNode * p, SfxNode * add){
    if (p){                     //如果左兄弟存在
        add->right = p->right;
        add->left = p;
        p->right = add;
        if (add->right)
            add->right->left = add;    //一系列链表维护的基本操作
    }
    else {                      //否则为第一个孩子结点
        add->left = NULL;
        add->right = firstCh;
        firstCh = add;
```

```
            if (add—>right)
                add—>right—>left = add;
        }
        add—>father = this;                //更新父亲结点
    }
};
SfxNode sfxNodePool[400000 + 100]; //后缀结点的手工内存池(考虑到效率和安全)
int sfxNodeCnt = 0;                        //当前树中结点个数
//后缀树类
struct SuffixTree{
    SfxNode * root;              //根结点
    SuffixTree(): root( newNode() ), texts(), textLens()
    {}~SuffixTree() { clear(); }    //构造和析构函数
//将 text 所有后缀加入到后缀树中(字符数组以'\\0'结尾,所以正好将其作为终止符$)
    void addText(const char * text){
        //一些初始化工作,变量定义见该类的 private 部分
        curText = curPos = text;  lastAddPos = 0;  activeNode = root;
        root—>l = root—>r =curText;
        curTextLen = strlen(text);
        for (int i = 0; i <= curTextLen; i++){   //i 个阶段
            newlyAddNode = NULL;
            //每个阶段的扩展。依据单调性从上次最后一次扩展开始
            for (int j = lastAddPos; j <= i; j++)
                //如果扩展不成功(即满足扩展规则 3,那么终止本阶段之后所有扩展)
                if (! extend(curText + j, curText + i)) break;
        }
        //将插入的字符串备份
        texts. push_back(curText);  textLens. push_back(curTextLen);
    }
    //清理工作
    void clear(){
        sfxNodeCnt = 0;  root = newNode();
        texts. clear();  textLens. clear();
    }
    //为了遍历后缀树的临时数组
    char str[10000];
    //遍历后缀树,供测试用
    void travel(SfxNode * curNode, int curindex){
```

```
            for (const char * i = curNode->l; i ! = curNode->r; ++i)
                str[curindex++] = * i;
            if (curNode->firstCh){
                for (SfxNode * node = curNode->firstCh; node; node = node->right)
                    travel(node, curindex);
            } else printf("%s\\n", str);
    }
private:
    //用来备份插入的字符串
    vector<const char * > texts;   vector<int> textLens;
    SfxNode * activeNode, * newlyAddNode; //当前被激活的结点和新添加的结点
    //每次扩展的时候即从被激活的结点开始向下走;记录新添加的结点的原因是为了维
    护它的后缀链(回想一下新建结点后缀链的添加是在下次扩展的时候)
    const char * curPos;        //当前扩展的位置
    const char * curText;       //插入的字符数组的指针
    int lastAddPos;             //上阶段最后扩展的位置,利用其单调性保证算法线性
    int curTextLen;             //插入到后缀树中的字符串的长度
    //新建一个结点,手工实现内存管理
    SfxNode * newNode(const char * l = NULL, const char * r = NULL){
        SfxNode * p = &sfxNodePool[sfxNodeCnt++];
        p->l = l;
        p->r = r;        //设置新建结点的父亲边标记
        p->from. clear();
        p->sfxLink = p->father = p->firstCh = p->left = p->right =
        NULL;
        return p;
    }
//从被激活的结点开始向下走直到找到要找的字符串[l, r)
void goDown(const char * l, const char * r){
    curPos = activeNode->r;
    while (l < r){
            activeNode = activeNode->child( * l);
            if (r-l <= activeNode->r - activeNode->l){//如果要找的位置
                curPos = activeNode->l + (r - l);        //就在该边内
                return;
            } else {                 //否则可以跨过该条边继续处理
                    curPos = activeNode->r;
                    l += activeNode->r - activeNode->l;
```

```
            }
        }
}
//扩展,将子串[i, r]插入到隐式树中,返回是否插入成功(即是否不满足扩展规则3)
bool extend(const char * i, const char * r){
    if (curPos < activeNode->r){
        const char * l;
        if ( * curPos == * r){
            if ( * r){ //如果不是最后一次扩展,那么当前就已经扩展完了
                curPos++;
                return false;
            }
            activeNode->from. push_back(texts. size());   //记录位置
            l = r - (activeNode->r - activeNode->l - 1);
        } else {
            SfxNode * in = newNode(activeNode->l, curPos); //新建中间结点
            //新建的结点用来替代当前被激活结点的父亲结点
            in->left = activeNode->left;
            in->right = activeNode->right;
            in->father = activeNode->father;
            if (activeNode->left)
                activeNode->left->right = in;
            if (activeNode->right)
                activeNode->right->left = in;
        if (activeNode->father->firstCh == activeNode)
            activeNode->father->firstCh = in;
        in->addChild(NULL, activeNode); //以上操作维护树边及兄弟指针
        activeNode->l = curPos;
        //应用扩展规则 2,新建叶结点
        SfxNode * leaf = newNode(r,curText + curTextLen + 1);
        in->addChild( in->child( * r), leaf );
            lastAddPos++;
            leaf->from. push_back( texts. size() );
            //维护后缀链
            if (newlyAddNode) newlyAddNode->sfxLink = in;
            activeNode = newlyAddNode = in;
            l = r - (activeNode->r - activeNode->l);
    }
```

```
        activeNode = activeNode->father;
        if (activeNode->sfxLink)
            activeNode = activeNode->sfxLink;
        else l++;
        goDown(l, r);        //向下走找到下次扩展的位置,即更新激活结点
    }
    else {      //终止在结点处而不是边内部
        if (newlyAddNode){
            newlyAddNode->sfxLink = activeNode;
            newlyAddNode = NULL;
        }
        SfxNode * ch = activeNode->child( * r);
        if (ch && * ch->l == * r){
            if ( * r){    //如果不是最后一次扩展,那么当前就已经扩展完了
                activeNode = ch;
                curPos = activeNode->l + 1;
                return false;
            }
            ch->from. push_back( texts. size() );
        } else {          //没有找到该孩子,应用规则 2,新建叶结点
            SfxNode * leaf = newNode(r, curText + curTextLen + 1);
            activeNode->addChild(ch, leaf);
            lastAddPos++;
            leaf->from. push_back( texts. size() );
        }
        if (i < r){
            activeNode = activeNode->sfxLink;
            curPos = activeNode->r;
        }
    }
    return true;
  }
};
//一个用来测试的主程序,添加字符串"xabxac"后输出后缀树中所有后缀
SuffixTree tree;
int main(){
    tree. addText("xabxac");
    tree. travel(tree. root, 0);
```

```
    return 0;
}
```

11.3.2.7 相关证明

1. 后缀树中的结点个数至多为 $2m-1$，其中 m 为字符串的长度。

证明：由后缀树的定义我们知道其一共有 m 个叶结点，并且每个内部结点至少有 2 个孩子结点。假设总共有 n 个结点，则内部结点的个数为 $n-m$。于是，我们可以得到如下的不等式：$2(n-m)+1 \le n$，即 $n \le 2m-1$。因此，后缀树的压缩存储方式导致其结点个数也是与 m 呈线性关系。

2. 合理选取边标记的表示方式可以使得其至多花费 $O(m)$ 的空间复杂度来存储。

证明：如果我们直接按照定义，用字符串标记边的话，那么存储可能要花费 $O(m^2)$ 的空间复杂度，读者可以自行构建串"abcde"的后缀树然后加以检验。然而，由于子串是原串的连续一部分，所以保存好原串之后，每个标记只需要用一对整数 (u, v) 来表示该子串对应的是原串的哪一部分。所以，存储空间复杂度就与边数呈线性关系，即与点数呈线性关系，也就是 $O(m)$。

3. 如果新增一个对应标记为 $\alpha\beta$ 的结点 v 到当前树中，那么，要么标记 β 对应结点已经在树中，要么接下来一次扩展会生成路径标记为 β 的结点。

证明：根据扩展规则，只有规则 2 会产生新的结点。也就是说路径 $\alpha\beta$ 对应的位置之后还有不同于当前添加的字符，假设为 c。所以在下一次扩展，查找到串 β 的位置时，其后面也有字符 c。如果 β 位置为边内部，那么会新建结点；如果是一个结点，那么肯定是内部结点。综上所述，该命题成立。

4. 一个新建结点在下一次扩展完之前会有一个后缀链。

证明：由命题 1 可知，新建一个结点之后，在下一次扩展的时候会找到或者创建其后缀链指向的结点，而每个阶段最后一次扩展不会产生新的结点（因为最后一次扩展只添加一个字符）。综上所述，我们完美地维护了后缀链，并且保证每次查询时后缀链总是存在的。

5. 任意结点 v 的深度至多比其后缀链指向结点 $s(v)$ 的深度大 1。

对于结点 v 的所有祖先，它们都会有自己的后缀链。由于 v 的祖先的路径标记为 v 的路径标记的前缀，所以 v 的祖先的后缀链指向结点的路径标记也是 $s(v)$ 的路径标记的前缀。也就是说，v 的祖先的后缀链指向结点是 $s(v)$ 的祖先，除非 v 的某个祖先没有后缀链。因此不难发现，v 的深度至多比 $s(v)$ 的深度大 1。

11.4 后缀树的应用

在这一节中，我们将给出几个常见的后缀树的应用，并且你将会看到它与其他处理字符串的算法与数据结构（例如 KMP 算法、AC 自动机等）之间的比较。后缀树是一个非常强大的处理字符串问题的工具，所以企图在这一节短短篇幅里面穷尽其应用是不可能的。因此，这里的介绍旨在抛砖引玉，更多的应用可以参考相关书籍以及该领域的最新研究成果。

11.4.1　字符串(集合)的精确匹配

11.4.1.1　情形一

给定两个串 S 和串 T,分别代表模式串和文章串,长度分别为 n 和 m。现在需要在串 T 中查找串 P 的每一个出现的位置。

了解 KMP 算法的读者一定对这个问题非常熟悉——这正是 KMP 算法应用的经典场景。在比较两者之前我们先看一下后缀树的算法实现。

后缀树实现:首先构建串 T 的后缀树,所用时间复杂度为 O(m)。然后我们只需要在后缀树中查找串 S 即可。如果串 S 没有出现在后缀树中,那么显然串 T 不包含串 S;如果串 S 结束于后缀树的某个结点 v(结束于某一条边内的情形也类似),那么结点 v 的路径标记在 T 中出现的每个位置都匹配串 S。为了知道所有出现的位置,我们只需要遍历 v 的子树,找到所有叶结点,便可以知道所有对应出现的位置了。故这种方法能够在 O(n+m) 的时间内找到所有 S 在 T 中出现的位置。当然,我们还有优化的余地——如果我们能够较快找到 v 的子树中所有叶结点的话,就能够将查询复杂度降到 O(n+k),其中 k 为 S 在 T 中出现的次数,也就是结点 v 子树中叶结点的个数,这是一个与 KMP 一样优秀的时间复杂度。实现方式也很简单,将叶结点按照遍历顺序额外用链表依次连接,每个内部结点只需标记叶结点的范围即可(肯定是连续的一段)。

伪代码:

```
void FindMatches(string s){
    v=FindNode(s);
    if (exist(v))
        for (int i=FirstLeaf(v); i<=LastLeaf(v); i++) PrintLocation(i);
}
```

那么后缀树与 KMP 算法相比处理这类问题有何优势呢? 如果对于文章确定不变,而模式串有多个的情形,KMP 算法对于每次查询,都需要首先花费 O(n) 的时间构建模式串的 pi 数组,然后再花费 O(m) 的时间去匹配,所以单次查询就需要花费 O(n+m) 的时间;而后缀树可以一次花费 O(m) 的时间构建文章串的后缀树,然后每次查询都只需花费 O(n+k) 的时间。

11.4.1.2　情形二

给定文章串 T 和模式串集合 S,串 T 长度为 m,集合 S 中串总长度为 n。现在需要知道每个模式串在文章串 T 中的出现情况。

该情形是对情形一的扩展。用 AC 自动机(Aho—Corasick Machine)可以获得与 KMP 类似的时间复杂度,为 O(n+m)。后缀树的实现与情形一的类似,花费 O(m) 的时间构建树,然后每次查询对每个串逐一执行情形一的算法,查询总时间为 O(n)。可见,后缀树处理这样的扩展情形也非常方便。

11.4.1.3　情形三

给定长度为 n 的模式串 S。现在需要处理若干次询问,每次询问将给出一个长度为 m 的文章串 T,询问 S 在每个 T 中出现的位置。

还记得情形一中提到的后缀树会优于 KMP 算法的情况吗? 情形三恰好与这种情况相反,所以 KMP 有着最优异的表现——只需花 O(n) 的时间对模式串 S 预处理,每次查询花费 O(m) 的时间。如果用后缀树,每次花费 O(m) 的时间预处理,然后再花费 O(n) 的时间查询的话,该算法就没有 KMP 优秀了。那么,如何改进使得后缀树在这种情形下也可以表现得和 KMP 一样优秀呢?

后缀树实现:对于文章串 T,我们构建一个长度为 m 的数组 ms。其中 ms(i) 表示 T 的后缀 i 所能匹配的 S 的子串的最长长度(无论何处开始的子串)。例如 T=abcd,S=babc,那么 ms(1) =3。显然,如果串 S 出现在串 T 中等价于存在这样的 i 使得 ms(i)=n。

我们现在来讨论如何计算出 ms 数组。首先,花费 O(n) 的时间构建串 S 的后缀树。计算 ms(1) 我们只需要用朴素的方式——即当做 T 匹配 S,在 S 中查找 T 直到找到串 T 或者找到第一个没有办法匹配的位置,这样就计算出了 ms(1)。计算 ms(2) 的时候,我们从 T 的第二个字符开始查找,回想后缀树的构建过程,这正相当于扩展的情形! 当时我们使用后缀链加速,所以在这里我们同样应用后缀链快速计算 ms 数组。

具体地说,假设计算 ms(1) 的时候最后到达了结点 v,那么下一次,我们从结点 v 的后缀链指向的结点 u 开始继续计算 ms(2)。根据后缀链的定义,v 的路径标记匹配字符串 T[1..m] 的前缀,那么 u 的路径标记匹配字符串 T[2..m] 的前缀,所以算法正确性得以保证。类似于之前关于时间复杂度的证明,我们这里可以直接给出结论——计算 ms 数组的时间复杂度为 O(m)。

要找到所有匹配的位置也很简单,找出那些满足 ms(i)=n 的 i 即可。这样,在这种情形下,我们用后缀树实现了不劣于 KMP 算法的时间复杂度的算法。

伪代码:

```
void FindMatches(string T){
    activenode=root;
    for (int i=1; i<=m; i++){
        v=godown(activenode,T,i);
        calaulate(v,ms[i]);
        if (ms[i] == n) printf("%d",i);
        if (! insideAnEdge) activenode=SuffixLink[v];
            else activenode=SuffixLink[u];
    }
}
```

11.4.1.4 情形四

给定一个字符串集合 T。接下来你需要面对这样的问题:每次给定一个字符串 S,询问该字符串是集合 T 中哪些字符串的子串。

注意该问题与情形二的区别——情形二是每次询问哪些字符串是询问字符串的子串,而这里刚好相反,询问哪些字符串包含询问串,所以我们来看看如何用后缀树解决这个问题。

后缀树实现:假设集合 T 中字符串总长度为 m,我们花费 O(m) 的时间构建 T 中所有字符串的广义后缀树。接下来的方法就类似于情形一了——在该后缀树中查找串 S。如果找到了串 S 对应的位置,则该位置的子树中所有叶结点上的所有字符串都包含串 S,我们可以用类似情形一的方法找到所有出现的位置,时间复杂度为 O(n+k),其中 k 为 S 在集合 T 中出现的总次数;如果没有找到这样的位置,那么显然 S 不是 T 中任何一个字符串的子串。

可见,情形四是对情形一的扩展,其效率是非常优秀的——仅仅和读入这些字符串所需要的时间相当。另外我们也看到了广义后缀树的方便之处,从情形四回到情形一,我们甚至不用改变代码!

11.4.2 公共子串问题

11.4.2.1 情形五

给定两个字符串 S_1 和 S_2,长度分别为 n 和 m。求这两个字符串的最长公共子串(注意区别于最长公共子序列)。

这个经典问题可以用朴素的动态规划在 O(nm) 的时间复杂度内求解,当然我们并不满足于这样的效率,所以来看一下后缀树有怎样的表现。

后缀树实现:构建 S_1 和 S_2 的广义后缀树,这会花费线性时间 O(n+m)。对于后缀树中每个结点 v,如果在以 v 为根的子树中存在标记为 S_1 的后缀的叶结点,则给 v 标记上 1;类似地,如果子树中存在标记为 S_2 的后缀的叶结点,则给 v 标记上 2。如果结点 v 既有标记 1 又有标记 2,那么 v 的路径标记就是 S_1 和 S_2 的公共子串。我们不加证明地给出最长公共子串满足的条件——该子串是同时标上 1 和 2 的某个结点 v 的路径标记,并且这个结点 v 是所有满足同时有两种标记的结点中字符深度最大的结点(即 v 的路径标记最长)。

给每个结点标记,我们只需要通过对后缀树执行一次深度优先遍历即可。因此总的时间复杂度为 O(n+m),这个效率已经非常优秀了。

伪代码:

```
void Travel(int v){
        mask=tag[v];
        for (int i=firstchild[v]; i<=lastchild[v]; i=nex[v][i]){
            Travel(i);
            mask|=tag[i];
        }
        if (mask == 3)UpdateAnswer(v);
```

```
        tag[v]=mask;
    }
```

优化:还记得情形三中我们是怎么处理的吗?——引入数组 ms。在这里我们这样使用:ms 是一个长度为 n 的数组,ms(i)代表 S_1 的后缀 i 与 S_2 的某个子串的最长公共前缀。显然,其中 ms(i)的最大值即 S_1 与 S_2 的最长公共子串的长度。用这种方法的好处是节省了空间——我们仅需建立字符串 S_2 的后缀树,空间复杂度从 O(n+m)降到了 O(m)。

11.4.2.2 情形六

给定 k 个字符串,这些字符串的长度总和为 n。我们定义函数 L(i)为至少从中取 i 个字符串,可以获得的最长公共子串的长度的最大值,其中 $2 \leqslant i \leqslant k$。

我们不妨举个例子:字符串集合为{abcd, bcd, bc},则 L(2) = 3,因为我们可以取{abcd, bcd};L(3) = 2。这种多串形式的最长公共子串可以说是对情形五的扩展。

后缀树实现:我们仿照两个字符串的最长公共子串的解法——给每个结点 v 标记上它的子树中叶结点上面标记的种类数目 C(v),这种标记的结果等效于有多少个字符串包含 v 的路径标记这样的子串。最后,我们在外部开一个长度为 k 的数组 A,其中 A[i] = max{Length(path(v))|C(v)=i}。这个数组只需要在计算 C(v)的过程中统计即可。当然,由于题目的要求,我们最后还需要根据单调性再次扫描数组 A——对于 i<j,有 A[i] $\geqslant$ A[j]。

现在我们回到计算 C 的问题。每个结点不妨记录一个长度为 k 的数组 B,数组 B 的值只有"0"和"1"来代表某个字符串有没有出现过。此时,只需要对其所有的子结点的 B 数组进行"or"操作并赋值给 v 的 B 数组,然后通过 B 数组中"1"的个数来计算 C(v)即可。这样,时间复杂度为 O(kn)。我们还可以用位运算来加速这一过程,使得这种算法具有更小的常数因子。

伪代码:

```
void Travel(int v){
    Initialize(B[v]); //将 B 数组初始化为 V 自身标记
    for (int i=firstchild[v]; i<=lastchild[v]; i=nex[v][i]){
        Travel(i);
        for (int j=1; j<=k; j++)
            B[v][j]|=b[i][j];
    }
    UpdateAnswer(Count(b[v]),Length(path[v]));
}
```

11.4.2.3 情形七

给定字符串 S_1 和 S_2,找到所有这样的 S_2 的子串满足如下的条件:该子串长度大于某个阈值 LEN,并且该子串出现在 S_1 中,即也是 S_1 的子串。

该情形是对情形五的另外一种扩展,当 LEN 大于等于两者最长公共子串的长度时,就没有这样的字符串满足条件了。我们简单地给出实现方法。

后缀树实现：建立两个字符串的广义后缀树。仍然用情形五的方法给每个结点标注标记。对于每个有两个标记的结点 v，如果它的路径标记的长度大于给定的阈值 LEN，那么该路径标记就是一个满足要求的子串——输出即可。

对情形七的再次扩展是将 S_2 变为一个字符串集合，然后处理同样的问题——方法类似，建立它们的广义后缀树、按顺序标记、输出。

11.4.2.4　情形八

对于两个字符串 S_1 和 S_2，它们的最长后缀—前缀匹配定义为 S_1 最长的后缀同时也是 S_2 的前缀。现在对于给定的字符串集合 $S = \{S_1, S_2, \cdots, S_k\}$（这些字符串总长度为 m），求出所有的有序对 $\{S_i, S_j\}$ 的最长后缀—前缀匹配。

一种直接实现是通过建立 k 次 S 的广义后缀树，然后进行匹配的方法，时间复杂度为 $O(k \times m)$。下面介绍一种时间复杂度为 $O(m + k^2)$ 的方法。

后缀树实现：第一步我们仍然是建立这 k 个字符串的广义后缀树。在开始我们的算法之前，需要定义这样一个概念：称边标记只有一个终止符（不妨设为 $）的边为终止边。显然，每个终止边有一端一定是叶结点，但不是每个叶结点都与终止边相连。每个内部结点 v 维护一个列表 L(v)，如果有终止边从 v 连出（另一端显然为叶结点），那么将另一端的叶结点所代表的后缀（某个字符串从某处开始的后缀）添加进列表。显然，整个后缀树所有结点的列表大小总和为 O(m)。下图展示了一个简单的例子（为了方便，仅给出后缀树的一部分）。

图 11-6 中，$L(v_1)$ 包含了串 S_1 的后缀，边 (v_1, S_1) 是终止边，其他的边都不是。$L(v_2)$ 为空，因为 v_2 没有连出去任何一条终止边。可见，如果 L(v) 非空，那么结点 v 的路径标记就是某些字符串的后缀！

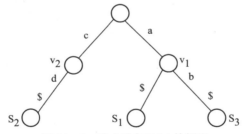

图 11-6　终止边与 L(v) 的例子

对于一个字符串 S_j，找到其在树中对应的结点（即该结点的路径标记代表了整个串 S_j，也就是 S_j 的后缀 1），假设为 u。现在观察从根结点到 u 路径上的其他点。如果结点 v 在这个路径上，并且 L(v) 非空，那么 L(v) 中所记录的那些后缀同时也就是 S_j 的前缀。于是，对于 S_j，它和另一个字符串 S_i 的最长后缀—前缀匹配，就存在于根到 u 的路径上的结点 v 中，L(v) 包含 i 深度最大的 v。

利用上述思想，我们可以这样执行算法：按照深度优先的顺序遍历广义后缀树，同时维护 k 个栈（为每个字符串维护一个栈）。当第一次访问结点 v 的时候，将 L(v) 中的元素对应入栈；当访问一个叶结点时，该叶结点代表着整个串 S_j（可能有多个串），那么我们就用这些栈顶的元素来更新答案；当深度优先遍历完 v 的子树时，将 L(v) 中所有元素出栈。这样，遍

历过程花费 $O(m)$ 的时间,而更新的总代价为 $O(k^2)$,因此总时间复杂度为 $O(m+k^2)$。

伪代码(以下代码假定 $L(v)$ 已知):

```
void Travel(int v){
    if (Isleaf(v))
        for (int i=First[indexes[v]]; i<=Last[indexes[v]]; i=nex[v][i])
        if (IsEntire(i)){
            for (int j=1; j<=k; j++)
                Getanswer(StackTop(j),i);
        }
    for (int i=First[L[v]]; i<=Last[L[v]]; i=nex[v][i]) Stack_Push(i);
    for (int i=firstchild[v]; i<=lastchild[v]; i=nex[v][i]) Travel(i);
    for (int i=First[L[v]]; i<=Last[L[v]]; i=nex[v][i]) Stack_Push(i);
}
```

11.4.2.5　情形九

给定字符串 S_1 和 S_2,长度分别为 n 和 m。现在对于任意一对整数 (i,j),其中 $1 \leqslant i \leqslant n$,$1 \leqslant j \leqslant m$,找到后缀 $S_1[i..n]$ 和后缀 $S_2[j..m]$ 的最长公共前缀。

显然我们有一种对于每个询问花费 $O(\min(n,m))$ 的暴力算法。但是现在,我们要求可以在常数时间内回答每次提问。

后缀树实现:首先构建字符串 S_1 和 S_2 的广义后缀树。对于每次询问 (i,j),我们先找到后缀 $S_1[i..n]$ 和后缀 $S_2[j..m]$ 在后缀树中所对应的叶结点 L_1 和 L_2,然后你会发现,这两个叶结点的最近公共祖先 v,它的路径标记正好是这两个后缀的最长前缀!

所以主要问题转化为如何在常数时间内求两个结点的最近公共祖先(LCA)问题。这个问题有许多解法,由于不是本节的重点,所以在这里简要地说一种比较容易的方法——首先通过深度优先遍历广义后缀树,给每个结点一个时间戳,然后可以将 LCA 问题转化为 RMQ 问题(区间最大、最小值查询)。RMQ 可以采用 $O(n\log_2 n)$ 的预处理后在常数时间内回答每一个询问。至此,通过对后缀树加上 LCA 这一利器,大大扩充了后缀树的功能。

11.4.3　重复子串问题

11.4.3.1　情形十

在开始我们的问题描述之前,我们先给出一些定义以方便描述。

极大重复子串对:字符串 S 的两个不同开始位置的子串 α 和 β(可以部分重叠),如果它们完全相同,并且在它们各自的左边或者右边再扩展一个字符后它们就不同了,这样的子串对被称为极大重复子串对。

极大重复子串:如果字符串 S 的子串 α 出现在某个极大重复子串对中,那么该字符串就被称为极大重复子串。

例如,对于字符串 abcdefabc,前缀 abc 和后缀 abc 就是一对极大重复子串对,字符串 abc 是极大重复子串。显然,前半部分的 bc 与后半部分的 bc 就没有这样的性质,因为它们被包含在了 abc 中。

现在的问题是,给定一个长度为 n 的字符串 S,找到 S 的所有极大重复子串。

后缀树实现:首先,我们构建字符串 S 的后缀树。我们观察到这样一个性质:如果子串 α 是字符串 S 的极大重复子串,那么一定有这样一个结点 v,它的路径标记为 α(简要证明:由于 α 至少出现在两个不同的地方,并且在这两个地方往右扩展就不同了,所以必然在树中有这样的结点 v,它有至少两个子结点,并且 v 的路径标记为 α)。因此,α 至多有 n 个极大重复子串,因为其后缀树中至多有 n 个内部结点。

对于 S 的任一位置 i,字符 S(i−1) 称做 i 的左字符。后缀树中一个叶结点的左字符为该叶结点代表的后缀位置的左字符。我们可以得到如下充要条件:一个内部结点 v 的路径标记为 S 的极大重复子串,当且仅当 v 的子树中至少有两个叶结点,它们的左字符不同。其必要性显然,而充分性从图 11−7 中也很容易看到,如果是左图的情形,即两个叶结点从 v 开始就不在一个子树中了,那么显然 α 是极大重复子串;如果是右图的情形,其中 L_2 和 L_3 的左字符不同,那么必然存在这样的 L_1,它要么和 L_2 的左字符不同,要么和 L_3 的左字符不同,所以 α 仍然是极大重复子串。综上所述,我们就可以构造我们的算法了。

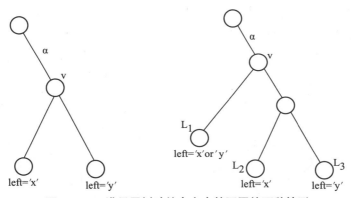

图 11−7　满足子树叶结点左字符不同的两种情形

如果结点 v 满足上述充要条件,那么显然 v 的所有祖先结点也满足该条件。所以为了考察 v 是否满足该条件,仅当考察完 v 的子树之后才能进行,因此不妨用深度优先搜索来实现该过程,总的时间复杂度为 O(n)。

伪代码:

```
void Travel(int v){
    Maximal[v]=false;
    if (Isleaf(v)) Maximal[v]=checkstring(Location[v]);
    for (int u=firstchild[v]; u<=lastchild[v]; u=nex[v][u]) {
        Travel(u);
        Maximal[v]|=Maximal[u];
    }
}
```

有了这些极大重复子串,我们也不难找到最大重复子串了。

11.4.3.2 情形十一

在开始我们的问题描述之前,我们先给出一些定义以方便描述。

超-极大重复子串:一个极大重复子串 α 为超-极大重复子串,当且仅当它不是任何其他极大重复子串的子串。

现在的问题是,给定一个长度为 n 的字符串 S,找出 S 的所有超-极大重复子串。

后缀树实现:利用定义,我们可以得到这样的结论——一个结点 v 的路径标记 α 是超-极大重复子串,当且仅当该结点满足极大重复子串的条件,同时它所有的子结点均为叶结点,并且每个叶结点的左字符不同。

上述结论可能不是很直观,我们一步一步来证明。

首先,如果结点 v 包含一个子结点 u 为内部结点,那么 α 就肯定不是超-极大重复子串了。因为 α 肯定包含在了结点 u 的路径标记 β 中,而 β 要么包含在别的极大重复子串中,要么它本身是一个超-极大重复子串。

其次,如果结点 v 包含两个有相同左字符的叶结点,那么 α 添上该左字符以后,要么是一个极大重复子串,要么还可以继续扩张,反正 α 自身是没有希望成为超-极大重复子串了。

综上,我们在情形九的基础上检验了那些孩子结点都是叶结点的结点,时间复杂度为 O(n)。

伪代码:

```
void check(int v){
    superMaximal[v]=true;
    Clear(HashTable);
    Maximal[v]=checkstring(Location[v]);
    for (int u=firstchild[v]; u<=lastchild[v]; u=nex[v][u])
    if (! Isleaf(v)) {
        superMaximal[v]=false;
        check(u);
    }
    elsesuperMaximal[v]=CheckHashTable(Leftchar(u));
}
```

11.4.3.3 情形十二

最后我们来探讨一下回文串问题。我们先来回顾一下回文串:一个字符串如果正序读和反序读均一样的话,那么这个字符串就称为回文串。如果回文串的长度为奇数,那么就称做奇回文串。类似地,我们有偶回文串。

现在我们的问题是,给定一个长度为 n 的字符串 S,找出 S 的所有极大回文子串。所谓极大回文子串,即将该子串向两边各扩展一个字符后,这个子串就不是回文串了。定义极大的目的是因为,任意一个长度大于 1 的奇回文串(或者长度大于 2 的偶回文串),将其两头各删去一个字符后它仍然是回文串。

后缀树实现：字符串 S 的反序字符串记为 S^R。所以在字符串 S 中的位置 p，在 S^R 中位置就为 $n-p+1$。我们不妨先考察回文子串为偶数的情形，奇数的情形类似。

记 k 为偶数回文串的半径，即长度的一半。那么在 S 中，以 p 为中心位置的回文串满足如下条件：$S[p+1..p+k] = S^R[n-p+1..n-p+k]$，并且 $S[p+k+1] <> S^R[n-p+k+1]$。这个问题我们在情形九中讨论过了——正是两个字符串子串最长前缀问题！

所以，我们将最长回文子串问题转化到情形九，便可以在常数时间内处理以每个位置为中心的极大回文子串了。如果不考虑 LCA 的预处理，那么总时间为 O(n)。

至此，我们介绍完了本书所涉及的后缀树的应用问题。可以看到，后缀树功能非常强大，并且对其加入扩展后（例如加入 LCA 等），可以使其处理更广泛的问题，例如非精确匹配等等。由于本书篇幅有限，读者可以在本书外找到更多介绍。

11.5　后缀数组的简介

1991 年，Udi Manber 和 Gene Myers 在"Suffix Arrays：A New Method for On-line String Searches"一文中首次提出了后缀数组（Suffix Array）的概念。当时，这篇文章是为了提出一种新的数据结构，从而在处理"在线字符串查询"任务中相比较后缀树而言，能够更节省空间（只需后缀树的 $1/5 \sim 1/3$ 空间）。可见，后缀数组主要是作为后缀树的一个精简的替代品。在接下来的内容中我们将看到，后缀数组不仅仅具有节省空间的优势，而且比后缀树更容易实现，并且同样在许多字符串处理问题上有着不俗的表现。关于后缀数组的研究中不仅有优化构造复杂度的，还有一些关于压缩后缀数组（Compressed Suffix Array）以及应用到数据压缩中的（例如 Burrows-Wheeler Transform），另外还有一些关于维护字符串动态修改的研究。可见，在该领域，后缀数组同样有着极其重要的作用。

下面，首先介绍后缀数组以及一些常见的构建方法，接着将会引入最长公共前缀（LCP）对其进行扩展，并介绍一些常见的应用场景，最后将通过一些例题和练习巩固所学内容。

11.6　后缀数组的定义

1. 区间

闭区间 $[i,j] = \{i,\cdots,j\}$，开区间 $[i, j) = [i,\cdots,j-1]$。

2. 字符串

待构建后缀数组的字符串用 T 来表示。T 的长度为 n，下标范围为 0 到 $n-1$。字符串中第 i 个字符用 t_i 表示，所以 $T[0, n) = t_0 t_1 \cdots t_{n-1}$。在 C 语言中，字符串数组末尾以特殊字符 $'\backslash 0'$ 结尾（即 $T[n] = '0'$），为了方便我们用 \$ 代表结束符，并且它的字典序最小。我们可以扩展这一点，即对于 $j \geqslant n$，有 $t_j = \$$。

3. 后缀

对于 $i \in [0, n)$，后缀 i 为从 T 中第 i 个字符开始直到末尾的子串，即 $T[i, n)$。我们把 $T[i, n)$ 记为 Suffix(i)。

4. 前缀

字符串 T 的长度为 len 的前缀记为 T^{len}。特别情况：如果 len 超过 T 的长度，那么该前缀即为 T 本身。

5. 后缀集合

对于集合 $C \subseteq [0, n)$，后缀集合 Suffix(C) = {Suffix(i) | $i \in C$}。

6. 字符串序关系比较

这里使用"字典序比较"的方法。对于长度分别为 m 和 n 的字符串 U 和 V，它们的大小比较方法如下：

（1）令 $i = 0$；

（2）如果 $i \geq m$ 并且 $i < n$，那么 U<V，终止；否则，如果 $i \geq n$ 并且 $i < m$，那么 U>V，终止；否则，如果 $i \geq m$ 并且 n=m，那么 U=V，终止；否则，转（3）；

（3）如果 U[i]=V[i]，令 i 增加 1，转（2）；否则，如果 U[i]>V[i]，那么 U>V，终止；否则，如果 U[i]<V[i]，那么 U<V，终止。

根据以上比较过程不难发现，任意两个后缀都不可能具有相同的字典序，因为字典序相同的必要条件的长度相等在这里不能满足。

7. 后缀数组

后缀数组 SA 的构建过程即对后缀集合 Suffix([0, n)) 进行排序的过程。SA 是一个 0 到 n−1 的排列，满足 Suffix(SA[0])<Suffix(SA[1])<…<Suffix(SA[n−1])。

8. 名次数组

名次数组 Rank 可以看做后缀数组 SA 的反函数。即如果有 SA[i]=k，那么 Rank[k]=i。简而言之，SA 数组回答的是第 i 小的后缀从第几个字符开始，而 Rank 数组回答的是第 k 个字符开始的后缀排名是多少，表 11−1 就是一个简单的例子。

表 11−1　字符串及其对应的后缀数组以及名次数组

	0	1	2	3	4	5	6	7	8	9	10	11
T[0,n)	y	A	b	b	a	D	a	b	b	a	d	o
SA	1	6	4	9	3	8	2	7	5	10	11	0
Rank	11	0	6	4	2	8	1	7	5	3	9	10

11.7　后缀数组的构建

11.7.1　一种直接的构建算法

基于后缀数组的定义,我们可以得到一种简单的构造算法。应用基于比较的排序算法,我们可以在 $O(n\log_2 n)$ 次后缀比较内得到结果。但是后缀比较不同于一般的整数比较,由上一节对于字典序的定义可知,比较两个字符串的序关系需要 $O(n)$ 的时间复杂度,其中 n 为字符串的长度。因此,这种简单的排序算法的时间复杂度为 $O(n^2 \log_2 n)$。

11.7.2　倍增算法

虽然上面介绍的排序算法不太可能直接应用,但是通过该算法我们可以发现冗余——因为后缀排序不同于一般的字符串按照字典序排序,前者有着更紧的约束。通过对排序过程的优化,我们可以将后缀数组构建的时间复杂度优化到 $O(n\log_2 n)$。在开始算法介绍之前,我们先对记号做一些约定。

子串 T_i^k:$T_i^k = T[i, \min\{i+k, n\})$。也就是说,$T_i^k$ 是从 T 的第 i 个字符开始的长度为 k 的子串(或者因为长度超出范围而被截断);或者说,如果 Suffix(i) 的长度不小于 k,那么 T_i^k 是后缀 Suffix(i) 的长度为 k 的前缀,否则就是 Suffix(i) 本身。为了方便,我们用 $T_{[0,n)}^k$ 表示子串 T_i^k 集合:$T_{[0,n)}^k = \{T_i^k | i \in [0, n)\}$。

k-阶段名次数组 $Rank_k$:即对 $T_{[0,n)}^k$ 这 n 个子串进行排序后的名次数组。类似地,我们还可以定义 k-阶段后缀数组 SA_k。

11.7.2.1　倍增算法描述

倍增算法(Prefix Doubling)从计算 $Rank_1$ 和 SA_1 开始,一直到计算到 $Rank_{2^d}$ 和 SA_{2^d},其中 $2^d \geqslant n$。以下我们采用类似于数学归纳法的方式描述算法框架。

(1) 计算 $Rank_1$ 和 SA_1。这一步等价于对 $T_{[0,n)}^1$ 这 n 个子串进行排序,即对字符串 T 的 n 个字符进行排序。由于是单个字符的排序,使用一般的快速排序即可。更快速的方式是利用桶排序或者基数排序,可以在 $O(n)$ 的时间复杂度内完成该步骤。

(2) 如果 $Rank_p$ 和 SA_p 已经计算好了(其中 p 为 2 的整数次幂),现在来考察如何计算 $Rank_{2p}$ 和 SA_{2p}。当前阶段是对 $T_{[0,n)}^{2p}$ 进行排序,为了进行两两之间的比较,我们发现,对于两个子串 T_i^{2p} 和 T_j^{2p}:

① $T_i^{2p} < T_j^{2p}$ 等价于 $T_i^p < T_j^p$ 或 $(T_i^p = T_j^p$ 且 $T_{i+p}^p < T_{j+p}^p)$;

② $T_i^{2p} = T_j^{2p}$ 等价于 $T_i^p = T_j^p$ 且 $T_{i+p}^p = T_{j+p}^p$。

注意:上面子串 T_{i+p}^p 或者 T_{j+p}^p 的下标可能会超出范围。但是对于 $j \geqslant n$,有 $t_j = \$$,因此若下标范围超界,那么肯定在 T_i^p 和 T_j^p 的关系中已经比较出结果了,因此不用担心这个问题。

所以,$T_{[0,n)}^{2p}$ 的排序可以看做二元组 (T_i^p, T_{i+p}^p) 的排序。由于已经计算出了 $Rank_p$,所以对于任意的 T_i^p 和 T_j^p,其大小关系就是 $Rank_p[i]$ 和 $Rank_p[j]$ 的大小关系。这里的排序可以使用快速排序,当然使用基数排序可以获得更好的效果。

(3) 最后计算 $Rank_{2^d}$ 和 SA_{2^d} 时,这便是最后所需要的两个数组 Rank 和 SA。

图 11-8 是构建字符串"banana$"后缀数组的倍增算法执行过程,我们把 $ 也算做一个后缀参与进计算。

$Rank_1$		$Rank_2$		$Rank_3$		$Rank_5$ = Rank	
4	b	4	ba	4	bana	4	bananas
1	a	2	an	3	anan	3	ananas
5	n	5	na	6	nana	6	nanas
1	a	2	an	2	anas	2	anas
5	n	5	na	5	nas	5	nas
1	a	1	as	1	as	1	as
0	s	0	s	0	s	0	s

图 11-8　banana$ 的名次数组构建过程

我们分析一下倍增算法的时间复杂度:由于每次排序的子串长度都是上一次的两倍,因此这种排序执行的次数为 $O(\log_2 n)$。如果每次排序使用快速排序,最后的时间复杂度为 $O(n(\log_2 n)^2)$;如果使用基数排序,则时间复杂度为 $O(n\log_2 n)$。

11.7.2.2　倍增算法代码

```
#include <cstdio>
#include <cstring>
/* 输入依次为待处理字符串(离散化为 1 到 upperBound 的整数)指针、处理结果 SA(后缀数组)指针、名次数组指针、字符串长度以及字符范围 */
void doubling(int *st, int *SA, int *rank, int n, int upperBound){
    /*以下两个计数数组是桶排序时用到的。因为基数排序对象的位数只有两位(即二元组),所以可以转化为两次桶排序 */
    int *cnt = new int[upperBound + 3], *cntRank = new int[n + 3];
    //以下名次数组分别为第一阶段名次数组以及二元组两个元素各自排名
    int *rank1 = new int[n + 3], *rank2 = new int[n + 3];
    //临时后缀数组
    int *tmpSA = new int[n + 3];
    memset(cnt, 0, sizeof(int) * (upperBound + 3));
    for (int i = 0; i < n; ++i)
        cnt[st[i]]++;
    for (int i = 1; i <= upperBound; ++i)
        cnt[i] += cnt[i - 1];
    //首先获得第一阶段的名次,即对单个字母排序
    for (int i = 0; i < n; ++i)
        rank[i] = cnt[st[i]] - 1;
    for (int l = 1; l < n; l *= 2){
```

```
//根据上一阶段的结果构造当前阶段的二元组用来进行基数排序
for (int i = 0; i < n; ++i){
    rank1[i] = rank[i];
    if (i + 1 < n)
        rank2[i] = rank[i + 1];
    else rank2[i] = 0;
}
//以下为基数排序过程
memset(cntRank, 0, sizeof(int) * (n + 3));
for (int i = 0; i < n; ++i)
    cntRank[rank2[i]]++;
for (int i = 1; i < n; ++i)
    cntRank[i] += cntRank[i - 1];
for (int i = n - 1; i >= 0; --i){
    tmpSA[cntRank[rank2[i]] - 1] = i;
    cntRank[rank2[i]]--;
}
memset(cntRank, 0, sizeof(int) * (n + 3));
for (int i = 0; i < n; ++i)
    cntRank[rank1[i]]++;
for (int i = 1; i < n; ++i)
    cntRank[i] += cntRank[i - 1];
for (int i = n - 1; i >= 0; --i){
    SA[cntRank[rank1[tmpSA[i]]] - 1] = tmpSA[i];
    cntRank[rank1[tmpSA[i]]]--;
}
//以上代码将基数排序过程分解为两次桶排序
//根据当前得到的后缀数组计算名次数组,以得到下次排序时所需要的名次
//信息
rank[SA[0]] = 0;
for (int i = 1; i < n; i++){
    rank[SA[i]] = rank[SA[i - 1]];
    if (! ((rank1[SA[i]] == rank1[SA[i-1]])
        && (rank2[SA[i]] == rank2[SA[i-1]])))
        rank[SA[i]]++;
    }
}
//释放内存
```

delete[] cnt;delete[] cntRank;delete[] rank1;delete[] rank2;delete[] tmpSA;
}

11.7.3 由后缀树得到后缀数组

在本章前半部分,我们介绍了由 Ukkonen 提出的后缀树的线性时间构造算法。当然,还有许多人侧重于不同方面提出了不同的后缀树线性时间构造算法。M. Farach 在 1997 年提出了一种能够应对大型字符集的构造算法,而这种算法衍生出了后缀数组的线性时间构造算法。该算法的大致流程如下:

1. 构建从奇数位置开始的后缀的后缀树,这种递归做法将问题规模缩减为原来的一半;

2. 用第 1 步的结果构造剩下来的后缀的后缀树;

3. 将上述两个后缀树合并为一个。

其中,第 3 步是本算法最为复杂的一步。如果从这种算法得到的后缀树中得到后缀数组,虽然能够在理论线性时间复杂度内构造出后缀数组,但是由于本身已经进行了后缀树的构造,因此在构建过程中空间和时间上相比后缀树没有任何优势。本节不对该算法进行更深入的介绍,具体内容读者可以参考其他文献。但是,这种算法分而治之的思想很有启发性,值得说明的是,以下将要介绍的后缀数组构建算法正是基于该思想。

11.7.4 DC3 算法和 DC 算法

Juha Kärkkäinen 等人在一篇名为"Linear Work Suffix Array Construction"的文章中提出了后缀数组的线性时间构造算法。其中 DC3(Difference Cover modulo 3)算法的时间复杂度和空间复杂度均为 $O(n)$;更一般化的 DC(Difference Cover modulo v)算法具有 $O(vn)$ 的时间复杂度和 $O(n/\sqrt{v})$ 的空间复杂度。本节首先介绍 DC3 算法并给出实现的代码,之后将介绍更一般形式的 DC 算法。

11.7.4.1 DC3 算法

DC3 算法类似于上一节中 Farach 提出的后缀树构建算法。这里我们首先在较高层面给出算法的框架,之后再进行逐步分析。

1. 对于后缀 Suffix(i),如果 i mod 3 ≠ 0,那么取出该后缀,这个过程称做"采样"。我们首先对所有被采样的后缀构建其后缀数组,这个递归过程将原问题的规模缩减为 2/3;

2. 对于剩下的那些未被采样的后缀,利用第 1 步的结果构造后缀数组;

3. 将上述两个步骤得到的后缀数组进行合并。

接下来我们具体地看 DC3 算法的执行步骤。我们仍然使用表 11-1 的例子,即字符串 T = "yabbadabbado $ "。

步骤一 采样

对于 $k \in [0,2]$,我们定义集合 $B_k = \{i | i \in [0,n]$ 且 i mod 3 = k\}$。集合 $C = B_1 \cup B_2$,称为"采样集合"。回顾后缀集合的定义,Suffix(C)就称为后缀采样集合。

对于我们使用的例子而言,$B_1 = \{1,4,7,10\}$,$B_2 = \{2,5,8,11\}$。从而可以得到 $C = \{1,4,7,10,2,5,8,11\}$。

步骤二　构建后缀采样集合的后缀数组

首先,我们通过原串构建两个新的字符串 R_1 和 R_2。对于 $k=1,2$,R_k 为从原串第 k 个字符开始,每三个一组得到的新字符串,即 $R_k=[t_k t_{k+1} t_{k+2}][t_{k+3} t_{k+4} t_{k+5}]\cdots\cdots$ 直到 T 的末尾。如果末尾不够补全三元组的话,用结束符 $ 填充。注意,现在我们的"字符"概念就是每一个三元组。接着,我们将 R_2 接在 R_1 的后面,得到字符串 R。可以看到,从 R 的每个"字符"开始的后缀就是被采样的那些后缀(如果碰到结束符 $ 就停止的话)。所以,接下来的过程就是构造 R 的后缀数组。上述例子中,$R=[aab][ada][bba][do$][bba][dab][bad][o$$]$。

接着,我们对 R 使用基数排序,得到每个"字符"的名次,相当于对"字符"集进行离散化。如果 R 中任意两个"字符"都不相同,那么显然,我们已经得到了 R 的后缀数组——此时后缀的排名等价于每个后缀第一个"字符"的排名;如果不满足这个条件,那么只需要递归执行即可——对字符串 R 调用 DC3 算法得到它的后缀数组。以下是上述字符串 R 的名次数组和后缀数组:

$$Rank'=(0,1,4,6,3,5,2,7)$$
$$SA'=(0,1,6,4,2,5,3,7)$$

这样,我们可以获得被采样的这些后缀之间相对的排名了。把它们计入 Rank 数组中(没有采样的那些后缀的名次不计算)。我们把 $ 也计入进来,同时为了描述方便,我们再给 T 补充两个结束符 $,如表 11-2 所示。

表 11-2　被采样后缀的名次数组

	0	1	2	3	4	5	6	7	8	9	10	11	12	13	14
$T[0,n)$	y	a	b	b	a	d	a	b	b	a	d	o	$	$	$
Rank	nan	1	4	nan	2	6	nan	5	3	nan	7	8	nan	0	0

步骤三　计算未被采样的后缀名次数组

对于那些没有被采样的后缀 $Suffix(i)\in Suffix(B_0)$,我们用二元组 $(t_i,Rank(Suffix(i+1)))$ 来表示。由于对字符串 T 补充了两个 $,并且 $(i+1)\bmod 3\neq 0$,所以 $Rank(Suffix(i+1))$ 肯定已经被计算了。因此,对于后缀集合 $Suffix(B_0)$ 中任意两个后缀 $Suffix(i)$ 和 $Suffix(j)$,它们的字典序关系就是二元组 $(t_i,Rank(Suffix(i+1)))$ 和 $(t_j,Rank(Suffix(j+1)))$ 的序关系。$(t_i,Rank(Suffix(i+1)))<(t_j,Rank(Suffix(j+1)))$ 等价于 $t_i<t_j$ 或 $t_i=t_j$ 且 $Rank(Suffix(i+1))<Rank(Suffix(j+1))$。

有了上述的二元组比较方法,我们便可以应用基数排序对后缀集合 $Suffix(B_0)$ 进行排序计算其名次数组了。要注意的是,步骤二和步骤三之间计算出的名次数组没有交集,因而不可以进行直接比较,我们需要执行步骤四来合并这两个结果。

步骤四　合并两个名次数组

步骤二和步骤三得到了两个各自有序的后缀集合。要将它们合并为一个有序的后缀集合,可以用如下的线性合并方式:

(1) 两个后缀集合各自维护一个指针指向当前集合中字典序最小的后缀;

（2）比较两个指针指向的后缀，将字典序较小的后缀添加进最后的结果中并赋予相应的名次，同时从原集合中删去这个后缀；

（3）如果有一个集合为空，那么将另一个集合所有后缀依次添加进最后的结果，算法结束；否则，继续执行（2）。

关键的步骤为比较两个后缀。假设后缀 $Suffix(i) \in Suffix(C)$，$Suffix(j) \in Suffix(B_0)$，我们分两种情况比较它们的大小关系：

（1）如果 $i \in B_1$，那么：

$Suffix(i) < Suffix(j)$ 等价于 $(t_i, Rank(Suffix(i+1))) < (t_j, Rank(Suffix(j+1)))$；

（2）如果 $i \in B_2$，那么：

$Suffix(i) < Suffix(j)$ 等价于 $(t_i, t_{i+1}, Rank(Suffix(i+2))) < (t_j, t_{j+1}, Rank(Suffix(j+2)))$。

上述二元组和三元组的比较方式同步骤三。

接下来，我们来证明 DC3 算法的时间复杂度为 $O(n)$。设对于长度为 n 的字符串，DC3 算法执行时间为 $T(n)$，则有如下递归式：

$$T(n) = T(2n / 3) + O(n)$$

其中，$T(2n/3)$ 是递归时间复杂度，$O(n)$ 是步骤三和四的时间复杂度。由于 $2/3 < 1$，故该级数收敛，其极限为 $\lim_{n->\infty} \dfrac{\dfrac{2}{3} * (1-(\dfrac{2}{3})^n)}{1-\dfrac{2}{3}} = 2$。因此，时间复杂度为 $O(n)$。

DC3 算法代码：

```
#include <cstdio>
#include <cstring>
using namespace std;

//获取临时后缀数组中对应后缀的原本位置
#define GetRealPos() (SA12[pos12] < n0 ? SA12[pos12] * 3 + 1 : (SA12[pos12] - n0) * 3 + 2)

//二元组排序的比较函数,如上文所述
inline bool cmp(int a1, int a2, int b1, int b2){
    return (a1 < b1 || (a1 == b1 && a2 <= b2));
}

//三元组排序的比较函数,如上文所述
inline bool cmp(int a1, int a2, int a3, int b1, int b2, int b3){
    return (a1 < b1 || (a1 == b1 && cmp(a2, a3, b2, b3)));
}

//基数排序(对特定位的)。参数依次为:原后缀数组指针、排序结果数组指针、对应字符数
//组指针、排序个数以及对字符集离散化之后的范围
```

```
void radixSort(int * oldIdx, int * newIdx, int * origin, int n, int upperBound){
    //单次桶排序过程
    int * cnt = new int[upperBound + 1];
    for (int i = 0; i <= upperBound; ++i)
        cnt[i] = 0;
    for (int i = 0; i < n; ++i)
        cnt[origin[oldIdx[i]]]++;
    for (int i = 0, sum = 0; i <= upperBound; ++i){
        int tmp = cnt[i];  cnt[i] = sum;  sum += tmp;
    }
    for (int i = 0; i < n; ++i)
        newIdx[cnt[origin[oldIdx[i]]]++] = oldIdx[i];
    delete [] cnt;
}

//构造后缀数组主函数,参数意义同倍增算法中主函数的参数
void suffixArray(int * st, int * SA, int n, int upperBound){
    //以下 3 个整数分别为模 3 余 0、1、2 的后缀位置个数
    int n0 = (n + 2) / 3, n1 = (n + 1) / 3, n2 = n / 3, n12 = n0 + n2;
    //被采样的后缀(即位置模 3 不为 0 的那些后缀)
    int * s12  = new int[n12 + 3];
    s12[n12] = s12[n12 + 1] = s12[n12 + 2] = 0;
    //被采样后缀的后缀数组
    int * SA12 = new int[n12 + 3];
    SA12[n12] = SA12[n12 + 1] = SA12[n12 + 2] = 0;
    //未被采样后缀及其后缀数组(即位置模 3 为 0 的那些后缀)
    int * s0 = new int[n0];
    int * SA0 = new int[n0];

//初始化被采样后缀
    for (int i = 0, j = 0; i < n + (n % 3 == 1); ++i)
        if (i % 3) s12[j++] = i;

//对被采样后缀按照第一个“字符”进行基数排序
    radixSort(s12 , SA12, st+2, n12, upperBound);
    radixSort(SA12, s12, st+1, n12, upperBound);
    radixSort(s12 , SA12, st, n12, upperBound);
    //以下为对“字符”进行离散化的过程
    int cnt = 0, pre0 = -1, pre1 = -1, pre2 = -1;
    for (int i = 0; i < n12; ++i){
```

```
        if (st[SA12[i]] ! = pre0 || st[SA12[i] + 1] ! = pre1 || st[SA12[i] + 2] ! =
        pre2){
            cnt++;
            pre0 = st[SA12[i]];pre1 = st[SA12[i] + 1];pre2 = st[SA12[i] + 2];
        }
        if (SA12[i] % 3 == 1)
            s12[SA12[i] / 3] = cnt;
        else s12[SA12[i]/3 + n0] = cnt;
}
//如果存在相同字符,那么需要递归构造后缀数组
if (cnt < n12) {
    suffixArray(s12, SA12, n12, cnt);//递归处理
    for (int i = 0; i < n12; ++i)
        s12[SA12[i]] = i + 1;
} else //否则,由于任意两个字符都不同,可以直接得到后缀数组
    for (int i = 0; i < n12; ++i)
        SA12[s12[i] - 1] = i;
//构造未被采样后缀的后缀数组
for (int i = 0, j = 0; i < n12; ++i)
    if (SA12[i] < n0) s0[j++] = 3 * SA12[i];
radixSort(s0, SA0, st, n0, upperBound);
//以下过程将两次构造的后缀数组合并为最终结果
for (int pos0 = 0, pos12 = n0 - n1, k = 0; k < n; ++k){
    int i = GetRealPos();
    int j = SA0[pos0];
    //i为被采样后缀集合中当前最小后缀,j为未被采样后缀集合中当前最小后缀
    bool is12First;
    if (SA12[pos12] < n0)
        is12First = cmp(st[i], s12[SA12[pos12] + n0], st[j], s12[j / 3]);
    else is12First = cmp(st[i], st[i + 1], s12[SA12[pos12] - n0 + 1], st[j],
    st[j + 1], s12[j / 3 + n0]);
    //根据上文中的比较规则对这两者进行比较,取较小的优先加入后缀数组
    if (is12First){
        SA[k] = i;
        pos12++;
        if (pos12 == n12)
            for (k++; pos0 < n0; pos0++, k++)
                SA[k] = SA0[pos0];
```

```
    } else {
        SA[k] = j;
        pos0++;
        if (pos0 == n0)
            for (k++; pos12 < n12; pos12++, k++)
                SA[k] = GetRealPos();
    }
}
//释放内存
delete [] s12; delete [] SA12; delete [] SA0; delete [] s0;
}
```

11.7.4.2　DC 算法

DC3 算法是 DC 算法的特殊情况。DC3 算法的后缀采样方式是选取那些后缀位置模 3 不为 0 的后缀,因此我们通过将该采样过程一般化,从而得到 DC(Difference Cover modulo v)算法。也就是说,DC3 是 v＝3 的情形。接下来,我们将和 DC3 算法一样一步一步进行构建,读者可以对两个算法进行对比。

步骤一　采样

定义集合 $D \subseteq [0, v)$,D 满足:$\{(i-j) \bmod v \mid i, j \in D\} = [0, v)$。

类似 DC3 的定义,有 $B_k = \{i \mid i \in [0, n]$ 且 $i \bmod v = k\}$,其中 $k \in [0, v)$。那么,采样集合 C 现在为:$C = \bigcup_{k \in D} B_k$。

步骤二　构建后缀采样集合的后缀数组

对于 R_k,现在我们每 v 个字符一组形成新的"字符":$R_k = [t_k t_{k+1} \cdots t_{k+v-1}][t_{k+v} t_{k+v+1} \cdots t_{k+2v-1}] \cdots \cdots$直到 T 的末尾。

同样,定义 R 为所有 R_k 首尾相接的结果。利用基数排序和递归,我们同样可以得到被采样后缀的后缀数组,类似 DC3。

步骤三　计算未被采样的后缀名次数组

令 $\overline{D} = [0, v) - D$,则未被采样集合为 $\overline{C} = \bigcup_{k \in \overline{D}} B_k$。对某个 $k \in \overline{D}$,我们单独对后缀集合 Suffix(B_k)进行排序。这一步与 DC3 中有一些小的区别:我们需要找到一个 l,使得 $(k+l) \bmod v \in D$。这样做是为了找到 L 元组来表示从位置 i 开始的后缀$(t_i, t_{i+1}, \cdots, t_{i+l-1},$ Rank(Suffix(i+l))),可见,如果 Rank(Suffix(i+l))已经被计算出来了,那么上述 L 元组两两之间就是可比较的。而 Rank(Suffix(i+l))的已知,等价于$(i+l) \bmod v \in D$,同时注意到 $i \bmod v = k$,因此 l 需要满足 $(k+l) \bmod v \in D$。

现在需要证明的是上述 l 一定存在。根据定义,对 $k \in [0, v)$,存在 $i, j \in D$,使得$(i-j) \equiv k \pmod{v}$,令 l 为该 j,则有 $(k+l) \equiv i \pmod{v}$,得证。这里对于每个 k,其对应的 l 可以首先预处理出来。

由于存在有 $|\overline{D}|$ 个未被采样的后缀集合,故上述算法需要执行 $|\overline{D}|$ 次。

步骤四　合并若干个名次数组

现在面对的问题不是二路归并了,而是多路归并。如果用和 DC3 同样的比较方式进行合并的话,至少需要 $O(nvlog_2 v)$ 的时间复杂度,所以需要换一个思路。

首先,将被采样后缀分成 $|D|$ 个有序集合,即对 $k \in D$,将后缀集合 Suffix(B_k)分离出来变成有序的。因为已经处理出了 Suffix(C),所以上述过程可以在线性时间复杂度内完成。至此,我们得到了 v 个有序后缀集合。接下来进一步将后缀根据其第一个"字符"(即 v 元组,见步骤二)进行分类。也就是说,首先根据 k 的值将后缀分成 k 个集合,接下来根据第一个"字符"进一步对每个集合细分,同时,每个集合内部又是有序的。假设 Suffix(B_k, a)为集合 Suffix(B_k)中首"字符"为 a 的后缀集合,那么我们通过细分,得到的结果类似于:

$$Suffix(B_0, a), Suffix(B_1, a), \cdots, Suffix(B_{v-1}, a), Suffix(B_0, b) \cdots \cdots$$

不难发现,上述过程同样可以在线性时间复杂度内完成。这样做的好处在以下合并过程中就体现出来了——对于每个"字符"a,我们合并集合 Suffix(B_0, a),Suffix(B_1, a)…,Suffix(B_{v-1}, a)成为一个有序集合。如果这一步完成,那么接下来只需要根据首"字符"进一步合并,即可得到所需要的后缀数组了。假设当前合并首"字符"为 a 的那些集合,对于两个待比较后缀 Suffix(i)和 Suffix(j),我们找到这样的 l 使得 $(i+l)$ mod $v \in D$ 且 $(j+l)$ mod $v \in D$。有了步骤三中的证明,这样的 l 一定可以找到。所以 Rank($i+l$)和 Rank($j+l$)是可比较的。进一步,由于 Suffix(i)和 Suffix(j)具有相同的首字母 a,所以它们的序关系就等价于 Rank($i+l$)与 Rank($j+l$)的序关系。至此,有了比较函数之后就可以对集合进行合并了。

类似于 DC3 算法的时间复杂度证明,这里递归式中的规模也是衰减的。由于 v 的存在,最后的时间复杂度实际上为 $O(nv)$。

该算法的意义在于,通过恰当的实现方式,可以将除了输入、输出空间以外的额外空间复杂度降到 $O(n/\sqrt{v})$。感兴趣的读者可以参考相关论文进一步进行研究。这里介绍 DC 算法的目的是为了能够较全面地看待 DC3 算法并了解它是 DC 算法的特殊情况,通过两者相互比较可以对 DC3 算法有较好的认识。

11.8　LCP 的引入

前面介绍了几种算法来构造后缀数组,虽然得到的后缀数组已经能够处理一些简单的问题,但是为了让其能够具有与后缀树相媲美的字符串处理能力,需要引入辅助工具——LCP(Longest Common Prefix,最长公共前缀)。

对于字符串 St1 和 St2,它们的最长公共前缀 LCP_Str(St1,St2)定义为最大的整数 len,满足 $St1^{len} = St2^{len}$(记号意义同前文中)。当然 len 不会超过两者中较短字符串的长度。对于后缀数组,我们需要知道的是任意两个后缀的最长公共前缀。因此定义 LCP_Idx(i,j) = LCP_Str(Suffix(SA(i)),Suffix(SA(j))),即排名第 i 的后缀和排名第 j 的后缀的 LCP。

不难发现,LCP_Idx 与操作元顺序无关,并且对于两个相同的字符串,它们的 LCP 即它们的长度,因此为了求解方便,我们只需要求所有 $i < j$ 的 LCP_Idx(i,j)。

如果用朴素的方法计算 LCP,那么将会非常低效。由于是针对后缀计算 LCP,借鉴倍增算法的思想,在这里同样需要利用题目的特殊性。以下给出一种线性时间复杂度的算法。

我们首先给出需要利用到的结论,其证明将在之后给出:

(1) 对于 $i<j$,$LCP\_Idx(i,j) = \min\{LCP\_Idx(k-1,k) \mid i+1\le k\le j\}$;

(2) 定义数组 height,其中 $height[i] = LCP\_Idx(i-1,i)$,对于 $i = 0$ 的边界情况,令 $height[0] = 0$。有了 height 数组,对于任意两个后缀 $SA(i)$ 和 $SA(j)$,根据结论(1),只需要计算 $\min\{LCP\_Idx(k-1, k) \mid i+1\le k\le j\}$。由于对于固定的后缀数组,其 height 数组也是固定的,因此该问题即经典的 RMQ 问题。通过对 height 数组进行 RMQ 的预处理,便可以在 $O(1)$ 的时间内回答每一对后缀的 LCP 了;

(3) 为了计算 height 数组,我们同样需要如下的结论:对于 $i>0$ 且 $Rank(i)>0$,有 $height[Rank(i)]\ge height[Rank(i-1)]-1$。据此按照 i 递增的顺序求解 $height[Rank(i)]$。计算 $height[Rank(i)]$ 时,不要从第一个字符开始比较,而是从第 $height[Rank(i-1)]$ 个字符开始比较。

用步骤 3 的方法可以在 $O(n)$ 的时间内得到 height 数组,至此可以完美解决本问题。

根据以上描述,不难得到如下的代码(仅构造 height 数组,RMQ 过程省略):

```
/*参数分别为:字符串 st(下标从 0 开始)、后缀数组指针、名次数组指针、待计算的 height
数组指针以及字符串长度 */
void GetHeight(int * st, int * SA, int * rank, int * height, int n){
    int L = 0;
    for (int i = 0; i < n; ++i)
        if (rank[i] > 0){
            int j = SA[rank[i] - 1];
            while ((i + L < n) && (j + L < n) && (st[i + L] == st[j + L]))
                L++;
            height[rank[i]] = L;
            if (L > 0)L--;
        }
}
```

下面给出以上相关的证明。

1. 对于 $i<j$,$LCP\_Idx(i,j) = \min\{LCP\_Idx(k-1, k) \mid i+1\le k\le j\}$

证明:**步骤一**:对 $\forall\, 0\le i<j<k<n$,有 $LCP\_Idx(i, k) = \min\{LCP\_Idx(i,j),LCP\_Idx(j,k)\}$。假设 $len = \min\{LCP\_Idx(i,j),LCP\_Idx(j,k)\}$,那么有 $Suffix(SA(i))^{len} = Suffix(SA(j))^{len} = Suffix(SA(k))^{len}$,因此 $Suffix(SA(i))^{len} = Suffix(SA(k))^{len}$,即 $LCP\_Idx(i,k)\ge len$;同时,若有 $LCP\_Idx(i, k) > len$,假设为 len2,那么 $Suffix(SA(i))^{len2} = Suffix(SA(k))^{len2}$。由 $i<j<k$ 可知,$Suffix(SA(i))^{len2}\le Suffix(SA(j))^{len2}\le Suffix(SA(k))^{len2}$,可得 $\min\{LCP\_Idx(i,j),LCP\_Idx(j,k)\} \ge len2$,矛盾,所以 $LCP\_Idx(i,k) \le len$。得证。

步骤二:应用步骤一的结论将 $LCP\_Idx(i,j)$ 展开。若 $i+1 = j$,那么显然成立;否则,答案为 $\min(LCP\_Idx(i,i+1), LCP\_Idx(i+1,j))$,第一项可以直接写出,第二项继续展开,最后的结果便是要证明的式子。

2. 对于 i>0 且 Rank(i)>0,有 height[Rank(i)] ⩾ height[Rank(i−1)]−1

证明:当 height[Rank(i−1)] ⩽ 1 时显然成立;当 height[Rank(i−1)] > 1 时,因为 height[0] = 0,所以 Rank(i−1) > 0。不妨令 j = i−1,k = SA(Rank(j)−1),那么有 height[Rank(i−1)] = LCP_Str(Suffix(k), Suffix(j)) > 1。将这两个后缀各自去掉其第一个字符得到新的两个后缀为 Suffix(k+1) 和 Suffix(j+1 = i),显然 LCP_Str(Suffix(k+1), Suffix(i)) = LCP_Str(Suffix(k), Suffix(j))−1 = height[Rank(i−1)]−1。同时我们注意到,Suffix(k) < Suffix(j),去掉各自首字母得到的后缀仍然满足"小于"关系,即 Suffix(k+1) < Suffix(j+1 = i),即 Rank(k+1) < Rank(i)。根据证明 1 中的结论,由于 Rank(i)−1 ⩾ Rank(k+1),故 LCP_Idx(Rank(i)−1, Rank(i)) ⩾ LCP_Idx(Rank(k+1), Rank(i))。该不等式左边即为 height[Rank(i)],而右边为 height[Rank(i−1)]−1,故得证。

3. 计算 height 数组过程的时间复杂度为 O(n)

证明:根据 2 中的结论,我们可以按照 i 从小到大的顺序计算 height 数组。计算 height[Rank(i)] 时,对于 i>0 且 Rank(i)>0 的情况,我们从 height[Rank(i−1)]−1 开始,逐一比较,该过程总时间复杂度为 O(n),好比蜗牛爬杆,每天至多爬到顶,每天下降一步,最后上爬的步数至多为 2n;而对于 i = 0 或者 Rank(i) = 0 的情况,即使从头开始顺次比较,最坏也只要各自比较 n 次。综上所述,总共比较的次数不会超过 4n 次,故算法的时间复杂度为 O(n)。

11.9　后缀数组的应用

本节将介绍一些后缀数组在实际问题中的应用,以进一步了解后缀数组。其中大多数的应用都可以用后缀树来实现,读者可以自行对比两种数据结构在这些场景中的表现。同样,由于后缀数组的广泛应用,本节只能略窥一二,更多的内容可以在本章习题和一些参考文献中找到。

11.9.1　后缀排序的直接应用

11.9.1.1　Burrows-Wheeler 变换

Burrows-Wheeler 变换是一种在数据压缩中使用的算法。该算法并不改变原数据中的任意一个字符,而是将其重新排列。这里重点介绍其算法实现,关于算法原理和动机读者可以参考更多文献。对于长度为 n 的字符串 T = $t_0 t_1 \cdots t_{n-1}$,令循环后缀 Rotation(i) = $t_i t_{i+1} \cdots t_{n-1} t_0 t_1 \cdots t_{i-1}$,即,如果将 T 看做一个环状字符串,那么 Rotation(i) 将是从原第 i 个字符顺次读得的字符串。现在的问题是,对于集合 R = {Rotation(i) | i∈[0, n)},将 R 中的字符串按照字典序升序排序得到字符串序列:Rotation(k_0), Rotation(k_1), ⋯, Rotation(k_{n-1}),其中 Rotation(k_i) < Rotation(k_{i+1})。求顺次取每个循环后缀最后一个字符得到的字符串,即求 S = Rotation(k_0)[n−1]Rotation(k_1)[n−1]⋯Rotation(k_{n-1})[n−1]。

后缀数组实现:如果不是循环后缀而只是简单的后缀,那么就是经典的后缀排序问题了。不过,这里同样可以用后缀数组构建算法中的后缀排序来解决。

我们拿倍增算法举例：当前计算 $T^{2p}_{[0,n)}$ 的后缀数组时，为了比较 T^{2p}_i 和 T^{2p}_j，需要知道 T^p_i，T^p_j 和 T^p_{i+p}，T^p_{j+p}。如果 $i+p \geqslant n$，在此问题中，将令 $T^p_{i+p} = T^p_{(i+p)\%n}$，其余不变。不难发现，这样可以在 $O(n\log_2 n)$ 的时间内解决该问题。

对循环后缀进行排序还有其他一些应用。比如为了表示一些循环排列等价的字符串，基于最小表示法，可以用其最小循环后缀来表示。

11.9.1.2　多模式串的匹配

问题是：给定长度分别为 m 和 n 的模式串 P 和待匹配串 T，询问 P 在 T 中出现的情况。

这是 KMP 算法可以处理的经典场景。那么后缀数组在这方面有什么优势呢？和后缀树一样，如果是待匹配串 T 不变，而有多次不同模式串的查询，KMP 算法每次需要对模式串构建其自匹配数组，而后缀数组可以在只构建串 T 的后缀数组的情况下进行查询。

后缀数组实现：不难观察到，如果 P 出现在 T 中，那么一定是作为某个后缀的前缀出现的，即 $P = Suffix(i)^m$，其中 $i \in [0, n)$。由于后缀数组中后缀的有序性，可以利用二分查找来找寻这样的位置 i。假设当前正在比较 P 和 $Suffix(SA[mid])$ 的关系，我们从 $Suffix(SA[mid])$ 的第一个字符开始依次与 P 进行比较。如果发现 P 是 $Suffix(SA[mid])$ 的前缀，那么算法结束；否则，如果 P 小于 $Suffix(SA[mid])$，显然查询区间就到了 $[Left, mid)$，否则将在 $(mid, Right]$ 继续。

伪代码：

```
int find(string p){
    left=0; right=n−1;
    while (left<=right){
        mid=(left+right)/2;
        if (Isprefix(P,suffix[SA[mid]])) return SA[mid];
        if (p<suffix[SA[mid]]) right=mid−1;
        else left=mid+1;
    }
    return −1;
}
```

由于每次字符串比较至多花费 $O(m)$ 的时间，故整个算法的运行时间为 $O(m\log_2 n)$。接下来我们将看到如何引入 LCP 来优化该匹配过程。

11.9.2　通过引入 LCP 优化

回顾上文的内容，通过计算 height 数组和 RMQ 预处理，可以在 $O(1)$ 的时间内得到任意两个后缀 $SA[i]$ 和 $SA[j]$ 的最长公共前缀 $LCP\_Idx(i,j)$。本节我们将看到后缀数组如何通过 LCP 的引入获得更为广泛的字符串问题处理能力。

11.9.2.1　多模式串的匹配

回顾上节提到的多模式串匹配问题，这里借助 LCP，使得时间复杂度优化到 $O(m+\log_2 n)$。观察时间复杂度为 $O(m\log_2 n)$ 的算法，每次从头开始比较模式串和后缀串花费了不少时间。因此我们还是基于二分查找，不过将对字符串比较过程进行优化。

后缀数组实现:假设到当前阶段为止,所获得的最大前缀匹配长度为 maxMatch,对应后缀位置为 SA[bestPos],即 $P^{maxMatch} = \text{Suffix}(SA[bestPos])^{maxMatch}$。对于当前待比较的后缀 Suffix(SA[mid]),我们计算 LCP_Idx(bestPos, mid),并将结果记为 len,分如下两种情况:

(1) len < maxMatch,由于 $P^{maxMatch} = \text{Suffix}(SA[bestPos])^{maxMatch}$,故 $P^{len} = \text{Suffix}(SA[bestPos])^{len} = \text{Suffix}(SA[mid])^{len}$,并且 Suffix(SA[bestPos]) 的第 len+1 个字符与 Suffix(SA[mid]) 的第 len+1 个字符不同,因此此趟匹配结果就是 len,并且通过比较第 len+1 个字符,可以确定接下来的查找区间,花费时间为 O(1);

(2) len >= maxMatch,那么易知,$P^{maxMatch} = \text{Suffix}(SA[mid])^{maxMatch}$,所以我们从第 maxMatch+1 个字符开始比较 P 和 Suffix(SA[mid])。假设往后比较了 delta 次,那么 maxMatch 就被更新到了 maxMatch+delta−1。当 maxMatch = m 时就找到了匹配的位置。

综上所述,由于 maxMatch 单调不降,故总字符比较次数不超过 2m。加上二分查找的复杂度,因此得到时间复杂度为 $O(m\log_2 n)$。

伪代码:

```
int find(string p){
    left=0; right=n−1;bestpos=−1; maxmatch=0;
    while (left<=right){
        mid=(left+right)/2;
        len=LCP_Idx(mid,bestpos);
        if (len>=maxmatch){
            len=maxmatch;
            bestpos=mid;
            while (len<m){
                if (suffix(SA[mid])[len+1]! =p[len+1]) break;
                len++;
            }
        }
        if (len == m) return bestpos;
        if (suffix(SA[mid])[len+1] > p[len+1]) right=mid−1;
        else left=mid+1;
    }
    return −1;
}
```

11.9.2.2 重复子串问题

重复子串:对于字符串 T 的子串 R,如果在字符串 T 中不止出现一次,那么子串 R 就是字符串 T 的重复子串。

1. 可重叠最长重复子串

这类问题可以描述为:给定长度为 n 的字符串 T,求其最长的重复子串。

　　后缀数组实现：实现方法比较简单,只需要对给定的字符串 T 求其 height 数组,height 数组中的最大值就是答案。以下给出简要证明:重复子串 R 一定是某两个后缀的公共前缀,反之亦然,任意两个后缀的任意公共前缀一定是重复子串。为了找到最长的 R,自然需要知道找到后缀 SA[i] 和 SA[j],使得 LCP_Idx(i,j) 最大。通过之前关于 LCP 性质的证明,LCP_Idx(i,j) $\leqslant$ LCP_Idx(k,t),其中 i$\leqslant$k$\leqslant$t$\leqslant$j,可以得到 LCP 的极大值一定是在 i+1=j 的时候取到的,即 height[j];同时,使得 height[j] 最大的 j,即我们要找的最长重复子串的位置。

　　2. 不可重叠最长重复子串

　　这类问题可以描述为:给定长度为 n 的字符串 T,求其最长的重复子串 R,其中 R 至少在两个出现位置,使得这两个子串不重叠。该问题在上一例的基础上增加了一个约束条件。

　　后缀数组实现：直接从正面找寻答案可能有些不方便,因此不妨换种思路,将原问题倒过来想。观察到答案具有单调性,因此可以首先二分答案,将问题转化为判定性问题——对于给定的长度 k,是否存在这样两个后缀 Suffix(SA[i]) 和 Suffix(SA[j]),使得 Suffix(SA[i])^k= Suffix(SA[j])^k 并且两者之间不重叠。显然,对于这样的 i 和 j,一定有 LCP_Idx(i,j) $\geqslant$ k,换句话说,min{height[t] | i<t$\leqslant$j} $\geqslant$ k,这是必要条件。基于该必要条件,我们首先根据 k 和 height 将后缀数组分为若干组,每组任意两个后缀的 LCP 均不小于 k。例如,对于字符串"aabaac",当前二分的答案 k 为 1,其后缀排列和 height 数组情况如图 11－9 所示。

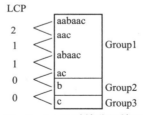

图 11－9　k＝1 时的分组情况

　　可以发现,同一组的任意两个后缀的 LCP 均不小于 k,现在只要找到两个后缀,它们长度为 k 的前缀也不重叠即可。这等价于,对一组中后缀位置最小的和最大的两个后缀进行检验,如果满足条件,那么我们便找到了这样一个不重叠重复子串。

　　伪代码：

```
int findR(string T){
    left=0; right=n−1;
    while (left<=right){
        k=(left+right)/2; result=−1;
        GroupByK();
        for (int i=1; i<=groupnum; i++){
            s1=Getminpos(i); s2=Getmaxpos(i);
            if (s1+k<=s2) {
```

```
                result=k; break;
            }
        }
        if (result<0) right=k−1;
        else {
            left=k+1; ans=result;
        }
    }
    return ans;
}
```

上述算法的时间复杂度为 $O(n\log_2 n)$。

3. 可重叠最长 k-重复子串

所谓 k-重复,即重复子串 R 在 T 中至少出现了 k 次。因此,可重叠最长重复子串中的例子是 k=2 的特殊情况。

后缀数组实现:这里的做法和上一题比较类似,通过二分答案 len 之后,将后缀数组分为若干组,每组任意两个后缀的 LCP 均不小于 len。因此,在组 Group(i)中,长度为 len 的前缀就出现了|Group(i)|次,即该组后缀的次数。所以我们只需要查看是否有一组的后缀个数不小于 k,如果存在,那么答案 len 就是一个可满足的答案。

上面两个例子中都用到了二分答案和根据答案对后缀进行分组这两个技巧,这种思想在很多问题中可以起到重要作用,读者可以仔细体会一下。

4. 重复次数最多子串

这类问题可以描述为:对于长度为 n 的字符串 T,求其中长度为 k 的子串 R,使得 R 在 T 中出现次数最多。

该问题的条件和问题与前几个例子相反,以下给出一种线性时间算法。

后缀数组实现:如果存在长度为 k 的子串 R,在 T 中出现了 c 次,那么一定存在这样的 i 和 j,使得 LCP_Idx(i,j) ≥ k,并且|j−i+1| = c。为了找寻最大的 c,该问题等价于找寻跨度最大的区间[i,j],使得 LCP_Idx(i,j) ≥ k。

由于求 LCP 的时间复杂度为 O(1),所以算法可以维护一个头指针、一个尾指针来实现线性扫描。

(1) 首先将头指针 h 和尾指针 t 均指向 0;

(2) 如果 LCP_Idx(h,t) ≥ k,那么将 t 增加 1,同时更新答案;否则,将 h 一直增加到 LCP_Idx(h,t) ≥ k。重复此过程直到扫描完整个后缀数组。

由于 h 和 t 均单调变换,所以该算法的时间复杂度为 O(n)。

伪代码:

```
int findRk(string T,int k){
    h=t=0;ans=−1;
    while (t < n){
        t=max(t,h);
```

```
        while (t<n && LCP_Idx(h,t) >= k) t++;
        ans=max(ans,t-h);
        while (h<=t && LCP_Idx(h,t) < k) h++;
    }
    return ans;
}
```

11.9.2.3　最长回文子串

回文串:如果字符串 R 正序和反序读取的结果一样,那么 R 就称为回文串。

回文子串:如果 T 的子串 R 是回文串,那么 R 就是 T 的回文子串。

现在,给定长度为 n 的字符串 T,求其最长的回文子串。

后缀数组实现:为了能够比较正序和反序的情况,我们首先需要将 T 的正序和反序合并成一个字符串,同时为了将两者分隔开,中间还要添加一个未曾在 T 中出现过的字符,假设为 \$,如图 11 - 10 所示。

a	a	b	c	b	a	d	\$	d	a	b	c	b	a	a

图 11 - 10　字符串"aabcbad"和其反序拼接

由于回文串有长度奇偶之分,为了方便,我们首先探讨长度为奇数的回文串。用二元组 (i, len) 代表回文子串,即回文串中心为 t_i,并且长度为 $2len-1$。由于回文串删去两端各一个字符后还是回文串,因此对于位置 i,就是要找到最大的 len,使得 (i, len) 为回文串。

对于拼接后的字符串(如图 11 - 10 所示),首先求得其后缀数组以及 height 数组,并经过 RMQ 预处理,使得其能够在 $O(1)$ 的时间内完成任意两个后缀最长公共前缀的查询。上述问题可以转化为求 Suffix(i) 和 Suffix(2n-i) 的 LCP,观察图 11 - 11 的对应关系不难得出。

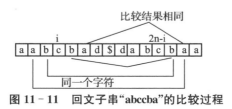

图 11 - 11　回文子串"abccba"的比较过程

同时,不难得出长度为偶数的回文串对应关系。因此,只需要枚举回文子串中心,然后进行 LCP 查询即可。如果不考虑预处理,那么时间复杂度为 $O(n)$。

伪代码:

```
int findmaxpalindrome(string T,int k){
    ans=-1;
    S=combine(T,"$",reverse(T)); //abc->abc$cba
    prepare(S);
    for (int i=0; i<n; i++){
        j=2*n-i;
```

```
        ans=max(ans,2 * (LCP_Idx(Rank[i],Rank[j]))-1);
        if (i == 0) continue;
        j++;
        ans=max(ans,2 * (LCP_Idx(Rank[i],Rank[j])));
    }
    return ans;
}
```

11.9.2.4 最长公共子串

现在,给定两个字符串 A 和 B,长度分别为 n 和 m,求 A 和 B 的最长公共子串。

通过以上的一些例子,不难发现子串一定是某个后缀的前缀,从而我们可以将子串问题通过后缀数组解决。这里也类似,求 A 和 B 的最长公共子串,等价于求 A 的后缀和 B 的后缀的最长公共前缀的最大值。借助于 height 数组,我们可以求出 A 的任意两个后缀的最长公共前缀,所以为了能够用后缀数组解决该问题,我们将串 A 和 B 连接成新的字符串 T,同时中间用一个没有出现过的分隔符 $ 隔开。

由于该公共子串一定是新字符串 T 的重复子串,我们不妨从最长重复子串入手——构造 T 的后缀数组和 height 数组。但是这里我们不能简单地取 height 数组中的最大值,因为该 height 数组中代表的相邻后缀可能来自于同一个字符串。不过,这个也很好解决,假设当前枚举到 height[i],在更新答案之前,我们只需要确保 Suffix(SA[i]) 和 Suffix(SA[i−1]) 来自于不同的字符串。

当然,有一个问题还需要解决——证明最长重复子串一定是 T 的后缀数组中某相邻两个后缀的最长公共前缀。不妨用反证法:假设 LCP(Suffix(SA[i]), Suffix(SA[j])) 为最长公共子串,其中 $|i-j|>1$。那么一定可以在 i 和 j 中间找到 k,满足 LCP_Idx(i,k) ⩾ LCP_Idx(i,j) 并且 LCP_Idx(k,j) ⩾ LCP_Idx(i,j),同时由于 Suffix(SA[i]) 和 Suffix(SA[j]) 来自于不同的字符串,因此必有 Suffix(SA[i]) 和 Suffix(SA[k]) 来自于不同的字符串,或 Suffix(SA[k]) 和 Suffix(SA[j]) 来自于不同字符串。综上所述,将 i 换成 k 或者将 j 换成 k,可以使得答案更优——得到矛盾,故得证。

该算法在预处理两个字符串拼接得到字符串的后缀数组以及 height 数组后,可以在 O(n+m) 的时间内得到答案。总时间复杂度仍为 O(n+m),是个非常优秀的算法。

11.9.3 后缀数组的应用举例

例 11-1 不同子串(distinct. ???)

[问题描述]

给定一个由小写英文字母构成的字符串 T,求其不同的子串个数。

[输入格式]

输入仅一行,一个字符串,长度不超过 100000。

[输出格式]

输出仅一行,一个整数,代表不同的子串个数。

[输入样例]

ababa

[输出样例]

9

[数据及时间和空间限制]

有 20% 的数据，保证 T 的长度不超过 100。

时间限制为 1 秒，空间限制为 256MB。

[问题分析]

本题比较简单，通过前面的一些例子，相信读者已经想到解决方法了。

注意到子串一定是某个后缀的前缀这个规律，该题等价于求所有后缀的不相同子串个数。如果考虑按照后缀数组的顺序依次将每个后缀的所有前缀添加到最后的子串集合中，即按照 Suffix(SA[0]), Suffix(SA[1]), $\cdots$, Suffix(SA[n-1]) 的顺序添加，那么我们可以观察到，添加后缀 Suffix(SA[i]) 的时候，Suffix(SA[i]) 的 n-SA[i] 个后缀中，已经有 height[i] 个后缀被添加了。height[i] 代表的意义是 Suffix(SA[i]) 与前面所有已经添加的后缀中最长的公共前缀长度，亦即与 Suffix(SA[i-1]) 的最长公共前缀长度，故长度大于该数值的那些前缀，就是 Suffix(SA[i]) 独有的了。我们将这些添加进最后的答案即可。算法的时间复杂度为 O(n)。

[参考程序]

```cpp
#include <cstdio>
#include <iostream>
#include <cstring>
using namespace std;
#define GetRealPos() (SA12[pos12] < n0 ? SA12[pos12] * 3 + 1 : (SA12[pos12] - n0) * 3 + 2)

inline bool cmp(int a1, int a2, int b1, int b2){
    return (a1 < b1 || (a1 == b1 && a2 <= b2));
}

inline bool cmp(int a1, int a2, int a3, int b1, int b2, int b3){
    return (a1 < b1 || (a1 == b1 && cmp(a2, a3, b2, b3)));
}

void radixSort(int * oldIdx, int * newIdx, int * origin, int n, int upperBound){
    int * cnt = new int[upperBound + 1];
    for (int i = 0; i <= upperBound; ++i)
        cnt[i] = 0;
    for (int i = 0; i < n; ++i)
```

```
                cnt[origin[oldIdx[i]]]++;
        for (int i = 0, sum = 0; i <= upperBound; ++i){
            int tmp = cnt[i];   cnt[i] = sum;   sum += tmp;
        }
        for (int i = 0; i < n; ++i)
            newIdx[cnt[origin[oldIdx[i]]]++] = oldIdx[i];
        delete [] cnt;
}

void suffixArray(int * st, int * SA, int n, int upperBound){
    int n0 = (n + 2) / 3, n1 = (n + 1) / 3, n2 = n / 3, n12 = n0 + n2;
    int * s12  = new int[n12 + 3];
    s12[n12] = s12[n12 + 1] = s12[n12 + 2] = 0;
    int * SA12 = new int[n12 + 3];
    SA12[n12] = SA12[n12 + 1] = SA12[n12 + 2] = 0;
    int * s0 = new int[n0];
    int * SA0 = new int[n0];

    for (int i = 0, j = 0; i < n + (n % 3 == 1); ++i)
        if (i % 3) s12[j++] = i;
    radixSort(s12 , SA12, st+2, n12, upperBound);
    radixSort(SA12, s12 , st+1, n12, upperBound);
    radixSort(s12 , SA12, st  , n12, upperBound);
    int cnt = 0, pre0 = -1, pre1 = -1, pre2 = -1;
    for (int i = 0;  i < n12;  ++i){
        if (st[SA12[i]] ! = pre0 || st[SA12[i] + 1] ! = pre1 || st[SA12[i] + 2] ! =
        pre2){
            cnt++;
        pre0 = st[SA12[i]];pre1 = st[SA12[i] + 1];pre2 = st[SA12[i] + 2];
        }
        if (SA12[i] % 3 == 1)
            s12[SA12[i] / 3] = cnt;
        else s12[SA12[i]/3 + n0] = cnt;
    }

    if (cnt < n12) {
      suffixArray(s12, SA12, n12, cnt);
      for (int i = 0; i < n12; ++i)
          s12[SA12[i]] = i + 1;
    } else
```

```
        for (int i = 0;  i < n12; ++i)
            SA12[s12[i] - 1] = i;
    for (int i = 0, j = 0; i < n12; ++i)
        if (SA12[i] < n0) s0[j++] = 3 * SA12[i];
    radixSort(s0, SA0, st, n0, upperBound);

    for (int pos0 = 0, pos12 = n0 - n1, k = 0; k < n; ++k){
        int i = GetRealPos();
        int j = SA0[pos0];
        bool is12First;
        if (SA12[pos12] < n0)
            is12First = cmp(st[i], s12[SA12[pos12] + n0], st[j], s12[j / 3]);
        else is12First = cmp(st[i], st[i + 1], s12[SA12[pos12] - n0 + 1], st[j],
        st[j + 1], s12[j / 3 + n0]);
        if (is12First){
            SA[k] = i;
            pos12++;
            if (pos12 == n12)
                for (k++; pos0 < n0; pos0++, k++)
                        SA[k] = SA0[pos0];
        } else {
            SA[k] = j;
            pos0++;
            if (pos0 == n0)
                for (k++; pos12 < n12; pos12++, k++)
                    SA[k] = GetRealPos();
        }
    }
    delete [] s12; delete [] SA12; delete [] SA0; delete [] s0;
}
void GetHeight(int * st, int * SA, int * rank, int * height, int n){
    int l = 0;
    height[0] = 0;
    for (int i = 0; i < n; ++i)
        if (rank[i] > 0){
            int j = SA[rank[i] - 1];
            while ((i + 1 < n) && (j + 1 < n) && (st[i + 1] == st[j + 1]))
                l++;
```

```
            height[rank[i]] = 1;
            if (l > 0)l--;
        }
}

const int maxn = 200000;
char s[maxn];
int st[maxn], SA[maxn], rank[maxn], height[maxn];

int main() {
    freopen("distinct.in", "r", stdin);
    freopen("distinct.out", "w", stdout);
        scanf("%s", s);
        int n = strlen(s);
        memset(st, 0, sizeof(st));
        for (int i = 0; i < n; ++i)
            st[i] = s[i];
    suffixArray(st, SA, n, 150);
        for (int i = 0; i < n; ++i)
            rank[SA[i]] = i;
        GetHeight(st, SA, rank, height, n);
        long long ans = n;
        ans = ans * (ans + 1) / 2;
        for (int i = 0; i < n; ++i)
            ans -= height[i];
        cout << ans << endl;
    return 0;
}
```

例 11-2 公共子串(life. ???)

[问题描述]

对于给定的 n 个字符串,找到最长的一个子串,并且该子串在半数以上字符串中出现过。

[输入格式]

输入第一行包含一个整数 n(1≤n≤100),代表输入的字符串个数。

接下来 n 行,每行一个仅由英文小写字母构成的字符串,其长度不超过 1000。

[输出格式]

输出最长的满足条件的子串。如果同时有多个最长的,那么将它们按照字典序一一输出;如果不存在这样的子串,那么输出一个字符"?"。

[输入样例]

　　3

　　abcdefg

　　bcdefgh

　　cdefghi

[输出样例]

　　bcdefg

　　cdefgh

[数据及时间和空间限制]

　　有 20% 的数据，n 不超过 2。

　　时间限制为 1 秒，空间限制为 256MB。

[问题分析]

　　借助于上文中提到的二分答案加分组计算的方法，本题同样可以得到解决。

　　首先观察答案具有单调性，于是通过二分答案将原问题转化为判定性问题。假设当前二分的答案是 mid。我们根据 mid 将后缀数组中那些后缀分组，使得每一组中任意两个后缀的最长公共前缀长度不小于 mid，也就是该组中 height 的最小值至少为 mid。

　　由于要使子串在至少 $n/2+1$ 个字符串中出现过，所以我们要检验当前组中的后缀来自于多少个不同的字符串——由于 n 最多为 100，故可以用两个 long long 压位作为哈希，统计每个后缀的来源。当然，用数组加时间戳的方式也可以高效地实现这一算法。

　　上述算法的时间复杂度为 $O(n\log_2 n)$，是个非常优秀的算法。

　　不过，我们可以通过类似于单调队列的方式，将算法的时间复杂度降到 $O(n)$。观察到分组是将后缀数组中连续一段作为一组，其中满足条件的那些组，后缀至少来自于 $n/2+1$ 个字符串。故我们可以维护一个恰好包含 $n/2+1$ 个来源的"窗口"，对后缀数组从左向右进行扫描，同时用"窗口"中最小的 height 值更新答案。需要注意该"窗口"的大小并不是固定的。使其恰好包含 $n/2+1$ 个来源是因为，窗口越大，显然可能取到的最长公共前缀的长度就越小，而为了满足条件，至少需要取到 $n/2+1$ 个来源，因此将"窗口"参数设置为 $n/2+1$。

　　代码部分给出的是时间复杂度为 $O(n\log_2 n)$ 的算法，读者可以自行实现时间复杂度为 $O(n)$ 的算法，并对两者进行比较。

[参考程序]

```
#include <cstdio>
#include <cstring>
using namespace std;
#define GetRealPos() (SA12[pos12] < n0 ? SA12[pos12] * 3 + 1 : (SA12[pos12] - n0) * 3 + 2)

inline bool cmp(int a1, int a2, int b1, int b2){
```

```cpp
        return (a1 < b1 || (a1 == b1 && a2 <= b2));
}

inline bool cmp(int a1, int a2, int a3, int b1, int b2, int b3){
        return (a1 < b1 || (a1 == b1 && cmp(a2, a3, b2, b3)));
}

void radixSort(int * oldIdx, int * newIdx, int * origin, int n, int upperBound){
        int * cnt = new int[upperBound + 1];
        for (int i = 0; i <= upperBound; ++i)
                cnt[i] = 0;
        for (int i = 0; i < n; ++i)
                cnt[origin[oldIdx[i]]]++;
        for (int i = 0, sum = 0; i <= upperBound; ++i){
                int tmp = cnt[i];   cnt[i] = sum;   sum += tmp;
        }
        for (int i = 0; i < n; ++i)
                newIdx[cnt[origin[oldIdx[i]]]++] = oldIdx[i];
        delete [] cnt;
void suffixArray(int * st, int * SA, int n, int upperBound){
        int n0 = (n + 2) / 3, n1 = (n + 1) / 3, n2 = n / 3, n12 = n0 + n2;
        int * s12  = new int[n12 + 3];
        s12[n12] = s12[n12 + 1] = s12[n12 + 2] = 0;
        int * SA12 = new int[n12 + 3];
        SA12[n12] = SA12[n12 + 1] = SA12[n12 + 2] = 0;
        int * s0 = new int[n0];
        int * SA0 = new int[n0];

        for (int i = 0, j = 0; i < n + (n % 3 == 1); ++i)
                if (i % 3) s12[j++] = i;

        radixSort(s12 , SA12, st+2, n12, upperBound);
        radixSort(SA12, s12 , st+1, n12, upperBound);
        radixSort(s12 , SA12, st  , n12, upperBound);
        int cnt = 0, pre0 = -1, pre1 = -1, pre2 = -1;
        for (int i = 0;   i < n12;   ++i){
                if (st[SA12[i]] ! = pre0 || st[SA12[i] + 1] ! = pre1 || st[SA12[i] + 2] ! =
                pre2){
                        cnt++;
                pre0 = st[SA12[i]];pre1 = st[SA12[i] + 1];pre2 = st[SA12[i] + 2];
                }
```

```
      if (SA12[i] % 3 == 1)
        s12[SA12[i] / 3] = cnt;
      else s12[SA12[i]/3 + n0] = cnt;
  }

      if (cnt < n12) {
        suffixArray(s12, SA12, n12, cnt);
        for (int i = 0; i < n12; ++i)
            s12[SA12[i]] = i + 1;
      } else
      for (int i = 0;i < n12; ++i)
          SA12[s12[i] − 1] = i;
  for (int i = 0, j = 0; i < n12; ++i)
      if (SA12[i] < n0) s0[j++] = 3 * SA12[i];
  radixSort(s0, SA0, st, n0, upperBound);

  for (int pos0 = 0, pos12 = n0 − n1, k = 0; k < n; ++k){
      int i = GetRealPos();
      int j = SA0[pos0];
      bool is12First;
      if (SA12[pos12] < n0)
          is12First = cmp(st[i], s12[SA12[pos12] + n0], st[j], s12[j / 3]);
      else is12First = cmp(st[i], st[i + 1], s12[SA12[pos12] − n0 + 1], st[j],
      st[j + 1], s12[j / 3 + n0]);
      if (is12First){
          SA[k] = i;
          pos12++;
          if (pos12 == n12)
            for (k++; pos0 < n0; pos0++, k++)
                SA[k] = SA0[pos0];
      } else {
          SA[k] = j;
          pos0++;
          if (pos0 == n0)
            for (k++; pos12 < n12; pos12++, k++)
                SA[k] = GetRealPos();
      }
  }
  delete [] s12; delete [] SA12; delete [] SA0; delete [] s0;
```

```
}
void GetHeight(int * st, int * SA, int * rank, int * height, int n){
    int l = 0;
    height[0] = 0;
    for (int i = 0; i < n; ++i)
        if (rank[i] > 0){
            int j = SA[rank[i] - 1];
            while ((i + 1 < n) && (j + 1 < n) && (st[i + 1] == st[j + 1]))
                l++;
            height[rank[i]] = l;
            if (l > 0)l--;
        }
}

const int maxn = 105;
const int maxl = 1005;

char s[maxn][maxl];
int st[maxn * maxl], SA[maxn * maxl], rank[maxn * maxl], height[maxn * maxl];
int who[maxn * maxl];
int cnt[maxn],n,curMask;
int ans[maxn * maxl], total, target;

bool isOK(int mid){
    int j;
    bool found = false;
    for(int i = 2; i <= n; i = j+1){
        while (i <= n && height[i] < mid)
            i++;
        j = i;
        while (height[j] >= mid)
            j++;
        if(j - i + 1 < target) continue;
        curMask++;
        int s = 0;
        for(int k = i - 1; k < j; ++k){
            int t = who[SA[k]];
            if (t ! = 0)
                if(cnt[t] ! = curMask){
                    cnt[t] = curMask;
```

```
                            s++;
                }
        }
        if(s >= target){
            if (found)
                ans[++total] = SA[i-1];
            else {
                ans[total = 1] = SA[i-1];
                found = true;
            }
        }
    }
    return found;
}
int main() {
    freopen("life. in", "r", stdin);
    freopen("life. out", "w", stdout);
    int t;
    curMask = 0;
    memset(cnt, 0, sizeof(cnt));
        scanf("%d", &t);
        target = t / 2 + 1;
        memset(st, 0, sizeof(st));
        n = 0;
        for (int i = 1; i <= t; ++i){
            scanf("%s", s[i - 1]);
            int l = strlen(s[i - 1]);
            for (int j = 0; j < l; ++j){
                who[n] = i;
                st[n++] = s[i-1][j] + 100;
            }
            who[n] = 0;
            st[n++] = i;
        }
    st[--n] = 0;
    suffixArray(st, SA, n, 250);
    for (int i = 0; i < n; ++i)
        rank[SA[i]] = i;
```

```
GetHeight(st, SA, rank, height, n);
height[n + 1] = -1;
int l = 1, r = 1000;
while (l <= r){
    int mid = (l + r) / 2;
    if (isOK(mid))
        l = mid + 1;
    else r = mid - 1;
}
if (r == 0)
    printf("? \\n");
else{
    for(int i = 1; i <= total; ++i){
        int k = ans[i];
        for(int j = 0; j < r; ++j)
            printf("%c",st[k+j] - 100);
        printf("\\n");
    }
}
return 0;
}
```

例 11-3 文本检查(text. ???)

[问题描述]

给定一个由英文字母构成的文本,你需要给出从某两个位置的字符开始,能够匹配的最大长度。匹配的过程从左到右,一个字符一个字符进行。

当然,有些时候会在里面插入一些字符。你能胜任这个工作吗?

[输入格式]

第一行一个字符串,代表最开始的文本。

接下来一个整数 n,代表操作数,操作有两类:

(1) I ch p:在当前第 p 个字符前插入一个字符 ch,如果 p 大于当前文本长度,那么将这个字符插在最后面。

(2) Q i j:询问最开始文本中第 i 个字符和第 j 个字符,在现在的文本串中对应位置开始能够匹配的最大长度。

你可以假定最开始的串长度不会超过 50000,插入操作数不会超过 200,询问次数不会超过 20000。

[输出格式]

对于每个询问,输出一行一个整数,代表对应的最大匹配长度。

［输入样例］

abaab

5

Q　1　2

Q　1　3

I　a　2

Q　1　2

Q　1　3

［输出样例］

0

1

0

3

［数据及时间和空间限制］

对于 20％的数据,文本长度和询问次数不会超过 1000;

另外有 20％的数据没有插入操作。

时间限制为 1 秒,空间限制为 256MB。

［问题分析］

本题如果没有插入操作,那么便是经典的后缀 LCP 问题,预处理出 height 数组,用 RMQ 可以在 O(1) 的时间内完成每次查询。

注意到本题插入次数比较小,故仍然可以沿着这种想法继续做。

大致思想是:由于插入操作的影响,使得现在的字符串是由原本存在的字符和新添加的字符交错混合而成。对于原本存在的字符串,我们可以通过预处理获取所需要的公共前缀信息,而对于新添加的字符,由于添加数量比较小,故可以逐一比较。

具体地说,首先维护 3 个数组:posi,其中 posi[i]代表原串中第 i 个字符现在所处的位置;opos,其中 opos[i]代表现在串中第 i 个字符在原串中的位置,如果第 i 个字符是后来添加的,那么 opos[i]为−1;dist,其中 dist[i]代表原串中第 i 个字符在现在的串中,后面第一个新添加的字符与之相距多少个字符,最开始,dist 数组被赋予很大的一个数。

因此,我们可以这样维护和利用上述辅助数组:

(1) 插入操作:由于插入次数比较少,故可以直接在原串中进行插入(直接移动数组局部),更新 3 个辅助数组的方法也非常简单,这里不再赘述。

(2) 询问操作:根据算法主思想,可以用一种递归形式来描述询问操作:

① 对于询问(A, B),如果 LCP(A, B) 的值小于 min{posi[A], posi[B]},那么显然插入操作并没有影响我们的结果,直接返回 LCP(A, B);

② 否则,我们需要从 A 和 B 往后的第 min{posi[A], posi[B]}个字符开始逐一比较。

比较过程中会出现如下 3 种情况:比较到了字符串末尾,或者比较到了两个不同的字符,那么可以返回该阶段的答案了;如果比较到了一个位置 A′和 B′,使得 A′和 B′都是原文本中的字符,那么需要利用它们的 LCP 信息来加速我们的匹配过程,于是可以递归进行处理。

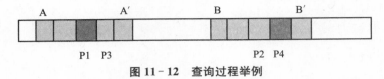

图 11 - 12　查询过程举例

如图 11-12 所示,查询 A 和 B 的时候,只能借助 LCP 跳到(P1,P2)这个位置,然后需要逐一比较字符对(P1,P2)和(P3,P4),当到达 A' 和 B' 时候,便可以继续递归执行了。

综上所述,每次插入操作花费较大,为 O(n),其中 n 为输入字符串长度。每次查询花费至多为 O(t),t 为最多可能插入的字符数。故总的时间复杂度为 O(t×(m+n)),其中 m 为查询次数。

[参考程序]

```cpp
#include <cstdio>
#include <cstring>

const int maxn = 60000;
const int inf = 2147483647/2;
char s[maxn];
int st[maxn], SA[maxn], rank[maxn], height[maxn];
int n, originLen, log2[maxn], rmq[maxn][18];
int dist[maxn], posi[maxn], opos[maxn];
#define GetRealPos() (SA12[pos12] < n0 ? SA12[pos12] * 3 + 1 : (SA12[pos12] - n0) * 3 + 2)

inline bool cmp(int a1, int a2, int b1, int b2){
    return (a1 < b1 || (a1 == b1 && a2 <= b2));
}

inline bool cmp(int a1, int a2, int a3, int b1, int b2, int b3){
    return (a1 < b1 || (a1 == b1 && cmp(a2, a3, b2, b3)));
}

void radixSort(int * oldIdx, int * newIdx, int * origin, int n, int upperBound){
    int * cnt = new int[upperBound + 1];
    for (int i = 0; i <= upperBound; ++i)
        cnt[i] = 0;
    for (int i = 0; i < n; ++i)
        cnt[origin[oldIdx[i]]]++;
    for (int i = 0, sum = 0; i <= upperBound; ++i){
        int tmp = cnt[i]; cnt[i] = sum; sum += tmp;
```

```
    }
    for (int i = 0; i < n; ++i)
        newIdx[cnt[origin[oldIdx[i]]]++] = oldIdx[i];
    delete [] cnt;
}
void suffixArray(int * st, int * SA, int n, int upperBound){
    int n0 = (n + 2) / 3, n1 = (n + 1) / 3, n2 = n / 3, n12 = n0 + n2;
    int * s12 = new int[n12 + 3];
    s12[n12] = s12[n12 + 1] = s12[n12 + 2] = 0;
    int * SA12 = new int[n12 + 3];
    SA12[n12] = SA12[n12 + 1] = SA12[n12 + 2] = 0;
    int * s0 = new int[n0];
    int * SA0 = new int[n0];

    for (int i = 0, j = 0; i < n + (n % 3 == 1); ++i)
        if (i % 3) s12[j++] = i;
    radixSort(s12, SA12, st+2, n12, upperBound);
    radixSort(SA12, s12, st+1, n12, upperBound);
    radixSort(s12, SA12, st, n12, upperBound);
    int cnt = 0, pre0 = -1, pre1 = -1, pre2 = -1;
    for (int i = 0; i < n12; ++i){
        if (st[SA12[i]] ! = pre0 || st[SA12[i] + 1] ! = pre1 || st[SA12[i] + 2] ! =
        pre2){
            cnt++;
            pre0 = st[SA12[i]];pre1 = st[SA12[i] + 1];pre2 = st[SA12[i] + 2];
        }
        if (SA12[i] % 3 == 1)
            s12[SA12[i] / 3] = cnt;
        else s12[SA12[i]/3 + n0] = cnt;
    }

    if (cnt < n12) {
        suffixArray(s12, SA12, n12, cnt);
        for (int i = 0; i < n12; ++i)
            s12[SA12[i]] = i + 1;
    } else
        for (int i = 0; i < n12; ++i)
            SA12[s12[i] - 1] = i;
    for (int i = 0, j = 0; i < n12; ++i)
```

```
        if (SA12[i] < n0) s0[j++] = 3 * SA12[i];
    radixSort(s0, SA0, st, n0, upperBound);

    for (int pos0 = 0, pos12 = n0 − n1, k = 0; k < n; ++k){
        int i = GetRealPos();
        int j = SA0[pos0];
        bool is12First;
        if (SA12[pos12] < n0)
            is12First = cmp(st[i], s12[SA12[pos12] + n0], st[j], s12[j / 3]);
        else is12First = cmp(st[i], st[i + 1], s12[SA12[pos12] − n0 + 1], st[j],
        st[j + 1], s12[j / 3 + n0]);
        if (is12First){
            SA[k] = i;
            pos12++;
            if (pos12 == n12)
                for (k++; pos0 < n0; pos0++, k++)
                    SA[k] = SA0[pos0];
        } else {
            SA[k] = j;
            pos0++;
            if (pos0 == n0)
                for (k++; pos12 < n12; pos12++, k++)
                    SA[k] = GetRealPos();
        }
    }
    delete [] s12; delete [] SA12; delete [] SA0; delete [] s0;
}

void GetHeight(int * st, int * SA, int * rank, int * height, int n){
    int l = 0;
    height[0] = 0;
    for (int i = 0; i < n; ++i)
        if (rank[i] > 0){
            int j = SA[rank[i] − 1];
            while ((i + 1 < n) && (j + 1 < n) && (st[i + 1] == st[j + 1]))
                l++;
            height[rank[i]] = l;
            if (l > 0)l−−;
        }
```

```
}
int min(int x, int y){
    return (x < y ? x : y);
}
void CalcRMQ() {
    int k = 0;
    for (int i = 1; i <= n; ++i) {
        if ((1 << (k + 1)) == i)
            k++;
        log2[i] = k;
    }
    for (int i = 1; i < n; ++i)
        rmq[i][0] = height[i];
    k = log2[n - 1];
    for (int j = 1; j <= k; ++j)
        for (int i = 1; i < n - (1 << j) + 1; ++i)
            rmq[i][j] = min(rmq[i][j - 1], rmq[i + (1 << (j - 1))][j - 1]);
}
int LCP(int l, int r){
    if (l == r) return originLen - r;
    l = rank[l];
    r = rank[r];
    if (l > r){
        int tmp = l; l = r; r = tmp;
    }
    int k = log2[r - 1];
    return(min(rmq[l + 1][k], rmq[r - (1 << k) + 1][k]));
}
void Prepare(){
    scanf("%s", s);
    n = strlen(s);
    originLen = n;
    for (int i = 0; i < n; ++i)
        st[i] = s[i];
    st[n++] = '$';
    suffixArray(st, SA, n, 150);
    for (int i = 0; i < n; ++i)
```

```
        rank[SA[i]] = i;
    GetHeight(st, SA, rank, height, n);
    CalcRMQ();
}

void Insert(char ch, int p){
    if (p > n) p = n - 1;
    for (int i = n - 1; i >= p; --i){
        st[i + 1] = st[i];
        opos[i + 1] = opos[i];
        if (opos[i] ! = -1) posi[opos[i]] = i + 1;
    }
    st[++n] = 0;
    st[p] = ch;
    opos[p] = -1;
    for (int i = p - 1; i >= 0; i--){
        if (opos[i] == -1) break;
        dist[opos[i]] = p - i;
    }
}

int Query(int a, int b, int offset){
    int lc = LCP(a, b), mis = min(dist[a], dist[b]);
    int ra = posi[a], rb = posi[b];
    if (lc < mis)
        return offset + lc;
    for (int i = mis; ra + i <= n && rb + i <= n; ++i){
        if (st[ra + i] ! = st[rb + i] || ! st[ra + 1] || ! st[rb + i])
            return offset + i;
        if (opos[ra + i] ! = -1 && opos[rb + i] ! = -1)
            return Query(opos[ra + i], opos[rb + i], offset + i);
    }
    return 0;
}

char op[100];

int main() {
    freopen("text. in", "r", stdin);
    freopen("text. out", "w", stdout);
    Prepare();
```

```
for (int i = 0; i < n; ++i){
    posi[i] = opos[i] = i;
    dist[i] = inf;
}
int m;
scanf("%d", &m);
for (int i = 0; i < m; ++i){
        scanf("%s", op);
        int a, b;
        if (op[0] == 'Q'){
            scanf("%d %d", &a, &b);
            printf("%d\\n", Query(a - 1, b - 1, 0));
        } else {
            scanf("%s %d", op, &a);
            Insert(op[0], a - 1);
        }
    }
return 0;
}
```

11.10　本章习题

11-1　字符串的幂(power. ???)

[问题描述]

我们定义一个作用于字符串集合的二元运算符"×",对于字符串 A ="abc"和 B ="def",A × B ="abcdef"。类似地,A^n= A×A……×A(共 n 个 A 进行运算)。特殊情况是 A^0= " ",即空字符串。

[输入格式]

输入包含一行,一个仅由小写字母构成的长度不超过 1000000 的字符串 S。

[输出格式]

找到最大的 n,使得 S = A^n,其中 A 是某个字符串。

[输入样例]

ababab

[输出样例]

3

[数据及时间和空间限制]

有 20% 的数据，字符串的长度不超过 1000。

时间限制为 1 秒，空间限制为 256MB。

11-2 公共不重叠重复子串（phrases. ???）

[问题描述]

给定 n 个字符串，请你找到一个最长的子串，使得它在每个字符串中都至少出现了两次，并且至少有两次出现不重叠。你只需要回答最长子串的长度。

[输入格式]

第一行一个整数 n(1≤n≤10)，代表字符串个数。

接下来 n 行，每行一个字符串，仅由小写字母构成。字符串长度不超过 10000。

[输出格式]

输出仅一行一个整数，代表最长的满足上述条件的子串长度。

[输入样例]

```
4
abbabba
dabddkababa
bacaba
baba
```

[输出样例]

```
2
```

[数据及时间和空间限制]

有 20% 的数据，n 为 1。

时间限制为 1 秒，空间限制为 256MB。

11-3 回文串计数（palindromes. ???）

[问题描述]

对于给定的字符串 S，我们想要知道它有多少不同的回文子串。

[输入格式]

输入仅一行，一个长度不超过 100000 的仅由小写字母构成的字符串。

[输出格式]

输出一行一个整数，代表不同的回文子串个数。

[输入样例]

```
abab
```

［**输出样例**］

　　4

［**数据及时间和空间限制**］

　　有 20％的数据,输入字符串的长度不超过 1000。

　　时间限制为 1 秒,空间限制为 256MB。

第*12*章　树链剖分与动态树

本章将要介绍的树链剖分和动态树问题,其本质是分治思想的应用。分治,即分而治之,通过将原问题分割成若干独立的子问题,然后逐个击破。我们已经接触过一些基于线性结构的分治算法,而树作为一种常用的数据结构,基于树的分治算法就具有更广泛的应用。本章介绍的这两者皆为基于链的分治,更多树的分治算法,请读者阅读其他相关资料。

12.1　树链剖分的思想和性质

“链”可以看做一种特殊情况的树。当树退化成链,那么一些在树上的询问就会变得非常简单。譬如,一个简单的例子是询问树中任意两个点的最近公共祖先,如果是对于退化成链的树,那么只要比较一下询问的两个点的深度就可以知道答案了。另外一个相对复杂的例子是基于单调队列优化的动态规划,在退化成链的情况下每个点至多只会入队、出队一次,而在树的情况下如果用同样的方法,由于递归访问所用到的压栈和退栈操作,使得这种方法不能保证线性的时间复杂度。

既然树退化成链能将问题简化这么多,我们是否可以将树也用若干条链来表示,从而将许多针对树结构的问题转移到针对链的问题上面去呢? 基于这个思想,就有了基于树的路径剖分,也就是“树链剖分”。

所谓树的路径剖分,就是将树划分为若干不相交的链,同时使得每个结点在一条链中(单独一个结点也算一条链)。经过这样的划分之后,树中任意两点之间的路便是由若干条链(或者链的一部分)相连而成。图 12-1 是一种任意地对树进行路径剖分的方案,粗线条代表的是一条链。

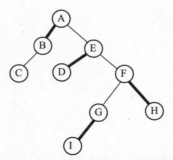

图 12-1　任意一种路径剖分方案

由于每条链中的信息都可以很方便地用一些数据结构来维护,故在每条链内获取所需要的特定信息是非常快的,不妨把它看做"高速公路",而链与链之间则由"普通公路"连接,并且不妨假定通过一整条"高速公路"的代价与通过一段"普通公路"的代价相同。如图 12 - 1 所示,从结点 C 到结点 I 一共经过了 2 条"高速公路"和 4 条"普通公路",并且这 2 条"高速公路"的"加速"效果并不明显,故这似乎不是一个好的划分方案。那么,所谓的"好"的划分方案是怎样呢? 我们希望经过的普通公路的数量尽量少,因此可以用如下的基于子树结点数量的划分方案。

　　轻重边路径剖分:我们把上述每一条粗线边称做"重边",每一条细线边称做"轻边"。同时,由一系列相连的重边得到的链称为"重路径",即"高速公路"。假定我们将要剖分的是一棵有根树(无根树也可以任取一个结点作为根结点),那么每个非叶结点 u 有且仅有一条重边连向其孩子结点 v。如果用 Size(u) 表示以 u 为根的子树中结点个数(包括 u),那么 u 有一条重边连向 v,当且仅当对 u 的任意孩子结点 v',有 Size(v) ⩾ Size(v')。经过这样的定义,如图 12 - 1 所示的树就可以划分为如图 12 - 2 所示的形式,其中,每个结点上的数字代表其对应的 Size 信息。不难发现,结点 C 到结点 I 之间只经过了 1 条"普通公路"。

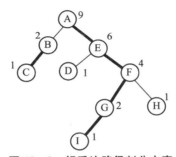

图 12 - 2　轻重边路径剖分方案

　　现在,我们来证明几个轻重边路径剖分的重要性质,这些性质同时也是树链剖分的时间复杂度分析的基础。

　　性质 1:如果边 (u,v) 为轻边,那么 Size(v) ⩽ Size(u)/2。

　　证明:反证法。假设 Size(v) > Size(u)/2,那么对于 u 的任意其他孩子结点 v',有 Size(v') <= Size(u)−Size(v) < Size(u)/2 < Size(v),因而 (u,v) 应该成为重边,矛盾,故假设不成立。

　　性质 2:从根结点到任一结点 v 的路径中轻边的条数至多为 $\log_2 n$。

　　证明:从结点 v 开始向根走,将计数器 Cnt 设置为 Size(v),计数器为以当前结点为根的子树的结点数下界。每次经过一条重边时将 Cnt 加上 1,经过一条轻边的时候,将 Cnt 乘以 2 加上 1。由于 Cnt 不会超过总结点数 n,因此被 2 乘的次数不会超过 $\log_2 n$,故轻边的数量至多为 $\log_2 n$。

　　性质 3:从根结点到任意结点 v 的路径上包含的重路径数目不会超过 $\log_2 n$。

　　证明:由于重路径之间是用轻边分割开的,故由性质 2 不难得证。

　　性质 4:树中任意两个结点之间的路径中轻边的条数不会超过 $\log_2 n$,重路径的数目不会超过 $\log_2 n$。

证明:性质 4 实际上是性质 2 和性质 3 的直接推论。

12.2 树链剖分的实现及应用

由于树链剖分的目的是对每条链用数据结构进行高效维护,纯粹的路径剖分没有具体的意义,因此我们将结合一个具体的例子来探讨树链剖分的代码实现。

例 12-1 树的查询(qtree. ???)

[问题描述]

现在你有一棵树,共有 $n(n \leqslant 10000)$ 个结点,由 1 至 n 依次编号。有 n−1 条边,每条边有一个权值,由 1 至 n−1 依次编号。现在你要完成一些指令,这些指令包括:

(1) C i v:将第 i 条边的权值改为 v;

(2) Q a b:结点 a 到结点 b 路径上的最大权值输出。

[输入格式]

第一行为一个整数 n,表示结点个数。

接下来 n−1 行分别有 3 个整数,前两个整数表示该条边的结点编号,第三个数表示权值。

然后是若干行指令要求,指令格式见上文说明,最后以"DONE"结束。

[输出格式]

对于每个查询指令,输出答案一行。

[输入样例]

```
3
1 2 1
2 3 2
Q 1 2
C 1 3
Q 1 2
DONE
```

[输出样例]

```
1
3
```

[时间和空间限制]

时间限制为 1 秒,空间限制为 128MB。

[问题分析]

本题如果使用简单的模拟算法,虽然在改变单条边的权值时能够做到 O(1) 的时间复杂度,但是在询问的时候最坏时间复杂度为 O(n),因此考虑使用树链剖分对其进行优化。

我们用上述轻重边路径剖分对该树进行轻重路径划分。利用性质 4 不难发现,任意两个点之间的重路径数量不超过 $\log_2 n$。由于重路径是一条链,所以很自然地会想到在链这种特殊情况下如何维护边权最大值呢？——线段树！回想第 5 章的线段树相关内容,维护区间最小/大值是线段树的经典问题,所以我们在这里直接使用结论,即每条针对重路径的边权最大值查询和维护操作的时间复杂度为 $O(\log_2 n)$;同时,由于轻边的数量不会超过 $\log_2 n$,因而对于轻边,我们直接进行修改和查询即可,所以轻边上的查询和修改操作的时间复杂度为 $O(\log_2 n)$。注意重路径的数量上界为 $\log_2 n$,因而单次查询或者修改的时间复杂度为 $O((\log_2 n)^2)$,是个可以接受的时间复杂度了(事实上,还有更优秀的算法可以解决本题,感兴趣的读者可以参考相关论文做进一步研究)。

在阅读参考代码之前,我们不妨先在较高层面对算法过程作一个介绍。算法过程中需要用到的一些辅助变量在接下来的参考代码开始的定义部分有详细说明,这里就不再重复了。

1. 构建

(1) 首先记录树本身的结构信息,注意保留树边的编号,以方便之后的运算;

(2) 以结点 1 为根结点,通过一遍深度优先搜索(dfs),可以获得每个结点的子树大小 Size,因此在 dfs 过程中便可以确定每条重路径。为了方便,我们需要记录每个结点属于哪一条重路径,以及每条重路径的大小、起始和终止结点等信息,具体可以参考程序;

(3) 给每条重路径构建线段树,用来维护区间最大值。

2. 修改

(1) 找到要修改的边所属的线段树以及要修改的位置;

(2) 调用线段树的修改操作。

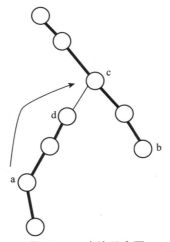

图 12-3 查询示意图

3. 查询

假设查询的结点对为 (a,b),a 和 b 的最近公共祖先(LCA)记为 c。那么,a 到 b 的路可以看做 a 到 c 的路和 b 到 c 的路。当然,在查询过程中不用首先找出 LCA 再进行计算,其过程可以如下描述:

(1) 如果 a 和 b 不属于同一条重路径,那么执行步骤(2),否则执行步骤(3);

（2）如果 a 所在的重路径最小深度大于 b 所在的,那么显然让 a 结点"上爬"并且不会超过两者 LCA 的位置,a 将上爬到离 a 最近的第一个和 a 不在同一重路径中的祖先。也就是说,这一次上爬 a 跨过了自己所在这段重路径,如图 12－3 所示。注意图中的树的其余部分没有画出,a 经过这一次上爬到达了 c 点,同时通过 a 原来所在的线段树查询可以得到 a 至 d 这段路径的边权最大值,更新答案;反之,如果 a 所在的重路径最小深度小于 b 的,那么令 b 上爬,转步骤（1）;

（3）如果 a 与 b 是同一个结点,那么算法结束;否则,由于 a 和 b 已经在同一棵线段树中了,只要再执行一次线段树的区间最大值查询后更新答案即可,之后便返回结果。

至此,本题可以在 $O(n+q\times(\log_2 n)^2)$ 的时间内得到解决,其中 q 为查询的数目。

[参考程序]

```cpp
#include <cstdio>
#include <cstring>
#include <algorithm>
using namespace std;

struct edge{    //树边,采用邻接表结构存储
    int loc,    //边指向的结点
        code,       //边的标号,用来方便修改权值
        next;       //指向邻接表的下一个边
}

struct TreeNode{            //线段树结点,此处采用数组模拟链表的方式存储
    int l, r, max;
    int lch, rch;
}

static const int infi = 0x7fffffff;
static const int maxn = 10010;
int tree[maxn], nodeCnt;
TreeNode node[maxn * 10];
//以上为记录线段树的数据
edge e[maxn * 2];
int edgeCnt, a[maxn];
//以上为记录树结构信息的数据
int father[maxn],    //每个结点的父结点(首先将树转化为有根树)
    path_top[maxn],    //每条重路径中深度最小的结点编号
    path_size[maxn], //每条重路径的结点个数
    path_dep[maxn], //每条重路径最小深度结点的深度
```

```
    size[maxn],          //对应前文中的 Size()函数,即子树结点个数
    bottom[maxn],        //每条树边(有向)指向的结点
    belong[maxn],        //每个结点属于哪条重路径
    rank[maxn],          //每个结点在其所在重路径中是第几个结点(深度最大的为第一个)
    w[maxn],             //每条边的权值
    path_count,          //重路径的数量
    n;                   //树中结点数


//算法初始化
inline void init(){
    memset(father, 0, sizeof(father));
    memset(path_size, 0, sizeof(path_size));
    memset(size, 0, sizeof(size));
    memset(rank, 0, sizeof(rank));
    memset(path_dep, 0, sizeof(path_dep));
    memset(a, 0, sizeof(a));
    edgeCnt = 0;
    memset(tree, 0, sizeof(tree));
    nodeCnt = 0;
}


//添加树边
inline void addedge(int x, int y, int z, int num){
    int p;
    p = ++edgeCnt; e[p].loc = y; e[p].code = num;
    w[num] = z; e[p].next = a[x]; a[x] = p;
    p = ++edgeCnt; e[p].loc = x; e[p].code = num;
    w[num] = z; e[p].next = a[y]; a[y] = p;
}


//深度优先搜索过程,用来进行树链剖分
void dfs(int k, int dep){
    dep++;
    int p = a[k]; size[k] = 1;
    int max = 0, j;
    while (p){
        if (e[p].loc ! = father[k]){
            father[e[p].loc] = k; bottom[e[p].code] = e[p].loc;
```

```
                dfs(e[p].loc, dep);
                size[k] = size[k] + size[e[p].loc];
                if (size[e[p].loc] > max){   //更新子树最大的孩子结点
                    max = size[e[p].loc];
                    j = e[p].loc;
                }
            }
            p = e[p].next;
        }
        p = a[k];
        belong[k] = 0;
        while (p){
            if (e[p].loc ! = father[k]){
                if (e[p].loc == j){   //与子树最大的结点同一重路径,即添加边(k,j)
                    belong[k] = belong[e[p].loc];
                    rank[k] = rank[e[p].loc] + 1;
                }
                else {  //否则其当前孩子就是它所在重路径的最顶端(在这里终止)
                    int i = belong[e[p].loc];
                    path_dep[i] = dep;
                    path_size[i] = rank[e[p].loc];
                    path_top[i] = e[p].loc;
                }
            }
            p = e[p].next;
        }
        if (belong[k] == 0)   //如果是叶结点,那么自己形成一条重路径
        {
            path_count += 1;
            belong[k] = path_count;
            rank[k] = 1;
        }
}

//构建线段树的过程
void build(int p, int l, int r){
    node[p].l = l;
    node[p].r = r;
```

```
        node[p]. max = −infi;
        if (r − l > 1){
            node[p]. lch = ++nodeCnt;
            build(node[p]. lch, l, (l + r) / 2);
            node[p]. rch = ++nodeCnt;
            build(node[p]. rch,(l + r) / 2, r);
        }
        else node[p]. lch = node[p]. rch = 0;
}


//修改线段树中的信息
void change(int p, int l, int data){
        if (l <= node[p]. l && node[p]. r <= l + 1)
            node[p]. max = data;
        else {
            if (l < (node[p]. l + node[p]. r) / 2)
                change(node[p]. lch, l, data);
            else
                change(node[p]. rch, l, data);
            node[p]. max = max(node[node[p]. lch]. max, node[node[p]. rch]. max);
        }
}


//树链剖分主过程
inline void prepare(){
        path_count = father[1] = 0;
        dfs(1, 0);
        int i = belong[1];
        path_dep[i] = 0;
        path_size[i] = rank[1];
        path_top[i] = 1;
        //以上进行树链剖分
        for (i = 1; i <= path_count; i++){
            tree[i] = ++nodeCnt;
            build(tree[i], 1, path_size[i] + 1);
        }
        //以上为每条重路径构建线段树
        //为线段树赋初值,以下代码也可以直接实现在构建过程中
```

```
    for (i = 1; i <= n - 1; i++)
        change(tree[belong[bottom[i]]], rank[bottom[i]], w[i]);
}


//线段树的询问过程
int ask(int p, int l, int r){
    int t1, t2;
    if (l <= node[p].l && node[p].r <= r)
        return(node[p].max);
    else {
        t1 = t2 = -infi;
        if (l < (node[p].l + node[p].r) / 2)
            t1 = ask(node[p].lch, l, r);
        if (r > (node[p].l + node[p].r) / 2)
            t2 = ask(node[p].rch, l, r);
        return max(t1, t2);
    }
}


//修改边权
inline void work(int x, int y){
    change(tree[belong[bottom[x]]], rank[bottom[x]], y);
}


//询问 a 到 b 路径上的边权最大值函数
inline int query(int a, int b){
    int max = -infi, x = belong[a], y = belong[b];
    int k;
    while (x != y){ //当两个点不在同一重路径上时继续
        if (path_dep[x] > path_dep[y]){   //选择深度大的先上爬
            k = ask(tree[x], rank[a], path_size[x] + 1);
            if (k > max)
                max = k;
            a = father[path_top[x]];
            x = belong[a];
        }
        else {
            k = ask(tree[y], rank[b], path_size[y] + 1);
```

```
            if (k > max)
                max = k;
            b = father[path_top[y]];
            y = belong[b];
        }
    }
    if (rank[a] ! = rank[b]) {    //此时 a 和 b 已经在同一重路径中了
        if (rank[a] > rank[b])
            k = ask(tree[belong[a]], rank[b], rank[a]);
        else
            k = ask(tree[belong[a]], rank[a], rank[b]);
        if (k > max)
            max = k;
    }
    return(max);
}

char cmd[20];
int main(){
    int T;
    scanf("%d", &T);
    while (T−−){
        scanf("%d", &n);
        init();
        for (int i = 1; i < n; ++i){
            int x, y, z;
            scanf("%d %d %d\\n", &x, &y, &z);
            addedge(x, y, z, i);
        }
        prepare();
        while (true){
            scanf("%s", cmd);
            if (cmd[0] == 'D') break;
            int x, y;
            scanf("%d %d", &x, &y);
            if (cmd[0] == 'Q')
                printf("%d\\n", query(x, y));
            else work(x, y);
```

```
            }
        }
    }
}
```

例 12 - 2　种草地(grassplant. ???)

[问题描述]

约翰有 n 个牧场(2 ≤ n ≤ 100000)，这些牧场由 n－1 条双向道路连接，每两个牧场间仅有一条路径，由于道路太荒芜，约翰决定在道路上种植草皮。

他要完成 m 个步骤(1 ≤ m ≤ 100000)，这些步骤分为两类：

(1) 在某两个牧场间路径的所有道路上各种植一片草皮；

(2) 询问某条道路上已种植了多少片草皮。

约翰计数水平不好，请帮他统计道路上已种植了多少片草皮。

[输入格式]

第一行：整数 n 和 m，用一个空格分开；

第二至第 n 行：每行为两个整数，表示以这两个数为编号的牧场间有道路；

第 n＋1 至第 n＋m 行：以 P(种草)或 Q(询问)开头，后面有两个整数表示牧场编号，均用一个空格隔开。

[输出格式]

对于每次询问输出一行一个整数，表示该道路种了多少片草皮。

[输入样例]

```
4 6
1 4
2 4
3 4
P 2 3
P 1 3
Q 3 4
P 1 4
Q 2 4
Q 1 4
```

[输出样例]

```
2
1
2
```

[时间和空间限制]

时间限制为 1 秒，空间限制为 256MB。

[问题分析]

　　和上一题一样,由于需要对任意两个结点之间的路径进行操作,所以我们还是考虑对树进行路径剖分,并用线段树维护每条重路径。但是,和上一题不同的是,这里的修改也是基于路径的。所以修改过程也需要一种类似查询过程的方法——一个边修改边找两个端点 LCA(最近公共祖先)的过程。由于修改和查询的过程非常类似,所以我们选择在查询的函数里面执行修改,通过一个参数 flag 来标识当前是查询过程还是修改过程。

　　每次修改一棵线段树的时候,便是经典的线段覆盖的操作了。由于是查询一条边,所以这里的维护就变得简单得多,只需要记录每个区间被覆盖的次数,这样查询单条边的覆盖情况时,只要在线段树自顶向下查询的过程中累计每个区间被完全覆盖的次数即可。

　　整个算法总的时间复杂度为 $O(m \times (\log_2 n)^2)$。

[参考程序]

```cpp
#include <cstdio>
#include <cstring>
#include <algorithm>
using namespace std;
struct edge{
    int loc, next;
};

struct TreeNode{
    int l, r, cover;
    int lch, rch;
};

static const int infi = 0x7fffffff;
static const int maxn = 200100;
int tree[maxn], nodeCnt;
TreeNode node[maxn * 10];
edge e[maxn * 2];
int edgeCnt, a[maxn];
int father[maxn], path_top[maxn], path_size[maxn], path_dep[maxn], size[maxn];
int belong[maxn], ranking[maxn], path_count, n;

inline void init(){
    memset(father, 0, sizeof(father));
    memset(path_size, 0, sizeof(path_size));
    memset(size, 0, sizeof(size));
```

```
        memset(ranking, 0, sizeof(ranking));
        memset(path_dep, 0, sizeof(path_dep));
        memset(a, 0, sizeof(a));
        edgeCnt = 0;
        memset(tree, 0, sizeof(tree));
        nodeCnt = 0;
}

inline void addedge(int x, int y){
        int p;
        p = ++edgeCnt; e[p].loc = y; e[p].next = a[x]; a[x] = p;
        p = ++edgeCnt; e[p].loc = x; e[p].next = a[y]; a[y] = p;
}

void dfs(int k, int dep){
        dep++;
        int p = a[k]; size[k] = 1;
        int max = 0, j;
        while (p){
            if (e[p].loc != father[k]){
                father[e[p].loc] = k;
                dfs(e[p].loc, dep);
                size[k] = size[k] + size[e[p].loc];
                if (size[e[p].loc] > max){
                    max = size[e[p].loc];
                    j = e[p].loc;
                }
            }
            p = e[p].next;
        }
        p = a[k];
        belong[k] = 0;
        while (p){
            if (e[p].loc != father[k]){
                if (e[p].loc == j){
                    belong[k] = belong[e[p].loc];
                    ranking[k] = ranking[e[p].loc] + 1;
                }
```

```
            else {
                int i = belong[e[p].loc];
                path_dep[i] = dep;
                path_size[i] = ranking[e[p].loc];
                path_top[i] = e[p].loc;
            }
        }
        p = e[p].next;
    }
    if (belong[k] == 0){
        path_count += 1;
        belong[k] = path_count;
        ranking[k] = 1;
    }
}

void build(int p, int l, int r){
    node[p].l = l;
    node[p].r = r;
    node[p].cover = 0;
    if (r - l > 1){
        node[p].lch = ++nodeCnt;
        build(node[p].lch, l, (l + r) / 2);
        node[p].rch = ++nodeCnt;
        build(node[p].rch,(l + r) / 2, r);
    }
    else node[p].lch = node[p].rch = 0;
}
inline void prepare(){
    path_count = father[1] = 0;
    dfs(1, 0);
    int i = belong[1];
    path_dep[i] = 0;
    path_size[i] = ranking[1];
    path_top[i] = 1;
    for (i = 1; i <= path_count; i++){
        tree[i] = ++nodeCnt;
        build(tree[i], 1, path_size[i] + 1);
```

```
        }
}


//执行线段覆盖的操作
void cover(int p, int l, int r){
    if (l <= node[p].l && node[p].r <= r)
        node[p].cover++;
    else{
        if (l < (node[p].l + node[p].r) / 2)
            cover(node[p].lch, l, r);
        if (r > (node[p].l + node[p].r) / 2)
            cover(node[p].rch, l, r);
    }
}


int ask(int p, int l){
    int t;
    if (l <= node[p].l && node[p].r <= l + 1)
        return(node[p].cover);
    else {
        t = node[p].cover;
        if (l < (node[p].l + node[p].r) / 2)
            t += ask(node[p].lch, l);
        else
            t += ask(node[p].rch, l);
        return t;
    }
}


//用 flag 作为参数,当 flag=2 时执行查询,否则执行修改
inline int query(int a, int b, int flag){
    int max = -infi, x = belong[a], y = belong[b];
    int k;
    while (x != y){
        if (path_dep[x] > path_dep[y]){
            if (flag == 2)
                k = ask(tree[x], ranking[a]);
            else cover(tree[x], ranking[a], path_size[x] + 1);
```

```
            if (k > max)
                max = k;
            a = father[path_top[x]];
            x = belong[a];
        }
        else {
                if (flag == 2)
                    k = ask(tree[y], ranking[b]);
                else cover(tree[y], ranking[b], path_size[y] + 1);
                if (k > max)
                    max = k;
                b = father[path_top[y]];
                y = belong[b];
            }
    }
    if (ranking[a] ! = ranking[b]){
        if (ranking[a] > ranking[b]){
            if (flag == 2)
                k = ask(tree[belong[a]], ranking[b]);
            else cover(tree[belong[a]], ranking[b], ranking[a]);
        }else{
            if (flag == 2)
                k = ask(tree[belong[a]], ranking[a]);
            else cover(tree[belong[a]], ranking[a], ranking[b]);
        }
        if (k > max)
            max = k;
    }
    return(max);
}

char cmd[20];
int main(){
    freopen("grassplant.in", "r", stdin);
    freopen("grassplant.out", "w", stdout);
    int m;
    scanf("%d %d", &n, &m);
    init();
```

```
for (int i = 1; i < n; ++i){
    int x, y;
    scanf("%d %d", &x, &y);
    addedge(x, y);
}
prepare();
while (m--){
    scanf("%s", cmd);
    int x, y;
    scanf("%d %d", &x, &y);
    if (cmd[0] == 'P')
        query(x, y, 1);
    else printf("%d\\n", query(x, y, 2));
}
}
```

12.3 动态树的初探

在上一节中,我们一起研究了一种基于链的树的分治算法——树链剖分。本节我们将延续这个话题并引出一个更强大的数据结构——动态树。准确地说,动态树只是指一类动态维护森林结构的问题,而非一种数据结构。不过习惯上,我们还是把维护这种操作的数据结构称为"动态树"。

之前的基于轻重边的路径剖分方法面对的树结构是静态的,也就是说,树不会改变其形态,改变的只是边权或者点权等信息。动态树面对的问题还包括树结构的改变,即两棵树的合并以及树边的删除导致树的分离。所以,动态树除了和静态树链剖分一样具有维护边权等信息的能力之外,还可以维护森林的连通性的变化。从这个意义上讲,动态树的功能包含了树链剖分的功能,是对树链剖分的扩展。

解决动态树问题的数据结构是由 Daniel D. Sleator 和 Robot Endre Tarjan 在 1983 年的一篇论文"A Data Structure for Dynamic Trees"中提出的,这种数据结构叫做"Link-Cut Trees"。在该文中,作者除了介绍了接下来我们要研究的这种时间复杂度平摊 $O(\log_2 n)$ 的实现方式之外,还介绍了一种在最坏情况下时间复杂度为 $O(\log_2 n)$ 的方法,该方法和树链剖分一样是基于树结构来划分路径的。由于较为复杂,在本书中将不展开,有兴趣的读者可以参考该文献获取更多信息。

12.3.1 动态树的常用功能

下面,我们先从一个较高的角度来浏览动态树支持的一些操作,以对其形成初步概念。当然,由于动态树功能非常强大,所以在这里仅仅列出一些常用的功能。

操作1 修改

这里的修改可以是针对单个元素的,如修改单个点的点权或者单条边的边权;也可以是针对一个特定范围的,比如从某个点到其根结点的路径上的所有边权,或者某两个点之间的所有边权等等。

操作 2　查询

除了经典的查询边权或者点权等类似信息之外,由于动态树维护的是森林信息,所以还可以查询某个结点所在树的根结点等信息。例如,根结点信息的维护可以用来判断两个点是否在同一棵树中。

操作 3　翻转

翻转是针对某个结点 v 的操作,该操作需要找到 v 所在的树,并且使得 v 变成该树的根结点。为了实现这个操作需要将 v 到其根结点的所有树边进行翻转。翻转例子见图 12 - 4。

操作 4　连接

连接操作是将两个结点 u 和 v 所在的树合并为一棵树(假设 u 和 v 不在同一棵树中),不妨假设将结点 v 作为结点 u 的子结点。所以,在此之前 v 得先成为其所在树的根结点。同时也可以设定连接操作添加的边的权值。一个连接例子如图 12 - 5 所示。

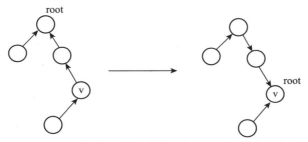

图 12 - 4　翻转的例子:树边的方向为指向父结点的方向

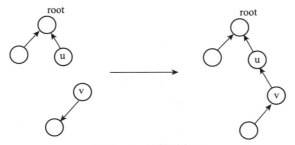

图 12 - 5　连接的例子

操作 5　分离

分离操作就是删除一条树边。一般的表示方法为将一个非根结点 v 的父边删除。

12.3.2　动态树的简单情形

首先,我们定义一些与基于轻重边的树链剖分中类似的概念——实边和虚边。在轻重边路径剖分中,重边和轻边是根据树的结构定义的,首尾相连的重边构成重路径,并用像线段树这样的数据结构进行维护。实边与虚边的概念与此类似,每个结点引出的边中至多只有一个实边,首尾相连的实边构成实路径。由于在动态树的问题中,树的结构在一直变化,所以基于树结构进行实边和虚边的划分较为复杂,因此接下来将看到,我们的实边和虚边的变化将是基于实际操作的。

在这一小节中,我们将首先用链表维护每一条实路径,之后的小节中,你将会看到其正式版——用平衡树维护的方法。

接下来,我们结合图 12-6 给出几个定义。

实路径:即首尾相连的实边构成的路径,如果不会引起歧义的话以下将简称为路径,如路径 g—e—b—a,m—j—h 等。

路径头部:为每条实路径深度最大(即离根结点距离最远的)的结点,如路径 a—b—e—g 的头部为 g。

路径尾部:每条实路径深度最小的结点,如 a—b—e—g 的尾部为 a。

根据以上对首尾的定义,每条路径的方向都是自底向上的。因此,为了完整维护一棵树,每条路径尾部都需要维护其树结构中的父结点。

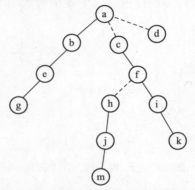

图 12-6 一个实边-虚边划分的例子

下面,介绍两种基本的实边和虚边变换的操作,为之后的内容作一个铺垫。

Splice 操作:这是针对路径的操作,该操作将路径 p 以及 p 的尾部的父结点所在的路径合并。如图 12-7 所示的是对图 12-6 中路径 m—j—h 进行 Splice 操作后得到的结果。

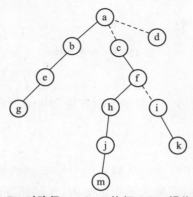

图 12-7 对路径 m—j—h 执行 Splice 操作的结果

Expose 操作:这是针对某个结点 v 的操作,该操作将 v 到根结点的路径上的所有边都变为实边,当然为了保持实边、虚边划分的性质,一部分原来的实边也要相应变为虚边。注意该操作会将 v 下方的实边变为虚边。如图 12 - 8 所示的是针对结点 h 的 Expose 操作。

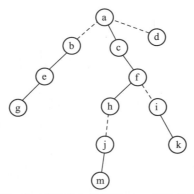

图 12 - 8　对结点 h 执行 Expose 操作的结果

12.4　动态树的实现

在前一小节,我们已经看到了将每条实路径用链表表示并且执行两种路径变换操作的方法。然而,由于链表不能随机访问,同时如果需要高效维护实路径内部的信息,如最大点权或者最大边权等,链表这样的线性数据结构就不能满足我们的需求了。回想树链剖分中用线段树维护区间信息的方法,这里我们用一种更灵活的数据结构维护每条实路径——平衡树。综合实际应用中的效率以及实现的难易程度,我们选择 Splay 维护每条实路径。

12.4.1　动态树的基本操作及其实现

12.4.1.1　动态树的问题模型

动态树问题在前面已经简单描述过了,在这里,我们将形式化地描述这一问题。

本书讨论的动态树问题只包含对树的形态的操作和对某个结点到根的路径的操作。类似于对子树的操作将用到另外一种称为 Euler-Tour Trees 的数据结构,本书不予介绍。

我们需要维护的数据结构支持以下操作:

(1) Make_Tree():新建一棵只有一个结点的树;

(2) Evert(v):使得结点 v 成为所在树的根结点,即将从结点 v 到当前根结点的路径上的所有树边的方向取反;

(3) Cut(v):将结点 v 与其所在树中的父亲结点之间的边删去,相当于是把以 v 为根的子树删去了,这里假定结点 v 不是树的根结点;

(4) Link(u,v):使得结点 u 成为结点 v 的孩子结点,也就是添加一条边(u,v),为了使新生成的树合法,这里假定结点 v 为其所在树的根结点,同时 u 和 v 来自于不同的树;

(5) Find_Root(v):找到结点 v 所在树中的根结点,由于树的深度可能比较大,沿着结点的父亲指针一直向上找不是一个很好的办法,所以这个操作同样需要数据结构维护;

(6) 其余一些维护树边或者结点信息的操作,如最大边权、最小点权等操作,事实上属于链的维护操作,将在本章后面的应用举例中予以介绍。

12.4.1.2 用 Splay 维护实路径

前面已经提到了实路径和虚边的概念,同时指出用链表等线性数据结构维护实路径的效率会比较低,所以在这里我们介绍用 Splay 维护每条实路径的方法。

由于每条实路径是由首尾相连的实边构成的,因此实路径上任意两个点都是祖先与子孙的关系。换句话说,如果用深度作为关键字给结点排序,那么我们将得到唯一一个有序结点序列。基于这个思想,我们将这个结点序列用平衡树维护,平衡树中每个结点的左子树中结点在实路径中的深度都小于该结点,右子树中的都大于该结点,因此平衡树的最左结点对应该路径的尾部,最右结点对应该路径的头部。

在实现操作之前,我们还需要维护一些额外信息。为了能够在这些实路径(现在是用 Splay 表示的)之间建立关系,使得我们能够知道这些路径在树结构中的组织方式,我们要为每棵 Splay 树额外维护其 Path_Parent,即每棵 Splay 对应的实路径中深度最小结点的父结点。注意实路径、Splay 树以及维护的森林这三者之间的关系和区别。下文中提到的根结点等概念,读者需要分清是 Splay 树中的根结点还是需要维护连通性的那棵树的根结点。

1. Access(v)

上述操作中除了第一个之外,其余都需要用到一个基础操作——Access(v),在 12.3.2 节中我们称为 Expose 操作,其作用相同,这里就不再重复了。该操作的步骤如下:

(1) 如果结点 v 不是其所在实路径的头部,即 v 有子结点 u 与之用实边相连,那么需要断开这条边,方法是首先将结点 v 用 Splay 操作旋转到所在平衡树的根结点,然后 v 肯定有右子树,故将 v 与 v 的右子树分离,同时将 v 的右子树的 Path_Parent 设置为 v;

(2) 如果结点 v 所在的平衡树包含根结点,那么该过程结束;否则,转步骤(3);

(3) 设 u 为 v 所在平衡树的 Path_Parent。将 u 用 Splay 操作旋转到其所属平衡树的根结点,并且用 v 所在的平衡树替换 u 的右子树,这样就实现了实路径的向上延伸。当然到这里还没结束,我们需要分离原来 u 的右子树,u 原来的右孩子记为 w。此时 w 的 Path_Parent 就为 u 了,然后继续转步骤(2)。

伪代码如下:

```
void Access(node v){
    splay(v);
    v->rightchild->path_parent=v;
    v->rigthchild=NULL;
    while(v->path_parent ! = NULL){
        u=v->path_parent;
        splay(u);
        u->rightchild->path_parent=u;
        u->rightchild=v;
        v=u;
    }
}
```

2. Find_Root(v)

有了 Access(v)操作,寻找树根的操作就比较简单了。我们只要对结点 v 执行 Access (v)操作,便使得 v 与要找的根结点在同一棵平衡树中了。然后,要找的根结点一定是实路径的尾部,即平衡树中的最左结点。

伪代码如下:

```
node find_root(node v){
    access(v);
    splay(v);
    while (v->leftchild ! = NULL) v=v->leftchild;
    return v;
}
```

3. Evert(v)

该操作等价于将 v 到 v 所在树的根结点的路径上所有边取反。首先执行 Access(v),我们便已经将该条路径取出了。由于路径是用平衡树维护,所以需要执行的是平衡树的逆序。普通方法重构平衡树需要 O(n)的时间,然而实际上我们可以借鉴线段树的延迟修改思想,给平衡树结点也用打标记的方式反序。这里由于是对整棵平衡树反序,所以标记应该打在平衡树的根结点处。用打标记的方式维护的时候,要对平衡树的旋转等操作做相应的维护。

伪代码如下:

```
void evert(node v){
    access(v);
    splay(v);
    reverse(v);
}
```

4. Link(u,v)

为了保证连接后得到的树的形态仍然合法(即为有根树),我们首先需要令 u 成为其所在树的根结点。我们将 u 变为其所在树的根结点,同时要将 u 用 Splay 操作移动到其所在平衡树的根结点。此时,u 的左子树必然为空。我们将 v 用 Splay 操作移动到其所在平衡树的根结点,然后令 u 的左孩子为 v,便完成了连接操作。

伪代码如下:

```
void link(nodeu,node v){
    evert(u);
    access(u);
    splay(u);
    access(v);
    splay(v);
    u->leftchild=v;
}
```

5. Cut(u,v)

该操作执行时,首先将 u 置为有根树的根结点,从而保证 v 一定是 u 的子结点。再对 v 执行 Access 操作,我们便将 u 和 v 合并到同一平衡树中了。此时对 v 执行 Splay 操作使其成为所在平衡树的根结点,同时分离 v 和 v 的左子树,便完成了边的删除操作。

伪代码如下:

```
void cut(nodeu,node v){
    evert(u);
    access(v);
    splay(v);
    v->leftchild=NULL;
}
```

Make_Tree 操作和其他一些操作在这里就不具体描述了。对于具体的问题读者可以自行设计巧妙的方法予以解决。

12.4.2　动态树操作的时间复杂度分析

上述动态树操作的时间复杂度不甚明朗,故在这一小节,我们就来分析动态树操作的时间复杂度。从伪代码中我们可以发现,每个函数,除了 Access(v)之外的操作平摊时间复杂度至多为 $O(\log_2 n)$,而 Access(v)的调用次数为 $O(1)$,故这里我们分析 Access(v)的时间复杂度。

12.4.2.1　动态树操作的次数

这里所说的"动态树操作次数"是指在 12.3.2 节中提到的 Splice 操作。由于每次实路径的变化,必然会导致产生新的一条实边。如果我们在此基础上再次引入轻重边的概念,那么便会有重的实边、轻的实边、重的虚边和轻的虚边这 4 种边。由 12.1 节中关于轻重边的性质可知,Access 操作过程中至多会新产生 $\log_2 n$ 条轻的实边。现在我们要考虑产生的新的重的实边的数量。由于每条重边变成实边的次数至多为重边由实边变回虚边的次数加上边的总数,即一条重边由实边变回虚边必然对应一条轻边变为实边,所以重边变为实边的次数至多为轻边变为实边的次数加上边的总数。因而,平均每次 Access 操作,Splice 的操作次数为 $O(\log_2 n)$。

12.4.2.2　Splay 操作的平摊时间

如果给 Splay 树的每个结点 v 赋予一个正权值 w(v),那么令 s(v)为以 v 为根的子树中结点的权和。再定义势能函数 $\Phi = \sum_u \log_2 s(u)$,有以下结论:

Splay(v)的操作平摊时间花费为 $\overline{cost} \leqslant 3(\log_2 s'(v) - \log_2 s(v)) + 1$。

具体证明可以参考伸展树的相关内容以及其他参考文献。

假设在 Access(v)的过程中,分别对 $v_0 = v, v_1 = v->Path\_Parent, \cdots, v_k = v_{k-1}->Path\_Parent$ 进行了 Splay 操作,那么 Access(v)的平摊操作时间为:

$$\overline{cost} \leqslant \sum_{i=0}^{k} 3(\log_2 s'(v_i) - \log_2 s(v_i)) + 1$$

$$\leqslant 3\Big[\sum_{i=1}^{k}(\log_2 s'(v_i) - \log_2 s'(v_{i-1}) + \log_2 s'(v_0) - \log_2 s(v_0)\Big] + k$$

$$\leqslant 3(\log_2 s'(v_k) - \log s(v_0)) + k$$

$$\leqslant 3\log_2 n + \text{Splice 操作次数}$$

由 12.4.2.1 的证明不难得到，Access 操作的平摊时间复杂度为 $O(\log_2 n)$。

12.5　动态树的经典应用

12.5.1　求最近公共祖先

基于动态树的基本操作，我们很容易在较短的时间内求得任意两个结点 u 和 v（在同一棵树中）的最近公共祖先。首先对 u 执行 Access(u) 操作，同时记录被访问过的结点（在平衡树上打标记即可）；然后执行 Access(v) 操作，当第一次碰到已经被访问过的点 w 时，该 w 就是 u 和 v 的最近公共祖先。时间复杂度为 $O(\log_2 n)$。

12.5.2　并查集操作

在"并查集"一章我们看到了如何维护两个集合进行合并的操作，然而并查集不支持既有合并又有分离的操作。类似于并查集的树形结构，用动态树来维护这种森林连通性的变换非常方便，在下一节中大家将会看到这样的例子。

12.5.3　求最大流

通过用动态树改造最短增广路算法，可以在 $O(nm\log_2 n)$ 的时间复杂度内得到网络最大流，其中 n 为顶点数目，m 为边数。算法的大致思想：刚开始执行时，每个顶点为单独的一棵树，每次增广的时候选择一条未满流的边，用来给当前的树连接新的结点，如果发现已经找到了汇点，那么该次增广的流量就是树中源点到汇点路径上所有边中最小增广量，将路径上的边增广相应流量后，将满流边删去，然后继续执行增广。

12.5.4　求生成树

读者或许已经熟悉了 Prim 算法或者 Kruskal 算法来构建最小生成树，然而有一种增量式的最小生成树方法——依次添加边，如果发现当前的边添加后形成了环，那么将环上的最大权值的边删去，直到更新完为止。这种增量式的算法如果用动态树维护将会非常高效。我们所需要的操作除了几个动态树级别的操作之外，还需要维护任意两个点之间的路径上的最大权值的边，该信息可以用平衡树来维护。

除了一般的最小生成树之外，其他的一些问题，例如度限制最小生成树或者对边的使用有限制的生成树用动态树问题来建模也可以得到不错的效果。

12.6　动态树的应用举例

例 12 - 3　洞穴勘测（cave. ???）

[问题描述]

辉辉热衷于洞穴勘测。某天，他按照地图来到了一片被标记为 JSZX 的洞穴群地区。经过初步勘测，辉辉发现这片区域由 n 个洞穴（分别编号为 1 到 n）以及若干通道组成，并且每条通道连接了恰好两个洞穴。假如两个洞穴可以通过一条或者多条通道按一定顺序连接起来,那么这两个洞穴就是连通的,按顺序连接在一起的这些通道则被称为这两个洞穴之间的一条路径。

洞穴都十分坚固无法破坏,然而通道不太稳定,时常因为外界影响而发生改变。比如,根据有关仪器的监测结果,123 号洞穴和 127 号洞穴之间有时会出现一条通道,有时这条通道又会因为某种稀奇古怪的原因被毁。辉辉有一台监测仪器可以实时将通道的每一次改变状况在终端机上显示:如果监测到洞穴 u 和洞穴 v 之间出现了一条通道,终端机上会显示一条指令"Connect u v";如果监测到洞穴 u 和洞穴 v 之间的通道被毁,终端机上会显示一条指令"Destroy u v"。

经过长期的艰苦卓绝的手工推算,辉辉发现一个奇怪的现象:无论通道怎么改变,任意时刻任意两个洞穴之间至多只有一条路径。因而,辉辉坚信这是由于某种本质规律的支配导致的。因而,辉辉夜以继日地坚守在终端机之前,试图通过通道的改变情况来研究出这条本质规律。

然而,终于有一天,辉辉在堆积成山的演算纸中崩溃了……他把终端机往地面一砸(终端机也足够坚固而无法破坏),转而求助于你,说道:"你老兄把这程序写写吧。"

辉辉希望能随时通过终端机发出指令"Query u v",向监测仪询问此时洞穴 u 和洞穴 v 是否连通。现在你要为他编写程序回答每一次询问。

已知在第一条指令显示之前,JSZX 洞穴群中没有任何通道存在。

[输入格式]

第一行为两个正整数 n 和 m,分别表示洞穴的个数和终端机上出现过的指令的条数。

以下 m 行,依次表示终端机上出现的每一条指令。每行开头是一个表示指令种类的字符串 s("Connect"、"Destroy"或者"Query",区分大小写),之后有两个整数 u 和 v ($1 \leqslant u, v \leqslant n$ 且 $u \neq v$) 分别表示两个洞穴的编号。

[输出格式]

对每个 Query 指令,输出洞穴 u 和洞穴 v 是否互相连通,连通时输出"Yes",否则输出"No"(不含双引号)。

[输入样例 1]

```
200   5
Query     123   127
Connect   123   127
Query     123   127
Destroy   127   123
Query     123   127
```

[输出样例 1]

```
No
Yes
No
```

[输入样例 2]

　　3　5

　　Connect　1　2

　　Connect　3　1

　　Query　　2　3

　　Destroy　1　3

　　Query　　2　3

[输出样例 2]

　　Yes

　　No

[数据及时间和空间限制]

　　10％的数据满足 n≤1000，m≤20000；

　　20％的数据满足 n≤2000，m≤40000；

　　30％的数据满足 n≤3000，m≤60000；

　　40％的数据满足 n≤4000，m≤80000；

　　50％的数据满足 n≤5000，m≤100000；

　　60％的数据满足 n≤6000，m≤120000；

　　70％的数据满足 n≤7000，m≤140000；

　　80％的数据满足 n≤8000，m≤160000；

　　90％的数据满足 n≤9000，m≤180000；

　　100％的数据满足 n≤10000，m≤200000。

　　保证所有 Destroy 指令将摧毁的是一条存在的通道。

　　时间限制为 1 秒，空间限制为 256MB。

[问题分析]

　　事实上，本题的目的只是为了维护森林的连通性的变化。因而，本题用到的所有操作都是动态树的基本操作。下面介绍一些代码实现细节方面的问题，其余的操作都可以通过下面的参考程序得到相应的信息。

　　（1）平衡树的翻转：这里指的是将平衡树中的所有结点逆序重排。由于是用 Splay 进行维护，故给每个结点维护一个域 isRev 代表该结点及其子树是否被翻转了。要翻转一棵平衡树，只需令根结点的 isRev 改变状态，即原来为 true 现在变为 false，反之亦然。另外需要定义一个操作 normalize，代表将平衡树某个子树"正常化"，实际上相当于线段树维护过程中的标记下传。注意，执行任何 Splay 操作之前（例如左旋和右旋），都要保证当前被操作的结点已经执行过 normalize 了；

　　（2）Path_Parent 维护：由于 Path_Parent 是每个路径的属性，我们选择将 Path_Parent 存放在每个 Splay 树的根结点中。因此，执行任何 Splay 旋转操作时也需要维护该属性。注意，平衡树中除了根结点之外，其余结点的 Path_Parent 指针都应该为空。

[参考程序]

```cpp
#include <iostream>
#include <cstdio>
#include <cstring>
using namespace std;
const int maxn = 11000;

struct LinkCutTree{
private:
    struct Node{
        int idx;
        bool isRev;
        int father, lch, rch, path_parent;
    };

    Node nodes[maxn];
    int nodeCnt, location[maxn];

    inline void normalize(int p){
        if (nodes[p].isRev){
            nodes[p].isRev = false;
            nodes[nodes[p].lch].isRev = ! nodes[nodes[p].lch].isRev;
            nodes[nodes[p].rch].isRev = ! nodes[nodes[p].rch].isRev;
            swap(nodes[p].lch, nodes[p].rch);
        }
    }

    void leftrotate(int x){
        int y = nodes[x].father;
        nodes[x].path_parent = nodes[y].path_parent;
        nodes[y].path_parent = 0;
        nodes[y].rch = nodes[x].lch;
        if (nodes[x].lch)
            nodes[nodes[x].lch].father = y;
        nodes[x].father = nodes[y].father;
        if (nodes[y].father){
            if (y == nodes[nodes[y].father].lch)
                nodes[nodes[y].father].lch = x;
```

```
        else nodes[nodes[y].father].rch = x;
    }
    nodes[y].father = x;
    nodes[x].lch = y;
}


void rightrotate(int x){
    int y = nodes[x].father;
    nodes[x].path_parent = nodes[y].path_parent;
    nodes[y].path_parent = 0;
    nodes[y].lch = nodes[x].rch;
    if (nodes[x].rch)
        nodes[nodes[x].rch].father = y;
    nodes[x].father = nodes[y].father;
    if (nodes[y].father){
        if (y == nodes[nodes[y].father].lch)
            nodes[nodes[y].father].lch = x;
        else nodes[nodes[y].father].rch = x;
    }
    nodes[y].father = x;
    nodes[x].rch = y;
}


void splay(int x){
    while (nodes[x].father){
        int father = nodes[x].father;
        normalize(nodes[x].father);
        if (nodes[father].lch)
            normalize(nodes[father].lch);
        if (nodes[father].rch)
            normalize(nodes[father].rch);
        if (x == nodes[nodes[x].father].lch)
            rightrotate(x);
        else leftrotate(x);
    }
}


void Access(int p){
```

```
        splay(p);
        normalize(p);
        int q = nodes[p].rch;
        nodes[p].rch = nodes[q].father = 0;
        nodes[q].path_parent = p;
        for (q = nodes[p].path_parent; q; q = nodes[p].path_parent){
            splay(q);
            normalize(q);
            int r = nodes[q].rch;
            nodes[r].father = 0;
            nodes[r].path_parent = q;
            nodes[q].rch = p;
            nodes[p].father = q;
            nodes[p].path_parent = 0;
            p = q;
        }
        splay(p);
}

int Find_Root(int p){
        Access(p);
        splay(p);
        normalize(p);
        while (nodes[p].lch)
            p = nodes[p].lch;
        splay(p);
        return p;
}

void Evert(int p){
        Access(p);
        splay(p);
        nodes[p].isRev = ! nodes[p].isRev;
        normalize(p);
}

void Cut(int p, int q){
        Evert(p);
```

```
        Access(q);
        splay(q);
        normalize(q);
        nodes[nodes[q].lch].father = 0;
        nodes[q].lch = 0;
    }

    void Link(int p, int q){
        Evert(p);
        splay(p);
        normalize(p);
        Access(q);
        splay(q);
        normalize(q);
        nodes[p].lch = q;
        nodes[q].father = p;
    }

public:
    void init(){
        nodeCnt = 0;
        memset(location, 0, sizeof(location));
    }

    void Make_Tree(int idx){
        int p = ++nodeCnt;
        location[idx] = p;
        nodes[p].father = nodes[p].lch = nodes[p].rch = nodes[p].path_parent
        = 0;
        nodes[p].idx = idx;
    }

    int getRoot(int idx){
        return nodes[Find_Root(idx)].idx;
    }
    void addEdge(int x, int y){
        Link(location[x], location[y]);
    }
```

```
    void destory(int x, int y){
        Cut(location[x], location[y]);
    }
};

LinkCutTree T;

int main(){
    freopen("cave.in", "r", stdin);
    freopen("cave.out", "w", stdout);
    int n, m;
    scanf("%d %d", &n, &m);
    T.init();
    for (int i = 1; i <= n; ++i)
        T.Make_Tree(i);
    while (m--){
        char cmd[10];
        int u, v;
        scanf("%s %d %d", cmd, &u, &v);
        if (cmd[0] == 'C')
            T.addEdge(u, v);
        else if (cmd[0] == 'D')
            T.destory(u, v);
        else{
            int x = T.getRoot(u), y = T.getRoot(v);
            if (x == y)
                printf("Yes\\n");
            else printf("No\\n");
        }
    }
    return 0;
}
```

例 12-4 实时查询(otoci.???)

[问题描述]

给出 n 个结点以及每个结点对应的权值 w_i。起始时,结点与结点之间没有连边。

有以下三类操作:

(1) bridge A B:询问结点 A 与结点 B 是否连通。如果是,则输出"no";否则,输出

"yes",并且在结点 A 和结点 B 之间连一条无向边；

（2）penguins A X：将结点 A 对应的权值 w_A 修改为 X；

（3）excursion A B：如果结点 A 和结点 B 不连通，则输出"impossible"；否则，输出结点 A 到结点 B 的路径上的点对应的权值的和。

给出 q 个操作，要求处理所有操作。

[输入格式]

第一行包含一个整数 n($1 \leqslant n \leqslant 30000$)，表示结点的数目。

第二行包含 n 个整数，第 i 个整数表示第 i 个结点初始时对应的权值。

第三行包含一个整数 q($1 \leqslant q \leqslant 300000$)，表示操作的数目。

以下 q 行，每行包含一个操作，操作的类别见题目描述。

任意时刻每个结点对应的权值都是 1 到 1000 之间的整数。

[输出格式]

输出所有 bridge 操作和 excursion 操作对应的输出，每个一行。

[输入样例]

```
6
1 2 3 4 5 6
10
bridge 1 2
bridge 2 3
bridge 4 5
excursion 1 3
excursion 1 5
bridge 3 4
excursion 1 5
penguins 3 10
excursion 1 3
bridge 1 5
```

[输出样例]

```
yes
yes
yes
6
impossible
yes
15
13
no
```

[时间和空间限制]

时间限制为 1 秒,空间限制为 256MB。

[问题分析]

注意到本题并没有边的删除操作,所以我们可以刚开始就把所有添加边的操作都获取了,便得到了最后的树形态,然后基于最后的树形态进行树链剖分,针对连通性的查询则用并查集进行维护即可。

不过事实上,如果掌握了动态树,你会发现本题用动态树实现也非常方便。关于森林连通性的问题这里就不再赘述了。与前一题不同的是,本题还需要维护任意两个结点路径上所有的点权之和。故在这里我们直接探讨如何用平衡树维护这一信息。

给平衡树每个结点 v 维护一个 total 域,代表以 v 为根的子树中点权之和(包括 v 本身)。在平衡树的旋转过程中,该域也能够方便地进行维护。需要特别注意的是在一些动态树操作中也会对平衡树的结构产生变化,此时 total 域也要进行必要的维护。

问题是,我们如何知道两个点 u 和 v 的路径上所有点的点权呢? 如果 u 和 v 在同一实路径上,并且 u 和 v 正好一个是路径的头部一个是路径的尾部,那么它们之间路径点权之和就是 u 和 v 所在平衡树根结点的 total 域的值! 基于这个思想,不难想到如下的方法:

对 u 执行 Evert(u)操作,使得 u 成为其所在有根树的根结点。然后对 v 执行 Access(v)操作,这样就使得 u 和 v 在同一条实路径中了,并且由 Access 的操作性质可知,u 和 v 正好一个是头一个是尾。所以,接下来将 u 或者 v 用 Splay 操作旋转到平衡树的根结点然后获取 total 域的值即可。

[参考程序]

```cpp
#include <iostream>
#include <cstdio>
#include <cstring>
using namespace std;

const int maxn = 60000;
struct LinkCutTree{
private:
    struct Node{
        int idx;
        int total;
        bool isRev;
        int father, lch, rch, path_parent;
    };

    Node nodes[maxn];
    int nodeCnt, location[maxn];
```

```
int data[maxn];

inline void normalize(int p){
    if (nodes[p].isRev){
        nodes[p].isRev = false;
        nodes[nodes[p].lch].isRev = ! nodes[nodes[p].lch].isRev;
        nodes[nodes[p].rch].isRev = ! nodes[nodes[p].rch].isRev;
        swap(nodes[p].lch, nodes[p].rch);
    }
    nodes[p].total = nodes[nodes[p].lch].total + nodes[nodes[p].rch].total +
    data[nodes[p].idx];
}
void leftrotate(int x){
    int y = nodes[x].father;
    nodes[x].path_parent = nodes[y].path_parent;
    nodes[y].path_parent = 0;
    nodes[y].rch = nodes[x].lch;
    int tmp = nodes[y].total;
    nodes[y].total = nodes[y].total - nodes[x].total + nodes[nodes[x].lch].to-
tal;
    nodes[x].total = tmp;
    if (nodes[x].lch)
        nodes[nodes[x].lch].father = y;
    nodes[x].father = nodes[y].father;
    if (nodes[y].father){
        if (y == nodes[nodes[y].father].lch)
            nodes[nodes[y].father].lch = x;
        else nodes[nodes[y].father].rch = x;
    }
    nodes[y].father = x;
    nodes[x].lch = y;
}

void rightrotate(int x){
    int y = nodes[x].father;
    nodes[x].path_parent = nodes[y].path_parent;
    nodes[y].path_parent = 0;
    nodes[y].lch = nodes[x].rch;
```

```
        int tmp = nodes[y]. total;
        nodes[y]. total = nodes[y]. total - nodes[x]. total + nodes[nodes[x]. rch]. to-
        tal;
        nodes[x]. total = tmp;
        if (nodes[x]. rch)
            nodes[nodes[x]. rch]. father = y;
        nodes[x]. father = nodes[y]. father;
        if (nodes[y]. father){
            if (y == nodes[nodes[y]. father]. lch)
                nodes[nodes[y]. father]. lch = x;
            else nodes[nodes[y]. father]. rch = x;
        }
        nodes[y]. father = x;
        nodes[x]. rch = y;
    }


    void splay(int x){
        while (nodes[x]. father){
            int father = nodes[x]. father;
        normalize(nodes[x]. father);
            if (nodes[father]. lch)
                normalize(nodes[father]. lch);
            if (nodes[father]. rch)
                normalize(nodes[father]. rch);
            if (x == nodes[nodes[x]. father]. lch)
                rightrotate(x);
            else leftrotate(x);
        }
    }


    void Access(int p){
        splay(p);
        normalize(p);
        int q = nodes[p]. rch;
        nodes[p]. rch = nodes[q]. father = 0;
        nodes[q]. path_parent = p;
        normalize(p);
        for (q = nodes[p]. path_parent; q; q = nodes[p]. path_parent){
```

```
            splay(q);
            normalize(q);
            int r = nodes[q].rch;
            nodes[r].father = 0;
            nodes[r].path_parent = q;
            nodes[q].rch = p;
            nodes[p].father = q;
            nodes[p].path_parent = 0;
            normalize(q);
            p = q;
        }
        splay(p);
}

int Find_Root(int p){
        Access(p);
        splay(p);
        normalize(p);
        while (nodes[p].lch)
            p = nodes[p].lch;
        splay(p);
        return p;
}

void Evert(int p){
        Access(p);
        splay(p);
        nodes[p].isRev = ! nodes[p].isRev;
        normalize(p);
}

void Cut(int p, int q){
        Evert(p);
        Access(q);
        splay(q);
        normalize(q);
        nodes[nodes[q].lch].father = 0;
        nodes[q].lch = 0;
```

```
            normalize(q);
    }

    void Link(int p, int q){
        Evert(p);
        splay(p);
        normalize(p);
        Access(q);
        splay(q);
        normalize(q);
        nodes[p].lch = q;
        nodes[q].father = p;
        normalize(p);
    }

    int Sum(int p, int q){
        Evert(p);
        splay(p);
        normalize(p);
        Access(q);
        splay(q);
        normalize(q);
        return nodes[q].total;
    }

    void Change(int p, int d, int pre){
        splay(p);
        nodes[p].total += d - pre;
    }

public:
    void init(){
        nodeCnt = 0;
        memset(location, 0, sizeof(location));
        nodes[0].total = 0;
    }

    void Make_Tree(int idx, int d){
```

```
            data[idx] = d;
            int p = ++nodeCnt;
            location[idx] = p;
            nodes[p].father = nodes[p].lch = nodes[p].rch = nodes[p].path_parent = 0;
            nodes[p].total = data[idx];
            nodes[p].idx = idx;
        }

        int getRoot(int idx){
            return nodes[Find_Root(idx)].idx;
        }

        void addEdge(int x, int y){
            Link(location[x], location[y]);
        }

        void destory(int x, int y){
            Cut(location[x], location[y]);
        }

        int getSum(int x, int y){
            return Sum(location[x], location[y]);
        }

        void change(int x, int d){
            Change(location[x], d, data[x]);
            data[x] = d;
        }

};

LinkCutTree T;

int main(){
    freopen("otoci.in", "r", stdin);
    freopen("otoci.out", "w", stdout);
    int n;
    scanf("%d", &n);
```

```
    T. init();
    for (int i = 1; i <= n; ++i){
        int k;
        scanf("%d", &k);
        T. Make_Tree(i, k);
    }
    int q;
    scanf("%d", &q);
    while (q--){
        char cmd[20];
        int x, y;
        scanf("%s", cmd);
        scanf("%d %d", &x, &y);
        if (cmd[0] == 'b'){
            if (T. getRoot(x) == T. getRoot(y))
                printf("no\\n");
            else{
                printf("yes\\n");
                T. addEdge(x, y);
            }
        } else if (cmd[0] == 'p'){
            T. change(x, y);
        } else{
            if (T. getRoot(x) != T. getRoot(y))
                printf("impossible\\n");
            else printf("%d\n", T. getSum(x, y));
        }
    }
}
```

12.7 本章习题

12-1 洞穴辐射(radiation. ???)

[问题描述]

在火星表面着陆后,科学家发现了一个由隧道相连的洞穴系统。于是,他们开始使用遥控机器人帮助研究,它在每两个洞穴之间可以找到一条航线。洞穴中因微弱爆炸产生辐射,科学家们在每个洞穴内安装传感器来监测辐射水平。对于机器人的每次移动,他们想知道机器人在移动过程中要面对的最大辐射水平。因此,他们要求你写一个程序来解决他们的问题。

[输入格式]

第一行为一个整数 n($1 \leqslant n \leqslant 100000$)表示洞穴的数量。

接下来 n−1 行描述隧道,每行包含两个整数 A_i, B_i($1 \leqslant A_i, B_i \leqslant n$),表示相应的洞穴被隧道相连。

下一行有一个整数 q($q \leqslant 100000$)表示指令数。

接下来 q 行描述指令,均以 G 或 I 为开头:

(1) G u v:表示这是一个查询,询问当机器人从洞穴 u 移动到洞穴 v 所受到的最大辐射值为多少;

(2) I u v:表示洞穴 u 处发生了微弱爆炸,该处的辐射值增加了 v($0 < v \leqslant 10000$),默认认初始时辐射值均为 0。

[输出格式]

对于每一个查询输出一行,表示最大辐射水平。

[输入样例]

```
4
1 2
2 3
2 4
6
I 1 1
G 1 1
G 3 4
I 2 3
G 1 1
G 3 4
```

[输出样例]

```
1
0
1
3
```

[时间和空间限制]

时间限制为 3 秒,空间限制为 64MB。

12−2　查询树(tree.???)

[问题描述]

现在你有一棵树,共有 n($n \leqslant 10000$)个结点,由 1 至 n 依次编号;有 n−1 条边,每条边有一个权值,由 1 至 n−1 依次编号。现在你要完成一些指令,这些指令包括:

（1）C i v：将第 i 条边的权值改为 v；

（2）N a b：将结点 a 到结点 b 的路径上边的权值改为其相反数；

（3）Q a b：将结点 a 到结点 b 的路径上的最大权值输出。

［输入格式］

第一行为一个整数 n，表示结点个数。

接下来 n−1 行分别有 3 个整数，前两个整数表示该条边的结点编号，第三个数表示权值。

然后是若干行上文中所描述的指令，以"DONE"结束。

［输出格式］

对于每个查询指令，输出答案，每行一个数。

［输入样例］

```
3
1 2 1
2 3 2
Q 1 2
C 1 3
Q 1 2
DONE
```

［输出样例］

```
1
3
```

［时间和空间限制］

时间限制为 1 秒，空间限制为 128MB。

致　　谢

在本书的编写过程中,参考和借鉴了很多人的题目、解题报告、论文和资料,具体如下:

1. CCF NOI 的相关试题

2. POJ 相关试题

3. 刘翀《浅谈竞赛中哈希表的应用》

4. 黄源河《左偏树的特点及其应用》

5. 杨思雨《伸展树的基本操作与应用》

6. 陈启峰《Size Balanced Tree》

7. 林厚从《线段树及其应用》

8. 杨弋《〈线段树〉讲稿》

9. Peter m. Fenwick "A New Data Structure for Cumulative Frequency Tables"

10. 曹文《树状数组简介》

11. Wikipedia-"Fenwick Tree"

12. Algorithm Tutorials "Binary Indexed Trees"

13. 苏煜《对块状链表的一点研究》

14. 蒋炎岩《块状链表》

15. 陈立杰《块状树》

16. Dan Gusfield "Algorithms on Strings，Trees，and Sequences"

17. Udi Manber and Gene Myers "Suffix arrays：A new method for on line string searches"

18. Juha Karkkainen "Linear Work Suffix Array Construction"

19. Johannes Fischer and Volker Heun "A New Succinct Representation of RMQ—Information and Improvements in the Enhanced Suffix Arra"

20. Toru Kasai "Linear-Time Longest-Common-Prefix Computation in Suffix Arrays and Its Applications"

21. 罗穗骞《后缀数组——处理字符串的有力工具》

22. 许智磊《后缀数组》

23. P. Weiner "Liner Pattern Matching Algorithm"

24. Daniel D. Sleator and Robot Endre Tarjan "A Data Structure for Dynamic Trees"

25. Erik Demaine "Advanced Data Structures"

26. Robert E. Tarjan "Mergeable Trees"

27. 陈首元《维护森林连通性——动态树》

28. 杨哲《SPOJ375 QTREE 解法的一些研究》

29. 漆子超《分治算法在树的路径问题中的应用》

文中很多宝贵的经验给了我灵感,在此一并表示感谢,如有遗漏也请联系作者(hc. lin @ 163. com),以后补充!